无人机技术及航测应用

主　编　孙　倩　姚玉婷　黄　伟
副主编　赵　响　金　专　朱江鹏

北京理工大学出版社
BEIJING INSTITUTE OF TECHNOLOGY PRESS

内容提要

本书系统介绍了无人机技术基础与航空摄影测量应用。全书共7章：第1章对无人机系统进行概述并介绍了无人机技术行业应用现状；第2章介绍无人机各构成系统；第3章介绍无人机飞行原理和飞行性能以及多旋翼无人机；第4章介绍无人机摄影测量的原理以及正射影像和倾斜摄影；第5章介绍无人机航空摄影测量数据的获取和数据的处理，以及在操作过程中常见的问题；第6章介绍航空气象以及大气对无人机外业数据采集的影响；第7章介绍无人机应用及操作规范、无人机法律法规及管理条例，以及事故的预防与应急响应。

本书内容全面，图文并茂，深入浅出，通俗易懂，可作为高职高专院校无人机应用技术专业及无人机泛测绘类课程的专业教材，也可作为广大无人机爱好者的自学用书，为广大无人机爱好者及无人机驾驶员提供学习参考。

版权专有　侵权必究

图书在版编目（CIP）数据

无人机技术及航测应用 / 孙倩，姚玉婷，黄伟主编.
北京：北京理工大学出版社，2025.1.
ISBN 978-7-5763-4988-7

Ⅰ.V279；P231

中国国家版本馆 CIP 数据核字第 2025GF1494 号

责任编辑 / 张荣君		文案编辑 / 李　硕	
责任校对 / 周瑞红		责任印制 / 李志强	

出版发行 / 北京理工大学出版社有限责任公司
社　　址 / 北京市丰台区四合庄路 6 号
邮　　编 / 100070
电　　话 /（010）68914026（教材售后服务热线）
　　　　　（010）63726648（课件资源服务热线）
网　　址 / http：//www.bitpress.com.cn
版 印 次 / 2025 年 1 月第 1 版第 1 次印刷
印　　刷 / 河北鑫彩博图印刷有限公司
开　　本 / 787 mm×1092 mm　1/16
印　　张 / 12.5
字　　数 / 269 千字
定　　价 / 85.00 元

图书出现印装质量问题，请拨打售后服务热线，负责调换

前　言

　　无人机航空摄影测量作为一种重要的测绘方式，具有成本低、机动灵活、测量范围精确等特点。无人机航空摄影测量系统可以应用于大中比例尺地形图、地质灾害等航空摄影测量领域，从广度上拓展了传统测量的应用范围。除此之外，当下无人机测绘已经不再局限于传统的建筑测量、地形图测绘、城镇地籍测绘、土地调查等领域，农业、林业、水利水电、资源管理、城市管理及智慧城市的建设也离不开无人机的身影。

　　本书首先从无人机的分类、特点及应用领域进行介绍，希望读者能够从零基础对无人机有一定的了解。在此基础上，对无人机的飞行系统、飞行的原理与性能分别做了讲解，使读者对无人机能够有更深入的认识。通过对无人机摄影测量原理、航空摄影测量的操作进行讲解，读者能够从认识无人机过渡到使用无人机。最后，为了保证无人机的飞行安全，本书对航空气象及相关航空法规也做了充分的介绍。本书从课程教育框架到内容组织都基于"应用型"人才培养目标进行编写，教材内容顺序依照各部分内容的逻辑关系循序渐进，编排合理。本书重点突出实训课程的教学教法，强化应用、实用技能的培养，从理论知识向实践技能进行知识的过渡，帮助学生更好地掌握本门课程的知识理论和实训技能。

　　本书由孙倩、姚玉婷、黄伟担任主编，赵响、金专、朱江鹏担任副主编。具体编写分工为：第1章和第3章由黄伟、赵响编写；第2章和第7章由金专、朱江鹏编写；第4章和第5章由姚玉婷、孙倩编写；第6章由孙倩编写；全书大纲、统稿、定稿由孙倩完成。巫新洁、李舒婧、罗婧对全书进行补充、审核。

　　本书的编写得到了云南大学滇池学院省级一流学科"高原山地智能建造"的资助，编写工作得到了校领导和多所学校许多教师的支持与帮助，在此表示衷心的感谢。同时编者还参考和借鉴了国内同类教材和相关文献资料，在此特向有关作者致以深切的谢意，文字、图片等资料来源于教学团队无人机实践成果及教学课件总结。

　　由于编者水平有限，书中难免存在疏漏之处，敬请读者批评指正。

编　者

目录 Contents

01 第1章 绪 论 // 1

1.1 无人机基础 …………………………………………………… 1
1.2 无人机发展现状 ……………………………………………… 11
1.3 无人机技术行业的应用 ……………………………………… 14

02 第2章 无人机系统 // 19

2.1 飞行平台 ……………………………………………………… 19
2.2 动力系统 ……………………………………………………… 25
2.3 无人机地面与飞行控制系统 ………………………………… 28
2.4 任务荷载 ……………………………………………………… 32
2.5 无人机数据链路系统 ………………………………………… 40
2.6 弹射与回收系统 ……………………………………………… 42

03 第3章 飞行原理与性能 // 49

3.1 空气动力学基本原理 ………………………………………… 49
3.2 飞行原理 ……………………………………………………… 51
3.3 多旋翼无人机基础知识 ……………………………………… 64
3.4 飞行性能 ……………………………………………………… 69

04 第4章 无人机摄影测量原理 // 81

4.1 航摄像片的几何特性 ………………………………………… 81
4.2 航摄像片的内、外方位元素 ………………………………… 89
4.3 立体像对定向和立体量测 …………………………………… 93
4.4 解析空中三角测量 …………………………………………… 105

4.5 正射影像 …………………………………… 113
4.6 倾斜摄影 …………………………………… 119

05 第 5 章　无人机航空摄影测量 // 123

5.1 无人机航空摄影测量的基础 ……………… 123
5.2 外业数据采集 ……………………………… 142
5.3 内业数据处理 ……………………………… 151
5.4 常见问题 …………………………………… 153

06 第 6 章　航空气象 // 156

6.1 大气性质 …………………………………… 156
6.2 大气运动状况 ……………………………… 161
6.3 大气现象对无人机的影响 ………………… 164

07 第 7 章　无人机航测安全与航空法规 // 169

7.1 无人机航测安全概述 ……………………… 169
7.2 无人机航测安全技术概述 ………………… 171
7.3 无人机航测安全操作规范 ………………… 173
7.4 无人机航测法规概述 ……………………… 179
7.5 无人机航测事故预防与应急响应 ………… 190

参考文献 // 194

第 1 章 01 绪 论

学习目标

1. 知识与能力

（1）了解无人机的定义及分类；
（2）了解无人机的特点和无人机的发展历程；
（3）掌握无人机的应用；
（4）具备识别无人机类型及功能的能力。

2. 素质与养成

（1）具备良好的专业素质，培养创新意识；
（2）树立品牌自信，树立民族自信。

1.1 无人机基础

随着人工智能技术的不断发展，无人机这个词越来越多地被人们所提及。无人机的运用随着科学技术及社会发展变得越来越普及，社会需求也越来越大。无人机的研制与应用引起了世界各国政府的高度重视，普通人也能够越来越多地接触到无人机领域的产品或者看到其广泛的应用。

1.1.1 无人机概述

根据《民用无人机驾驶员管理规定》（AC-61-FS-2018-20R2）中的定义和描述：无人机（Unmanned Aircraft，UA）是由控制站管理（包括远程操纵或自主飞行）的航空器。也被称为远程航空器（Remotely Piloted Aircraft，RPA），是利用无线电遥控设备和装备在无人机本体上的自动驾驶装置，按照预定的程序控制，实现按照预定飞行线路轨迹飞行的，并且利用装载于本体上的任务设备完成指定任务非载人的飞行器。

无人机实际上是无人驾驶飞行器的统称，从技术角度定义可分为无人直升机、固定翼无人机、多旋翼无人机、无人飞艇、无人伞翼机等几大类。无人机虽然是指在空中飞行的、飞行器上没有人员的航空器，但是，就整个无人机系统而言，人仍然是必不可少的管理者和监督者，在全系统运行中起到非常关键的作用。

无人机最先应用在军事领域（图1-1）。无人机作为一种新型武器装备，具有安全、灵活、高效等优势，被越来越多的国家和地区广泛应用于侦察、作战、监视、救援等领域。无人机技术为侦察监视、目标指示、精确打击、电子战、舆论战等方面的作战使用提供了宝贵经验。除此之外，无人机发挥优势最大的地方是民用无人机市场。随着无人机技术的逐步成熟，制造成本、进入门槛也越来越低，消费级无人机市场已然一片欣欣向荣。移动互联网的发展为无人机带来了新的机遇，与此同时也降低了操作门槛。早先的无人机可以通过手机App（应用程序）进行无人机飞行操作，随着技术的发展，无人机配备了专业的操作遥控及App，近两年又推出了体感操控模式无人机。无人机技术的发展将原来需要由专业飞手操控的无人机飞行变得简单，而且极易上手。

图1-1 军用无人机

现在，无论是抢险救灾、新闻报道、治安防控、交通巡逻，还是勘察测绘等，越来越多的民用领域出现了无人机的"身影"（图1-2）。民用无人机的出现和大量应用已经影响了人们的生活，认识无人机、学习无人机是适应社会发展进步的需要，是与人们的日常生活密切相关的。例如，无人机快递、无人机摄影、无人机娱乐、无人机植保作业等。因此，我们很有必要了解这一领域的知识，应该具备更为专业的精神和态度。学习这一领域的知识可以让我们了解全新的学科，认识它的应用，构想它的未来，开拓它的"疆土"，对我们的生活、生产将大有裨益。因此，我们应该传播无人机的科技知识，使更多的人认识无人机、使用无人机，同样，促进无人机产业的发展与应用也是年轻一代人的使命。

目前，已经有越来越多的机器人进入我们的日常生产和生活。它们有的在工厂里协助人类实现大规模自动化生产制造，有的在遥远太空对未知世界进行探测，有的深入水下帮助我们搜寻飞机（舰船）残骸或科考勘察等。不难看出，人类研发的各种深空探测器、地外天体着陆器、人造卫星、无人驾驶航空器、无人驾驶船舶、无人驾驶潜航器等都可以划分到广义"无人机"的范畴。所以，对于无人机的领域，其外延是很大的。图 1-3 所示为我国研发的自动水下航行器。就本书而言，我们仍然只研究在大气层飞行的无人驾驶航空器。

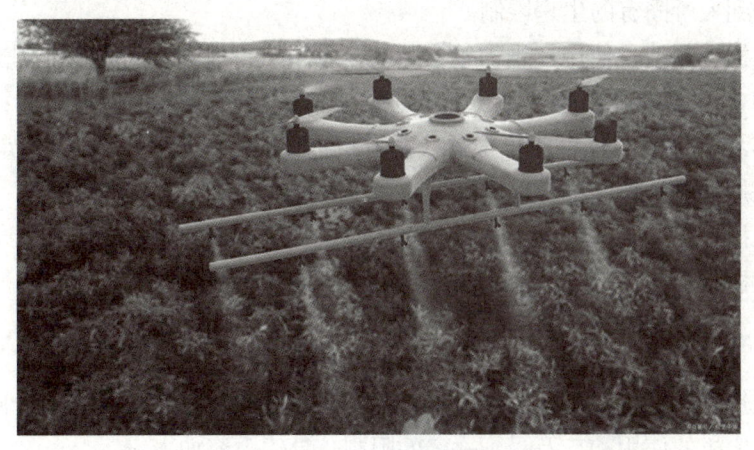

图 1-2 用于农业领域的无人机

无人驾驶航空器简称无人机，广义上是指不需要驾驶员登机驾驶的各式遥控或自主智能航空器。现在提到人工智能，人们想到最多的就是无人机。而现在各种无人机的种类层出不穷，人们也纷纷瞄准了无人机市场。但并不是所有的无人机都是人工智能的，通常情况下，无人机被理解为"无人驾驶的飞机"，实际上，应把它理解为"机器人"的一种。它可以代替人们前往那些不适合人类前往的区域，开展（如调查、探索、救援等）人们期望其能够完成的工作。按照运行空间的不同，可以把各种在太空、地外天体、地球大气层、地（水）面、地（水）下、某一系统（内）外运行的，通过遥控方式或原始设定的程序，自行执行相应任务的各类无人载具，定义为更广义的无人机，这里的"机"不再是单纯的"飞机"，而是"机器人"。

图 1-3 我国研发的自动水下航行器

1.1.2 无人机的特点与局限性

1. 无人机的特点

无人机的发展如此迅速，归结于它本身具有在各行各业通过其他途径无法实现的一些特点，具体内容如下：

（1）无人机上没有驾驶员，无须配备生命保障系统，简化了系统、减轻了质量、降低了成本。

3

（2）无人机上没有驾驶员，执行危险任务时不会危及驾驶员的安全，更适合执行危险性高的任务。

（3）无人机上没有驾驶员，可以适应更激烈的机动飞行和更加恶劣的飞行环境，留空时间也不会受到人所固有的生理限制。

（4）无人机在制造、使用和维护等方面的技术门槛与成本相对更低。制造方面：放宽了冗余性和可靠性指标，放宽了机身材料、过载、耐久等要求。使用方面：使用相对简单，训练更容易上手，而且可用模拟器代替真机进行训练，提高了真机的实际使用寿命。维护方面：维护相对简单，维护成本较低。

（5）无人机对环境要求较低，包括起降环境、飞行环境和地面保障等。

（6）无人机相对质量轻、体积小、结构简单，应用领域广泛。

2. 无人机的局限性

无人机虽然在各行各业都广泛应用，充当着不可替代的角色，但是与此同时也存在一些弊端，使无人机的使用和普及受到一定的限制，具体内容如下：

（1）无人机上没有驾驶员和机组人员，对导航系统和通信系统的依赖性更高。

（2）无人机放宽了冗余性和可靠性指标，降低了飞行安全。

（3）无人机的续航时间相对较短，电池使用成本相对较高。

（4）无人机遥控器、地面站、图传电台、数传电台等设备的通信频率和地面障碍物等，限制了无人机系统的通信传输距离和飞行范围。

（5）无人机的体积、质量和动力等，决定了无人机的抗风、抗雨能力有限。

1.1.3 无人机的分类

无人机的应用领域非常广泛，种类繁多，型号各异，各具特点，其主要功能是由飞行平台决定的。不同平台赋予了无人机截然不同的飞行品质和特性。无人机的尺寸、质量、性能及任务等方面的差异也非常大。由于无人机的多样性，从不同的角度考量，无人机具有多种不同的分类方法。

1. 按飞行航程分类

按飞行航程的不同，无人机可分为超近程无人机、近程无人机、短程无人机、中程无人机和远程无人机等，见表 1-1。

表 1-1 无人机的分类（按飞行航程划分）

无人机的分类	无人机的飞行高度 /m
超近程无人机	<15
近程无人机	15～50
短程无人机	50～200

续表

无人机的分类	无人机的飞行高度 /m
中程无人机	200～800
远程无人机	>800

2. 按飞行高度分类

按飞行高度的不同，无人机可分为超低空无人机、低空无人机、中空无人机、高空无人机和超高空无人机等，见表1-2。

表1-2 无人机的分类（按飞行高度划分）

无人机的分类	无人机的飞行高度 /m
超低空无人机	0～100
低空无人机	100～1 000
中空无人机	1 000～7 000
高空无人机	7 000～18 000
超高空无人机	>18 000

3. 按民航法规分类

按《民用无人机驾驶员管理规定》（AC-61-FS-2018-20R2），无人机可分为7类，见表1-3。

表1-3 无人机的分类（按民航法规划分）

无人机的分类	空机质量 /kg	起飞质量 /kg
Ⅰ	0< 空机质量 / 起飞质量 ≤ 0.25	
Ⅱ	0.25< 空机质量 ≤ 4	1.5< 起飞质量 ≤ 7
Ⅲ	4< 空机质量 ≤ 15	7< 起飞质量 ≤ 25
Ⅳ	15< 空机质量 ≤ 116	25< 起飞质量 ≤ 150
Ⅴ	植保类无人机	
Ⅵ	116< 空机质量 ≤ 5 700	150< 起飞质量 ≤ 5 700
Ⅶ	空机质量 / 起飞质量 >5 700	

4. 按飞行平台构造形式分类

按飞行平台构造形式的不同，无人机可分为固定翼无人机、无人直升机、多旋翼无人机、无人伞翼机、无人扑翼机、无人飞艇和混合式无人机等。

（1）固定翼无人机（图1-4）。固定翼无人机是指由动力装置产生前进的推力或拉力，由机身固定的机翼产生升力，在大气层内飞行的重于空气的无人机。固定翼无人机的特点是载荷大、续航时间长、航程远、飞行速度快、飞行高度高，但起降受场地限制，无法悬停。

图1-4 固定翼无人机

（2）无人直升机（图1-5）。无人直升机是指依靠动力系统驱动一个或多个旋翼产生升力和推进力，实现垂直起落及悬停、前飞、后飞、定点回转等可控飞行的无人机。无人直升机按旋翼数量和布局方式的不同，可分为单旋翼带尾桨无人直升机、双旋翼无人直升机、纵列式双旋翼无人直升机、横列式双旋翼无人直升机和带式无人直升机等不同类型。

无人直升机的特点是可垂直起降、可悬停、操作灵活、可任意方向飞行，但结构复杂、故障率较高。与固定翼无人机相比，无人直升机飞行速度慢、油耗高、载荷小、航程短、续航时间短。

图1-5 无人直升机

（3）多旋翼无人机（图1-6）。多旋翼无人机是指由三个及三个以上旋翼轴提供升力和推进力的可垂直起降的无人机。其通过每个轴上的电动机转动，带动旋翼，从而产生升力和推进力。与无人直升机通过自动倾斜器、变距舵机和拉杆组件来实现桨叶的周期变距不同，多旋翼无人机的旋翼总距是固定不变的。通过改变不同旋翼的转速来改变单轴推进力的大小，从而改变无人机的运行轨迹。

图1-6　多旋翼无人机

（4）无人伞翼机（图1-7）。无人伞翼机是指以伞翼为升力面，以柔性伞翼代替刚性机翼的无人机。伞翼位于全机的上方，多用纤维织物织成不透气柔性翼面，可收叠存放，张开后利用迎面气流产生升力。

无人伞翼机的特点是体积小、速度慢、飞行高度低等。

图1-7　无人伞翼机

（5）无人扑翼机（图1-8）。无人扑翼机是一种利用仿生原理，机翼能像鸟和昆虫翅膀那样上、下扑动的重于空气的航空器，又称为振翼机，是通过机翼主动运动模拟鸟的翅膀振动，产生升力和前行力的无人机。其特征是机翼主动运动，以机翼拍打空气的反作用力作为升力和前行力，通过机翼及尾翼的位置改变进行机动飞行。扑翼空气动力学尚未成熟，无人扑翼机的材料和结构也有待进一步研发改进。我国最早在春秋时期就有人试图制造能飞的木鸟，到19世纪30年代，意大利的扑翼机模型产生并进行过试飞。此后，还出现过多种扑翼机的设计，但由于控制技术、材料等方面的问题一直未能解决，无人扑翼机仍停留在模型制作和设想阶段。

图 1-8　无人扑翼机（来自网络）

（6）无人飞艇（图 1-9）。无人飞艇是一种轻于空气、具有操纵和推进系统的无人机。无人飞艇可分为硬式、半硬式和软式三种类型。现代无人飞艇多为软式无人飞艇，软式无人飞艇一般由气囊、辅助气囊、吊舱、推进装置，以及尾翼、方向舵和升降舵等组成。其中，气囊由涤纶、聚酯纤维等人造材料组成，里面充满了轻于空气的气体，如氢气、氦气；辅助气囊通过充气和放气来控制与保持飞艇的形状及浮力；吊舱位于飞艇下方，里面装有发动机；推进装置为飞艇的起飞、降落和空中悬停提供动力；尾翼、方向舵和升降舵为飞艇提供机动能力。无人飞艇最大的优势是滞空时间长、静音性能高，但也存在造价高、速度过慢等问题。

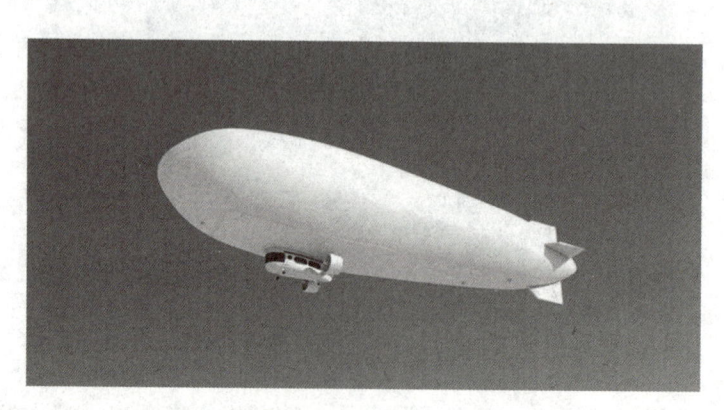

图 1-9　无人飞艇（来自网络）

（7）混合式无人机（图 1-10）。混合式无人机是指混合两种或多种平台构造形式的无人机。倾转旋翼无人机就是一种典型的混合式无人机，它在类似固定翼无人机的机翼处，安装可在水平位置和垂直位置之间转动的倾转旋翼系统组件。当倾转旋翼无人机垂直起降时，旋翼轴垂直于地面，呈横列式直升机飞行状态，并可在空中悬停、前后飞行和侧飞；当飞行达到一定速度后，旋翼轴可倾转 90° 呈水平状态，旋翼当作拉力螺旋桨使用，此时，倾转旋翼无人机能像固定翼无人机那样以较高的速度进行远程飞行。

倾转旋翼无人机兼具固定翼无人机和旋翼无人机的优点，具有垂直起降、空中悬停和高速巡航飞行的能力。

图 1-10　混合式无人机（来自网络）

5. 按用途分类

无人机按用途分类，可分为军用无人机、民用无人机和科研无人机（本节不作介绍）。

（1）军用无人机。军用无人机根据不同的军事用途和作战任务，可分为无人侦察机/监视机、无人战斗机、通信中继无人机、电子干扰无人机和靶机等。

①无人侦察机/监视机。无人侦察机/监视机是指借助电子侦察设备获取目标信息的无人机。通常采用的电子侦察设备包括光学照相机、微光（红外）摄像机、电视摄像机、红外线行扫描仪、前视红外装置、热成像仪、CCD 成像系统、激光指示器、激光测距仪、自动跟踪器和合成孔径雷达等。

②无人战斗机。无人战斗机是指可携带小型和大威力的精确制导武器、激光武器或反辐射导弹，执行空战线对地攻击任务的无人机。

③通信中继无人机。作为空中中继平台，通信中继无人机大大增加了信息的传输距离，这些无人机一般安装了超高频或甚高频的无线电通信设备。

④电子干扰无人机。电子干扰无人机可利用有源或无源电子干扰设备，通过辐射电磁波或释放铝箔条和金属干扰丝，破坏敌方通信系统，干扰敌方电子设备，使其效能低下，甚至完全失效。目前，电子干扰无人机大多采用无源干扰方式，其基本的干扰设备包括铝箔条投放器、曳光弹投放器和雷达回波增强设备。电子诱饵/欺骗无人机也是一种无源欺骗性电子干扰无人机。通过飞机上携带的干扰设备来增强地面雷达的反射回波，并通过飞机的速度和外形等模拟战斗机或轰炸机的运动姿态，诱使敌方雷达或地面防空武器开机或开火，从而暴露地面雷达或地面防空武器的位置，消耗地方的火力，然后通过其他武器装备对敌方的雷达或地面防空武器进行精确打击。

⑤靶机。靶机主要由平台、载荷和其他设备构成。靶机是发展较早的一种无人机，作为射击训练目标的一种军用飞行器。其主要用来模拟各种飞机、导弹的飞行状态和攻击过

程，鉴定各类航空武器的性能，训练战斗机飞行人员，训练高炮和地空导弹及雷达的操纵人员，也可用来研究空战和防空战术。靶机有专门制造的，也有用老式飞机改装的；有一次使用的，也有多次使用的。

军用无人机还有其他的分类方式，如果按无人机的杀伤性质分类，可分为非杀伤、软杀伤和硬杀伤等，前面所述的靶机属于非杀伤类无人机，诱饵无人机属于软杀伤类无人机，而反辐射无人机则属于硬杀伤类无人机。

（2）民用无人机。民用无人机是指应用于民用领域的无人机。与军用无人机的百年历史相比，民用无人机技术要求低，更注重经济性。在民用领域，由于无人机具有成本相对较低、生存能力强、机动性能好、无人员伤亡风险、使用方便等优势，因此，得到了广泛的应用。军用无人机技术的民用化降低了民用无人机的市场进入门槛和研发成本，使民用无人机得到快速发展。其主要应用市场包括航空拍摄摄影、地质地貌测绘、森林防火、核辐射探测、应急救灾、农田信息监测、高压输电线路巡查、野生动物保护、海事侦察、环境监测、大气取样、增雨、资源勘探、警察巡逻、治安监控、消防侦察、城市规划、数字化城市建设等多个领域，具体分类见表1-4。

表1-4 民用无人机的分类

类型	用途说明
农用无人机	农业喷洒、农业施肥、农业土地监测、人工降雨等
探测、监测类无人机	灾害监测，环境监测，森林防护，输油管、仓库和道路的状态监视，火灾和水灾破坏区域的确定及监测，地震等自然灾害的后果调查，高位地区监视/取样，野生动物监视，污染监视等
城管、治安管理无人机	城市规划、市内监察/维持治安、毒品禁止与监控、应急反应、搜索与营救、沿海监视、公路交通监管、治安管理等
科学探测无人机	气象探测，地质勘测，大地测量，地图测绘，地球资源勘探，石油和矿藏的勘定与鉴定，长久耐力地质科学/大气研究，陆地表面、海洋研究等
通信、中继无人机	电信、卫星中继、新闻广播、灾情援助、体育运动等

6. 按运行风险分类

《无人驾驶航空器飞行管理暂行条例》规定，根据运行风险大小，民用无人机可分为微型无人机、轻型无人机、小型无人机、中型无人机和大型无人机等，具体分类见表1-5。

表1-5 无人机的分类（按运行风险划分）

无人机的分类	无人机的运行风险
微型无人机	空机质量小于0.25 kg，设计性能同时满足飞行高度不超过50 m、最大飞行速度不超过40 km/h，符合微功率、短距离无线电发射设备技术要求的遥控驾驶航空器
轻型无人机	同时满足空机质量不超过4 kg、最大起飞质量不超过7 kg、最大飞行速度不超过100 km/h，具备符合空域管理要求的空域保持能力和可靠被监视能力的遥控驾驶航空器（不包括微型无人机）

续表

无人机的分类	无人机的运行风险
小型无人机	空机质量不超过 15 kg，或最大起飞质量不超过 25 kg 的无人机（不包括微型无人机和轻型无人机）
中型无人机	最大起飞质量超过 25 kg 但不超过 150 kg，且空机质量超过 15 kg 的无人机
大型无人机	最大起飞质量超过 150 kg 的无人机

1.2 无人机发展现状

1.2.1 国外无人机发展现状

无人机的发展最早可以追溯到 1917 年，同年 12 月，美国发明家埃尔默·斯佩里（Elmer Sperry）使用其发明的陀螺仪和美国西部电气公司开发的无线电控制系统，成功实现了为美国海军研制的"航空鱼雷"的首飞。受这次成功试飞的鼓舞，美国陆军航空队也采纳了查尔斯·凯特林（Charles Kettering）的方案，研制出了"自由鹰"式"航空鱼雷"飞机，如图 1-11 所示。

图 1-11 "自由鹰"式"航空鱼雷"飞机（来自网络）

两次世界大战期间，军用无人机技术主要体现在导弹和无人靶机两个方面。1918 年，法国的第一架无线电遥控飞机试飞成功；1921 年，英国研制成功世界上第一架可以实用的无人靶机，该靶机可在近 2 km 的高度上，以 160 km/h 的速度飞行。1931 年，英国费尔雷公司将一架"女王"有人驾驶双翼飞机改装成"费利王后"（Fairey Queen）靶机进行了 9 min 的有控飞行。1932 年，英国 Home 舰队将"费利王后"携往地中海进行试验。当时,"费利王后"冲着 Home 舰队的密集防空火力,飞行了 2 h 而未被击中,这不仅说明了当时海军防空武器的低效,同时,也充分证明了靶机的实用价值。

20 世纪 40 年代,第二次世界大战中无人靶机用于训练防空炮手。

20 世纪 60 年代初是靶机的迅速发展阶段。美国"火蜂"(Firebee)靶机(图 1-12)可以说是这个时期靶机发展的典型代表之一。由于设计成功,1953 年开始成批生产,很快便有 128 架早期的"火蜂"Q-2A 型与 KDA 型在美国三军和加拿大皇家空军服役。截止到 1984 年,共有近 6 500 架"火蜂"系列靶机投入使用。

图 1-12 美国"火蜂"靶机(来自网络)

20 世纪 80 年代,随着计算机技术和传感器技术的进步,无人机开始具备更强大的自主飞行能力。

20 世纪 90 年代,随着技术的发展,无人机开始进入民用领域,应用于植保、气象、救援等。

21 世纪初,随着大疆等公司的成立,推动了消费级无人机的普及,使无人机成为大众化的"玩具"。美国军方研发的"全球鹰"(Global Hawk)和"捕食者"(Predator)等先进无人机系统,展示了无人机在军事侦察、目标打击及侦查任务中的高度自主能力。

综上所述,无人机的历史经历了从战争到民用、从简单到复杂的过程。随着科学技术的不断进步与发展,无人机的应用范围也在不断增强并扩大。

1.2.2 国内无人机发展现状

我国有着悠久的历史与灿烂的文明,曾经有过很多与航空航天技术紧密相关的发明和创造,甚至相当多的创新是远远领先于世界发展水平的。但是,非常遗憾的是这些与航空航天有关的技术并没有得到有效的传承和发扬。虽然全球实用的航空技术诞生仅仅 110 多年,但是,1949 年以前的中国,在世界航空航天设计领域几乎没有任何可以称道的发展。1949 年以后,我国相继建设了体系完善、门类齐全的航空工业,无人机的研发生产也在稳步推进,在各省、市、自治区及航空专业的高校内大力开展的航空模型活动,为新中国的无人机技术打下了良好的基础。

我国无人机的研制始于20世纪五六十年代。早期无人机主要应用于军事侦察和靶机训练。1966年12月6日，"长空一号"大型喷气式无线电遥控高亚音速无人靶机首飞成功。我国无人机的研制一直着眼于军民两用。

随着技术的发展，无人机在通信、遥感、气象、测绘等领域得到了广泛的应用。以下是我国无人机发展的几个重要阶段。

1. 起步阶段（20世纪50年代—20世纪80年代）

我国无人机的研究始于20世纪50年代后期。1959年，我国已基本摸索出"安-2"和"伊尔-28"两种飞机的自驾起降规律；以苏联不成熟无人机"拉17"为起点，20世纪60年代中后期，我国投入无人机研制，以高等学校为依托建立了无人机设计研究机构，为我国无人机的产生奠定了坚实基础。

2. 发展阶段（20世纪90年代—21世纪10年代）

在20世纪90年代，我国开始在无人机技术方面取得重大进展。1999年，我国研制成功了"翼龙-Ⅰ"无人机，这是一种多功能侦察无人机，可以携带多种传感器和武器。随着"翼龙-Ⅰ"的成功，我国开始在无人机领域取得更多突破。

3. 成熟阶段（21世纪10年代至今）

进入21世纪，我国的军用无人机研发有了更大的突破。此外，我国还开发了多种类型的无人机，如"彩虹-4号""彩虹-5号""翼龙型""利剑"隐身无人攻击机等。其中，"彩虹-5号"和"彩虹-6号"都是世界知名无人机。

4. 国内民用无人机的兴起

20世纪90年代起，我国经济迎来了发展的新高峰。随着无线电遥控模型运动的推广和普及，发展进程加快，20世纪90年代初，从各省、市退出的航模职业队的专业选手中，一些人开办了模型生产企业，得益于这些优秀的运动员和教练员对航空模型的深刻理解，他们开办的企业很快成为我国模型生产业的骨干。这些骨干力量紧随市场潮流研发了各种类型的航空模型，当然，也开始涉足无人机的研发制造领域，近年来随着无人机热而新办起来的一批无人机企业也推进了我国模型生产的迅猛发展，在全国各地涌现出多家航模器材厂家或无人机公司。"全世界80%的航空模型或者相关零部件、设备都由中国企业生产"，这一现实大大降低了航空模型在我国市场流通中的价格，带动了我国航空模型产业乃至无人机的发展。同时，也为广大航模运动爱好者在挑选器材时提供了极大便利，特别是在我国珠海、深圳等南方城市，市场的产业链条集中优势更加明显，这些航模或无人机企业也与很多高校、航校保持着密切联系，这些企业的努力促进了航模器材在我国大众间的普及，也进一步推动了民用无人机的发展，逐步开创了我国民用无人机走出军工体系，面向民用消费市场的局面。

无人机行业经历了技术的持续创新，在2010年以前，无人机的专利申请主要集中在一些航空院校，基本没有商业机构涉足。到 2011 年，众多商业机构开始大量申请无人机专利。高涨的研发热情，带来的是民用无人机在定点悬停技术、跟踪拍摄技术、避障技术、无线图传技术、飞行速度、续航能力等方面的持续迭代进步。

目前，我国专门从事无人机行业的企事业单位超过 300 家，其中，将近一半具备无人机研发、制造、销售和服务体系。在国际市场上，大疆无人机产品在全球 100 多个国家和地区销售，尤其在东亚、东南亚、南美、北美等地形成了广泛的应用场景。在美国市场，大疆无人机的市场占有率常年在 70% 以上，尤其在警用、公共安全等领域超过 90%。与此同时，大疆也面临一系列挑战，例如，在某些发达国家和地区，法规限制成为应用的障碍，欧盟对农业无人机也持谨慎态度，特别关注药液漂移对环境的影响等。

在 2024 年 9 月 9 日全球电子消费品领域最负盛名的展览会之一——柏林国际电子消费品展览会（IFA）上，DJI 大疆亮相，展出航拍无人机、手持摄影设备、电助力系统等产品，现场设置试飞、拍摄体验区。新品 DJI Neo 无人机与 DJI Avinox 电助力系统获多项大奖。大疆致力于用科技激发创意，为各行业提供智能化解决方案。

5. 我国无人机发展存在的问题

（1）行业规划与规范问题。我国无人机的发展存在低水平重复投资、高技术等高端项目攻破难等问题。

（2）发动机瓶颈问题。无人机的发动机问题在很大程度上制约着我国无人机的发展。

（3）无人机行业人才紧缺。中国民航局飞行标准司发布的《中国民航驾驶员发展报告 2023》显示，截至 2023 年 12 月 31 日，中国民用航空局颁发的驾驶员执照总数为 86 091 本，按照无人机千亿的市场规模，无人机驾驶员的数量远远达不到市场需求（表 1-6）。

表 1-6　2019—2023 年颁发的驾驶员执照总数和增量统计

年份 / 年	2019	2020	2021	2022	2023
净增量 / 本	6 461	1 489	6 794	5 194	4 661
增长率 /%	10.51	2.19	9.78	6.81	5.72
驾驶员执照总数 / 本	67 953	69 442	76 236	81 430	86 091

1.3　无人机技术行业的应用

1.3.1　应急测绘保障

1. 无人机遥感在地质灾害救援中的应用

近年来，各种地质灾害频繁发生，无人机遥感在抢险救灾中发挥着越来越重要的作用。针对地质灾害的发生有一定的突然性，地质灾害发生时，有着发展迅速、波及范围广和影响程度深的特点，因此，应急救援过程中以了解灾情实际情况为首要任务，利用无人机开展救援工作，无人机航摄系统能飞越诸多人工无法突破的地形和障碍，快速监测灾情的同时保证救援人员的生命安全。无人机遥感系统因为其机动、灵活的特点，可以快速获取灾区实时的地理环境信息。

例如，2008年的汶川地震中，同时出现大量山体崩塌、泥石流、滑坡及堰塞湖等地质灾害，道路大范围严重破坏，救援生命线一度中断。救援过程中，需要快速了解灾区情况，我国政府及时派出无人机遥感系统进入灾区，对灾区进行灾情调查、房屋及道路损坏情况评估、救灾情况动态监测等工作，为地震救援工作提供了重要情报，在救援工作中起到了重要作用。

2. 无人机遥感在城市火灾救援中的应用

在当前城市火灾救援现场，由于火灾现场上空能见度低，即使是载人飞机能到达火场上空，观察人员也无法详细观察到地面火场的情况，飞行又存着安全隐患。利用无人机遥感系统可以在人不靠近现场的情况下，通过搭载摄像设备和影像传输设备，执行火灾现场灾情侦察和探测任务，克服传统载人飞机存在的弊端。

当城市高层建筑发生火灾时，无人机可以到达火灾现场，通过无人机机载系统确定火灾发生源，然后，通过地面控制系统远程操控，准确地将灭火剂投放至火灾发生源位置，有效扑灭火焰，阻断火势发展蔓延。

因此，无人机在火灾详情侦察方面，相对于传统侦察设备具有非常大的优势，使无人机侦察的应用越来越受到重视。

3. 无人机遥感在铁路应急测绘保障中的应用

在泥石流、洪水等自然灾害事件发生后，由于环境恶劣、交通中断等，传统的测绘手段通常难以在第一时间获取现场实时信息。因此，能否快速响应成了铁路应急测绘需要解决的核心问题。无人机低空遥感系统具备现势性强、分辨率高、操作便捷及安全灵活等优势。就铁路工程应急测绘保障而言，无人机低空遥感技术能够提供高效、便捷、安全的作业手段，解决灾情复杂区域现状数据获取困难、应急管理可视化程度差等问题，为铁路工程应急测绘的快速响应、救援指挥和灾情处置提供实用的技术方案。基于无人机遥感技术，在面对铁路应急突发事件时，能够大幅提升铁路应急测绘保障的响应速度和救援效率。

1.3.2 土地管理利用

1. 落实土地动态监测

随着经济发展进而推动城市化进程加快，城区建设对土地的需求越来越大，为土地资源可持续发展带来了严峻挑战。土地资源管理相关人员应正视土地资源的合理使用问题，尽量对土地进行合理配置，并且对相关土地资源进行充分利用，提高我国土地资源的利用率。一般，土地征地拆迁变更调查比例尺都要达到1∶2 000，然而，卫星图像难以满足实际要求，无人机航测技术可以获得大比例尺的数据信息，利用遥感影像能够制作出1∶2 000或1∶500的土地利用现状图，对短周期小区域的土地利用现状调查十分有效。

相较于传统的土地勘测，获取数据信息的周期较长，而且需要实地考察，数据勘测成本高；而采用无人机航测，上述问题也就迎刃而解，无人机航测技术的使用，使土地资源动态监测工作的复杂程度降低。相关人员可以进行无人机像控点的控制，使无人机重点对土地使用变更较快、工业区等地进行重点监控，无人机航测获取数据的效率更高，而且不需要做复杂的定位与实地操作，仅需简单的无人机设备支持即可快速完成监测，甚至可以结合大数据、云计算等新信息技术，实现土地动态监测，及时了解土地资源的状况。相对于大飞机航测项目来说，使用无人机航测技术更容易实现对土地资源的测量，成本也会降低，并且所使用的时间也会降低，进而实现对城市土地资源的动态监测，促进相关土地资源的有效利用。

2. 土地执法监察

经过信息技术多年的发展，卫星遥感技术更加成熟，卫星遥感技术已经在土地执法监察工作中占据了一席之地，国家每年开展例行土地变更调查，无人机遥感技术都发挥着重要作用。但是，每年的例行调查间隔时间较长，考虑到调查的重要性，其测量时间不能轻易更改，所以，采用卫星遥感技术虽然比传统人工测量效果突出，但整体测量结果仍然不能满足土地资源管理工作的要求。例如，在监察过程中，违规建设房屋，发现后进行整改难度较大，而最后只能被迫接受这种违规应用。可见，卫星遥感技术存在较大缺陷，仅仅依靠卫星遥感技术很难保证土地监察执法的质量。相比较而言，利用无人机航测进行土地监察执法，能较好地避免这些弊端。

3. 土地权确认

为巩固农村土地承包关系、加快土地流转速度、不断提高农业发展活力、进一步增加农民收入、维护土地承包权益，开展了农村土地承包经营权确权登记工作。确认权利主要是指农村土地承包经营权的登记确认工作。通过积极开展经营权确认工作，有助于巩固农村土地的承包关系，加快土地的实际流转速度，为国家农业发展注入新鲜血液。土地权确认工作涉及明确土地权属、调查土地面积和界线等方面，需要通过测绘方法获得相关数据，包括外业实测等方法。该方法精确度比较高，但需要花费大量成本、时间和人力，采取无人机航测方式，可以减轻工作人员测量负担，可以在短时间内完成大面积的精准测量，无人机操作方式简单，航测精度满足土地经营权的确认需求，较为便利。

1.3.3 数字城市建设

为使城市发展能够适应经济高速发展的需要，城市规划的作用日益明显。城市规划地图数字化的需求越来越高，对地圈的更新周期需求越来越短。航拍航测不仅能为城市制作大比例尺地图提供有效数据，而且为及时更新这些数据提供极大便利。无人机使用方便、灵活，成本低，维护方便，尤其适合小面积航空影像的获取，可为需要测量的部门提供高分辨率的影像数据,可测到 1∶500 的高精度地形图。无人机拍摄覆盖面广,一次起落可覆盖 20～80 km²,大大提高了勘测工作的效率;无人机可在空中实现 GPS(全球定位系统)定高、定距、拍摄,提高成图效率,能在交通不便、地貌复杂、人迹罕至的区域执行拍摄任务,与传统全野外测量相比,无人机低空遥感技术可大大减少野外工作量,而且超视距自动驾驶,图像实时传输,全面提高了国土资源动态监测的能力。

1. 街景应用

利用携带拍摄装置的无人机,开展大规模街景航拍,实现空中俯瞰城市实景的效果。街景拍摄目前有遥感卫星拍摄和无人机拍摄等几种方案,但在有些地区由于云雾天气等因素,遥感卫星的拍摄质量及成果无法满足要求时,低空无人机拍摄街景就成了首要选择。

2. 电力巡检

传统输电线路巡检,大多依赖运行维护人员肉眼或手持仪器排查电路中的故障,根据经验判断潜在隐患。然而,纯靠人力检测本身就是一个巨大隐患,巡检员很难一处不落地排除掉所有隐患,而在电网的运行中,任何微小的安全问题都有可能造成事故,导致大面积瘫痪,造成巨大的经济损失。有时遇上下雨、下雪等恶劣天气,人力检查更是寸步难行,现代无人机则可以飞越高山、河流,对输电线路进行快速巡线检查;专用无人机还能够在恶劣的环境中开展架线工作,降低人力成本,保障人员安全。2015 年 4 月 9 日,济南供电公司输电运检室联合山东电科院对四基跨黄河大跨越高塔开展了无人机巡视工作。2022 年 5 月 11 日上午,在国网泗阳县供电公司输电运检班工作人员的操控下,电力巡检无人机腾空而起,沿着 110 kV 刘卢 7K23 线 75#～84# 线路区段飞行巡视,20 min 后,无人机完成巡视任务,安全返回。这是该公司 5 月以来第 3 次使用无人机空中巡视输电线路情况。

近年来,在省、市公司数字新基建、能源互联网等战略需求的驱动下,泗阳县供电公司无人机业务迎来跨越式发展。无论是飞手取证人数还是无人机配置数量,都呈现指数级的增长。无人机巡视具有不受高度限制、巡视灵活、拍照方便和角度全面等优点,特别适合大跨越高塔的巡视,弥补了人工巡视的不足。

3. 火后救援

利用搭载了高清拍摄装置的无人机对受灾地区进行航拍,提供一手的最新影像。无人机动作迅速,起飞至降落仅需几分钟,就能完成 100 000 m² 的航拍,对于争分夺秒的灾后救援工作意义重大。此外,通过无人机拍摄还能充分保障救援工作的安全,通过航拍的形式,避免了那些可能存在塌方的危险地带,将为合理分配救援力量、确定救灾重点区域、选择安全救援路线,以及灾后重建选址等提供很有价值的参考。此外,无人机还可以实时、全方位地监测受灾地区的情况,以防引发次生灾害。

4. 城市规划

依据《中华人民共和国城乡规划法》,未经批准进行临时搭建的建筑都属于违章建筑。

无人机搭载倾斜测绘仪可获取的高重叠度影像，能够进行三维建模，轻松看出城市街道是否有私搭乱建行为，能让隐蔽在角落里的违章建筑无处遁形。

5. 快递送货

无人机快递（UAV Express），即利用无线电遥控设备和自备的程序控制装置操控无人驾驶的低空飞行器运载包裹，自动送达目的地。其优点是解决偏远地区的配送问题，提高配送效率，同时降低人力成本；缺点是恶劣天气下无人机会无力送货，在飞行过程中，无法避免人为破坏等。

2015 年 2 月 6 日，阿里巴巴在北京、上海、广州三地展开为期 3 天的无人机送货服务测试，使用无人机进行货物投递。这些无人机不会直接飞到客户门前，而是飞到物流站点，"最后一千米"的送货仍由快递员负责。在国外，亚马逊在美国和英国都有无人机测试中心。2022 年 8 月，美团在深圳开设首条无人机常态化试运营航线，从餐饮配送场景出发，延伸到百货、商超等领域，无人机自动化配送，探索为商圈周边居民提供半径"3 km 15 min"万物到家的全新服务体验。此外，顺丰在重庆试水了特色农产品运输，包括巫山脆李、奉节脐橙。

本章小结

本章从无人直升机、固定翼无人机、多旋翼无人机、无人飞艇、无人伞翼机等几大类阐述了无人机的特点。近年来，无人机在国内外普及率逐渐提高，也均有不同程度的发展与创新，我国的无人机品牌大疆在全球都占有一席之地，机型及应用领域也在不断扩展和创新。无人机的使用前景还有巨大挖掘潜力与创新空间。随着无人机使用成本的降低，用户自主学习性的不断提高，无人机的适用场景将会更加广泛。

【课后练习】

一、填空题

1. 无人机实际上是_____的统称，从技术角度定义可分为无人直升机、_____、多旋翼无人机、_____、无人伞翼机等。

2. 按飞行高度的不同，无人机可分为_____、_____、_____、_____等。

3. 按飞行平台构造形式的不同，无人机可分为_____、_____、_____、_____、_____、_____等。

二、简答题

1. 简要概述无人机的分类。
2. 简要概述无人机在测绘领域的应用。

第 2 章 无人机系统

学习目标

1. 知识与能力

（1）了解现代无人机系统技术的发展和应用；
（2）了解无人机的动力系统；
（3）掌握无人机的特点及应用；
（4）掌握无人机的结构与组成、任务荷载及无人机的飞行控制系统；
（5）重点掌握不同种类无人航空器的特点和适用场景；
（6）重点掌握无人机的起飞和降落方式，以及弹射与回收系统在无人机任务中的作用和技术挑战。

2. 素质与养成

（1）鼓励学生勇于探索、勇于创新，培养学生的创新精神和实践能力；
（2）思考无人机技术在社会发展中的作用和影响，以及相关的伦理和社会责任。

2.1 飞行平台

无人机系统的飞行平台是指无人机本身，是一个复杂的系统，由多个关键组件组成，各个组件之间相互配合，共同实现无人机的飞行任务。无人机系统的飞行平台通常由飞行控制系统、动力系统、传感器系统、载荷系统、机身结构、地面控制站 6 个关键组件构成。设计和选择合适的飞行平台组件对于无人机系统的性能和功能至关重要。

2.1.1 无人航空器的种类

无人航空器根据结构及用途可分为多种类型，按结构可分为固定翼无人机（Fixed Wing UAV）、复合翼航空无人机（Compound Wing UAV）、无人直升机（Unmanned Helicopters）和多旋翼无人机（Multi-rotor UAV）；根据用途可分为军用无人机（Military

Drones)、民用无人机(Civilian Drones)和消费级无人机(Consumer-grade Drones)。

1. 固定翼无人机

固定翼无人机是指机翼外端后掠角可随速度自动或手动调整的机翼固定的一类无人机。因其优良的功能、模块化集成,现已广泛应用在测绘、地质、石油、农林等职业,具有广阔的市场应用远景。一般的固定翼无人机系统由五个主要部分组成,即机体结构、航电系统、动力系统、起降系统和地面控制站。机体结构由可拆卸的模块化机体组成,既方便携带,又可以在短时间内完成组装和起飞。航电系统由飞控计算机、感应器、酬载、无线通信、空电电池组成,满足飞机控制系统的需要。动力系统由动力电池、螺旋桨、无刷电机组成,提供飞机飞行所需的动力。起降系统由弹射绳、弹射架、降落伞组成,帮助飞机完成弹射起飞和伞降着陆。地面控制站包括地面站计算机、手柄、电台等通信设备,用以辅助完成路线规划任务和飞行过程的监控。其优点是在固定翼、旋翼、多旋翼三类飞行器里续航时间最长、飞行效率最高、载荷最大;缺点是起飞时必须助跑,降落时必须滑行,不能空中悬停(图 2-1)。

图 2-1 滕盾"扑天雕"

2. 复合翼航空无人机

垂直起降固定翼无人机简称"垂起(VTOL)"。复合翼航空无人机,在固定翼无人机的基础上,结合了多旋翼可以垂直起降的优势。大大降低了固定翼起飞和降落场地的限制。这种设计基本上就是叠加了多旋翼无人机特有的旋翼系统到固定翼无人机身上,构成独立的起飞系统以提供升空动力。达到起飞高度后,借助副翼、襟翼引导气流流向,变换无人机飞行方式,最终采用固定翼无人机的飞行模式。

复合翼航空无人机结合了固定翼无人机和多旋翼无人机的优势,不需要跑道即可垂直起降,执行飞行任务时切换至固定翼姿态,拥有更长的续航时间,可进行大范围的航测作业;复合翼航空无人机因其载重量大,可搭载五拼相机、激光雷达、双光吊舱等多种类任务设备,获取高精度影像图或视频资料,为测绘、应急救援、灾后重建等工作提供了重要的参考数据。其不足之处也较明显:设备成本高,操作难度大,需要进行专业培训,危险性较高(图 2-2)。

第 2 章　无人机系统

3. 多旋翼无人机

多旋翼无人机（图 2-3）系统包含了无人机飞行平台、相关的遥控站、所需的指令与控制数据链路，以及批准的型号设计规定的任何其他部件。多旋翼无人机操控性强，可垂直起降和悬停，主要适用于低空、低速、有垂直起降和悬停要求的任务类型。优点：可以垂直起降，空中悬停，结构简单，操作灵活。缺点：续航时间短，飞行速度慢。

图 2-2　纵横大鹏 CW-30

图 2-3　大疆创新 M600（六旋翼）

4. 单旋翼无人机

单旋翼无人机也叫作无人直升机，如图 2-4 所示。单旋翼和多旋翼在机械结构、控制原理、飞行理论上有着本质的区别。单旋翼无人机主动力系统只有一个大型的螺旋桨，其主要作用是提供飞行的上升动力，所以，当上升动力大于机身重力时，飞机处于上升状态。而由于直升机只有一个主动力桨，当主动力电动机高速旋转时，螺旋桨的旋转就会对机身产生一个反向的作用力——反扭力。在反扭力的作用下，飞机会产生与螺旋桨旋转方向相反的自旋。为了解决直升机的自旋，就需要在飞机的尾部追加一个水平方向的小型螺旋桨，其产生的拉力主要用于抵消机身自旋，当直升机需要改变航向时，也可以通过尾部螺旋桨来调节。除主动力电动机与尾翼电动机外，通常还有三个舵机，用于改变主动力桨的螺距，使机身产生横滚和俯仰姿态，从而使飞机向前飞、向后飞，或向左飞、向右飞。优点：可以垂直起降，空中悬停。缺点：续航时间短，机械结构复杂，操控难度大，飞行速度慢。

图 2-4　中智航 TD220

5. 无人飞艇

飞艇属于浮空器的一种，是利用轻于空气的气体来提供升力的航空器。根据工作原理的不同，浮空器可分为飞艇、系留气球和热气球等。其中，飞艇和系留气球是军事利用价值最高的浮空器。飞艇和系留气球的主要区别是前者比后者多了自带的动力系统，可以自行飞行。飞艇分为有人和无人两类，也有拴系和未拴系之分。

飞艇获得的升力主要来自其内部充满的比空气轻的气体，如粒子、中子等。现代飞艇一般使用安全性更好的氦气来提供升力。另外，飞艇上安装的发动机为飞艇提供部分的升力。发动机提供的动力主要用在飞艇水平移动，以及艇载设备的供电上。所以，飞艇相对于现代喷气飞机来说节能性能较好，而且对于环境的破坏性也较小。

一般从结构上看，飞艇可分为三种类型：硬式飞艇、半硬式飞艇和软式飞艇。硬式飞艇是由其内部骨架（金属或木材等制成）保持形状和刚性的飞艇，外表覆盖着蒙皮，骨架内部则装有许多为飞艇提供升力的、充满气体的独立气囊。半硬式飞艇要保持其形状，主要是通过气囊中的气体压力，另外，部分也要依靠刚性骨架。20 世纪 20 年代，一艘意大利制造的半硬式飞艇从挪威前往阿拉斯加的途中穿过了北极点，这是人类历史上第一架到达北极的飞行器。

2.1.2 无人机的结构与布局

无人机（Unmanned Aerial Vehicle，UAV）作为一种无人驾驶的飞行器，其结构与布局设计对其性能和功能至关重要。下面将详细介绍无人机的结构与布局，主要包括基本结构、布局类型、设计原则、气动布局，以及传感器与载荷布局。

（1）基本结构。无人机的基本结构通常由机翼、机身、尾翼、起落架等组成。机翼是负责产生升力的部分，机身是连接各部件的主体结构，尾翼用于稳定和控制飞行姿态，起落架用于支撑地面操作和起降。这些部件的布局和结构设计直接影响无人机的飞行性能和稳定性。

（2）布局类型。无人机的布局类型多种多样，常见的包括固定翼、多旋翼和无人直升机等。固定翼无人机具有长航时和高速飞行的优势，适用于大范围的空中监测和侦察任务；多旋翼无人机具有垂直起降和悬停能力，适用于近距离作业和航拍任务；无人直升机具有灵活性和垂直起降能力，适用于特定环境下的任务需求。

（3）设计原则。无人机的结构设计需要遵循一些基本原则，如轻量化、刚性强度、气动优化等。轻量化设计可以减少无人机的质量，提高飞行效率和续航时间；刚性强度设计可以确保无人机在飞行过程中具有良好的结构稳定性和飞行安全性；气动优化设计可以提高无人机的气动性能，减小气动阻力，提高飞行效率。

（4）气动布局。无人机的气动布局设计包括机翼形状、机身流线型和尾翼配置等方面。合理的机翼形状和机身流线型可以减小气动阻力，提高升力系数和飞行效率；适当的尾翼配置可以提供稳定的飞行姿态控制，确保无人机在各种飞行状态下具有良好的稳定性。

（5）传感器与载荷布局。无人机通常需要搭载各类传感器和载荷来完成不同的任务，如摄像头、红外线传感器、气象仪器等。传感器与载荷的布局设计需要考虑重心平衡、传感器视野、通信链路等因素，以确保无人机在执行任务时具有良好的感知能力和数据采集能力。

1. 固定翼无人机的基本结构组成及作用

固定翼无人机的基本结构组成及作用主要包括以下几个部分。

（1）机身。固定翼无人机的机身类似于飞机的机身，主要用于容纳各种设备、电池和传感器。它还承载着机翼和尾翼等关键组件。

（2）机翼。机翼是固定翼无人机最重要的部分，它起到产生升力的作用。一般采用翼型横截面，通过空气动力学原理产生升力来维持飞行。机翼还可以根据需要配备各种附件，如燃油箱和弹药架等。

（3）尾翼。固定翼无人机的尾翼通常由水平尾翼和垂直尾翼组成，水平尾翼主要用于控制飞机的升降舵，垂直尾翼主要用于控制飞机的方向舵。通过调整尾翼的角度，可以控制飞机在水平和垂直方向上的运动。

（4）发动机。固定翼无人机一般采用内燃机或电动机作为动力来源。内燃机通常使用汽油或柴油作为燃料，通过燃烧产生的推力推动无人机飞行；电动机则使用电池作为能源，通过电力驱动无人机的螺旋桨。

（5）过载传感器。固定翼无人机上装备有各种传感器，如相机、红外传感器和雷达等，用于获取飞行器周围的信息，这些传感器可以实现无人机的导航、目标识别和避障等功能。

（6）通信系统。固定翼无人机的通信系统通常包括 GPS 导航、数传通信等。这些系统可以实时传输飞行器的位置、图像和其他相关信息，以便对无人机进行遥控和监控。

这些组成部分共同协作，使固定翼无人机能够实现飞行和执行各种任务，如侦察、航拍和搜救等。

2. 多旋翼无人机结构及各部件功效

多旋翼无人机主要由机架、电动机、电调和桨叶组成，为了满足实际飞行需要，还需要配置电池、遥控器及飞行辅助控制系统，如图2-5所示。

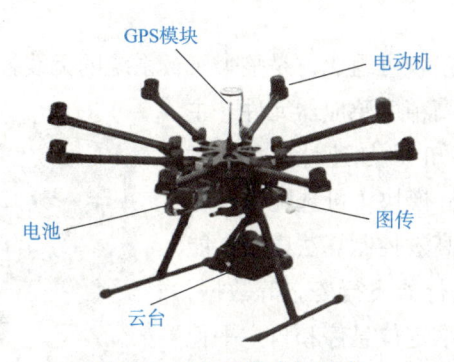

图 2-5　多旋翼无人机组成

机架是指多旋翼飞行器机身架，是整个飞行系统的飞行载体。普遍使用高强度、质量轻的材料，如碳纤维、PA66+30GF 等材料，如图 2-6 所示。

电动机是由电动机主体和驱动器组成的，是一个经典机电一体化产品。在整个飞行系统中，起到提供动力的作用，如图 2-7 所示。

图 2-6　碳纤维机架　　　　　　　图 2-7　无人机电动机

电调全称电子调速器（Electronic Speed Controller，ESC）。在整个飞行系统中，电调主要通过提供驱动电动机指令来控制电动机，以实现要求速度和动作等（图 2-8）。

桨叶是经过自身旋转，将电动机转动功率转化为动力的装置。在整个飞行系统中，桨叶主要起到提供飞行所需动能的作用。桨叶按材质一般可分为尼龙桨、碳纤维桨（图 2-9）和木桨等。

图 2-8　无人机电调　　　　　　　图 2-9　无人机碳纤维桨

电池是将化学能转化成电能的装置。在整个飞行系统中，电池作为能源储备为整个动力系统和其他电子设备提供电力起源。当前，在多旋翼飞行器上，采取普通锂电池或智能锂电池等。

遥控系统由遥控器和接收机组成，是整个飞行系统的无线控制终端。

飞行控制系统集成了高精度感应器元件，主要由陀螺仪（飞行姿态感知）、加速计、角速度计、气压计、GPS、指南针模块（可选配）及控制电路等部件组成。经过高效控制算法内核，能够精准地感应并计算出飞行器飞行姿态等数据，再经过主控制单元实现精准定位悬停和自主平稳飞行。因为机型不同，所以就有不同类型的飞行辅助控制系统，如支持固定翼、多旋翼及直升机飞行控制系统（图 2-10）。

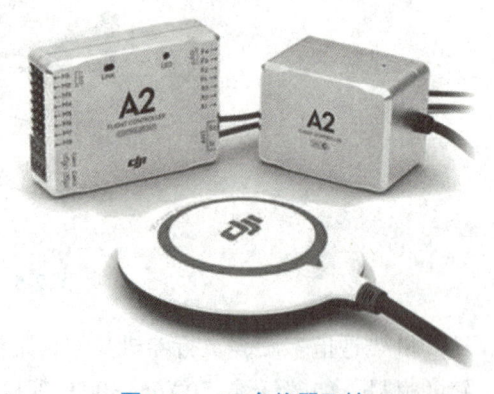

图 2-10　A2 多旋翼飞控

根据2021年5月发布实施的《低空数字航空摄影规范》CH/Z 3005-2021，对测绘无人机平台有以下通用要求：

（1）任务载荷。飞行平台应具备足够的载荷能力，在保障飞行安全的前提下，除油料、电池、机载发电机等外，有效载荷应保证承载传感器及其辅助系统，空间充足，不遮挡视场，不影响接线和插卡等动作；搭载稳定云台的，应协调保证运动空间，云台运动范围内传感器无视场遮挡现象；飞行平台发动机、电机运行过程中，固有振动频率应与传感器协调，采取减震措施避免振动引起成像模糊，尤其应避免传感器出现角元素形式的振动。

（2）抗风能力。固定翼无人飞行器在航摄时应具备5级风力气象条件下的安全飞行能力；多轴旋翼机及其他类型无人飞行器在航摄时应具备4级风力气象条件下的安全飞行能力。

（3）飞行速度。飞行平台应与其搭载的传感器协调配合，在保证安全飞行的前提下，应选择巡航速度低的飞行平台，以保证像移和运动变形在较小的范围内，对应的平均像点位移不应大于0.5个像元，地形最高点最大像点位移不应大于1个像元；采用具备像移补偿功能的低空航摄系统，可不受上述的指标限制，补偿后残差不应大于0.5个像元。

（4）自动驾驶仪。自动驾驶仪除具备基本飞行控制功能外，还应具备以下功能：具备接收预设航线和曝光控制信息的功能，可输出控制航摄相机曝光的电控信号；具备定点曝光控制或等距曝光控制功能；具备记录和下载实际曝光点位置和姿态等信息的功能。

（5）定位测姿系统。当采用双频卫星定位设备辅助航空摄影，或采用卫星与惯性组合导航技术辅助航空摄影时，应满足以下要求：选用双频卫星定位设备，其数据记录频率不小于5 Hz；测角精度值达到横滚角、俯仰角不大于0.01°，航偏角不大于0.02°。

2.2 动力系统

无人驾驶航空器的动力系统是其飞行的核心组成部分，直接影响着飞行性能、续航能力和有效载荷等方面。目前，无人驾驶航空器的动力系统主要分为内燃动力系统和电动动力系统两种类型。

内燃动力系统通常采用燃油发动机作为动力源，根据不同的需求可以选择使用汽油发动机、柴油发动机或涡轮发动机等。内燃动力系统具有动力强劲、续航能力较长的优点，适用于大型无人驾驶航空器或需要长时间飞行的任务。然而，内燃动力系统也存在噪声大、振动大、维护成本高等缺点，同时，燃油的使用也给环境带来了一定的污染。

电动动力系统则采用电池作为动力源，主要包括锂电池和聚合物电池等。电动动力系统具有零排放、低噪声、振动小等优点，适用于小型无人驾驶航空器或需要低噪声、低振动的任务。此外，电动动力系统还具有较好的反应速度和调节性能，可以更加灵活地控制飞行姿态。然而，电动动力系统的续航能力相对较弱，需要不断充电，限制了其飞行时间和飞行距离。

在实际应用中，根据无人驾驶航空器的任务需求和性能要求，可以选择不同类型的动力系统。有些无人驾驶航空器甚至采用混合动力系统，结合内燃动力系统和电动动力系统的优势，以实现更好的飞行性能和续航能力。未来，随着动力技术的不断发展和创新，无人驾驶航空器的动力系统也将不断进步，更加高效、环保、可靠，为无人驾驶航空器的发展提供了更广阔的空间。

2.2.1 活塞式发动机

活塞式发动机是航空发动机的一种，是一种利用一个或多个活塞将热能转换成旋转动能的机械。混合气（燃油、空气）在密闭的气缸内燃烧，膨胀做功，带动螺旋桨旋转，由螺旋桨产生拉（推）力从而驱动航空器运动的发动机，具有体型小、转速高、功率大、质量小、工作可靠性高等特点（图2-11）。

四行程活塞式发动机的基本工作原理：完成一个工作循环，活塞从上止点到下止点之间往返两次，分别完成了进气、压缩、膨胀和排气的工作，所以，这四个行程相应地叫作进气行程、压缩行程、膨胀行程和排气行程。

（1）进气行程：活塞由曲轴带动从上止点向下止点运动。进气门打开，排气门关闭。混合气中汽油和空气的比例为 1∶14.7，即燃烧 1 kg 的汽油需要 14.7 kg 的空气。

（2）压缩行程：在进气行程之后，活塞从下止点往上止点移动，此时，由于进气门和排气门都关闭着，气缸内的容积不断缩小，混合气受到压缩，因而压力和温度升高，称为压缩行程。活塞运动到上止点时，燃烧室内混合气体的压强增加到 10 个大气压，温度增加到 40 ℃左右。压缩比是指混合气被压缩的程度，活塞式航空发动机的压缩比为 5～8。

（3）膨胀行程：在压缩行程快结束，活塞接近上止点时，气缸头上的火花塞通过高压电产生了电火花，点燃混合气。活塞由上止点向下止点运动，推动连杆向下快速运动，连杆带动曲轴旋转，使发动机对外做功，因此，该行程也被称为"做功冲程"。

（4）排气行程：在惯性作用下，曲轴继续旋转，使活塞由下止点向上运动。当活塞到达上止点时，绝大部分的废气已经被排出。

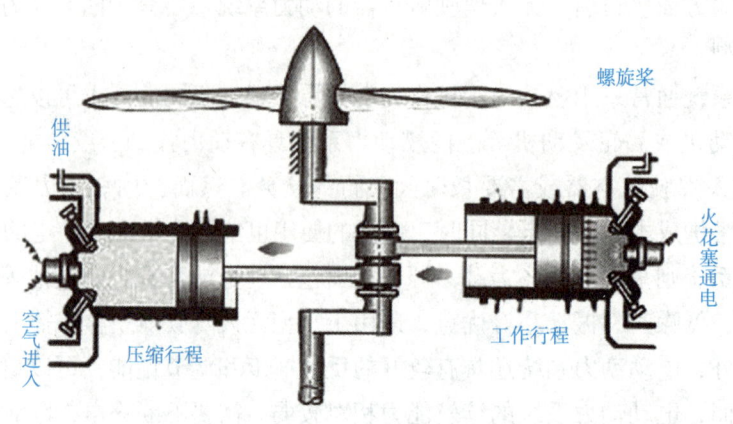

图 2-11 四行程活塞式发动机工作原理

2.2.2 转子发动机

往复式发动机和转子发动机都依靠空燃混合气产生的膨胀压力来获得转动力。两大类发动机引擎的组织机构差异是运用膨胀反应压力的模式。在往复式发动机引擎中，在活塞部件顶端表层形成的膨胀反应压力朝下推进活塞部件，机械作用力被传给机械连杆，联动中心控制曲轴机械作用转动。针对转子发动机，膨胀压力作用在转子的侧面，进而将三边形转子的三个面之一推向偏心轴的中心。这一运动在两个分力作用力的作用下展开。一个是表示向自动输出轴中心；另一个是为了促使自动输出轴机械作用转动的切线力，转子发动机结构剖面图如图 2-12 所示。

图 2-12 转子发动机结构剖面图

一般，发动机引擎是往复机械运动式发动机引擎，工作时活塞部件在气缸设施内做往复直线机械运动，为了把活塞部件的直线机械运动转换为旋转机械运动，需要运用曲柄控制部件滑块设备组织机构。转子发动机则存在差异，它直接将可燃气的燃烧反应膨胀力转换为驱动弯曲作用扭矩。与往复式发动机引擎对比，转子发动机消除了无用的直线机械运动。因此，一样功率的转子发动机长度较低、质量较轻，并且振动和噪声偏低，具备较大作用优势（图 2-13）。

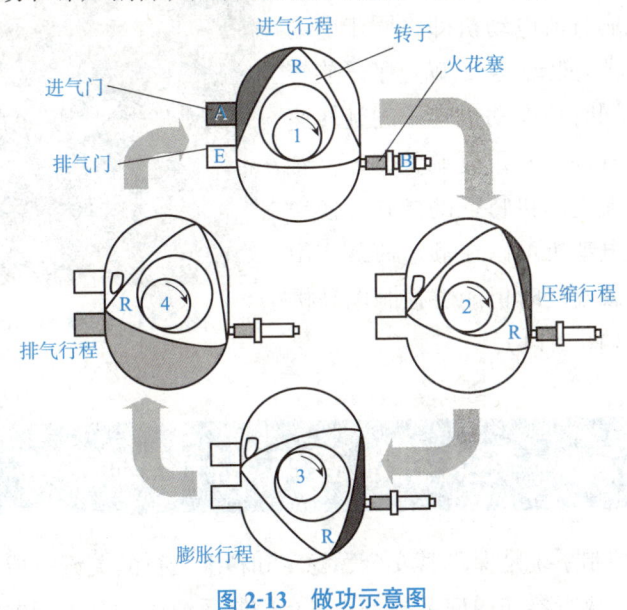

图 2-13 做功示意图

2.2.3 无刷直流电动机

无刷直流电动机是一种将直流电能转换为机械能的电动机。它由电动机本体、转子位置传感器和电子换向装置组成。无刷直流电动机具有高效、节能、低噪声、高可靠性、维护简单等特点，适用于各种工业、家电、电动工具等领域。无刷直流电动机由电动机本体、转子位置传感器和电子换向装置组成。电动机本体将直流电能转换为机械能，转子位置传感器检测转子的位置，并将信号传递给电子换向装置，电子换向装置根据转子的位置控制电动机的换向，从而实现电动机的运转。无刷直流电动机的制造成本较高，而且控制电路复杂，需要专业的技术支持和维护。

无刷直流电动机由电动机主体和驱动器构成，是一类经典的机电控制设备系统化商品，电动机的稳固定子绕组构件多做成三相对称星形接法，同三相异步电动机非常类似。电动机的转子上粘有已充磁的永磁体部件，为了测试电动机转子的极性，在电动机内装设了具体位置传感器。驱动器由功率电子设备和集中电路等组成，其功能是：接收电动机的开启、暂停、联动操控数字信号，以控制电动机的开启、暂停和联动操控；接收具体位置传感器的数字信号和正反转数字信号，用于控制逆变桥各功率管的通断，形成持续扭转作用力矩；接收速率指示和速率反映数字信号，用于控制和修改、调整旋转速率；供应保护和自动显示等。

无刷直流电动机是实时同步电动机的一类，换句话而言，电动机转子的旋转速率受电动机稳固定子旋转运动磁场的速率及转子极数（p）影响：$n=60f/p$。在转子极数固定的情况下，转变稳固定子旋转运动磁场的频次就能够转变转子的旋转速率。无刷直流电动机即将同步电动机加上电子式控制器（驱动器），确定了子旋转运动磁场的频次，同时把电动机转子的旋转速率传回至监控服务管理中心重复调整修改，希望能够实现靠近直流电动机特征的模式。换句话而言，无刷直流电动机可以在额定荷载作用范围内作用、当荷载改变时仍能够控制电动机转子保持旋转速率（图2-14）。

图2-14 大疆M300无刷直流电动机

2.3 无人机地面与飞行控制系统

无人机的飞行控制系统是保障其安全、稳定和精准飞行的关键组成部分，主要包括飞行控制器、传感器、执行器和通信系统等。飞行控制系统通过对飞行器姿态、位置和速度等参数的实时监测和控制，实现无人机的自主飞行、导航和任务执行。下面将详细介绍无人机飞行控制系统的组成和工作原理。

（1）飞行控制器。飞行控制器是无人机飞行控制系统的核心部件，通常采用嵌入式微处理器或单片机作为控制芯片，运行着预先设计好的飞行控制算法。飞行控制器接收传感器采集的飞行数据，经过处理计算后输出控制指令，控制飞行器的姿态、高度、速度等参数。常见的飞行控制器有 Pixhawk、Naze32、Ardupilot 等，它们具有不同的性能和功能，可根据无人机的需求选择合适的飞行控制器。

（2）传感器。无人机的传感器系统用于获取飞行数据，包括姿态传感器、位置传感器、速度传感器、气压传感器、GPS 和罗盘等。姿态传感器主要用于监测飞行器的姿态（俯仰、横滚、偏航角度）；位置传感器主要用于确定飞行器的位置；速度传感器主要用于监测飞行器的速度；气压传感器主要用于测量大气压力；GPS 主要用于获取全球定位信息；罗盘主要用于指示飞行器的航向。这些传感器共同工作，为飞行控制器提供了准确的飞行参数，帮助无人机实现稳定飞行和导航。

（3）执行器。执行器是飞行控制系统中负责执行控制指令的部件，主要包括电动机、舵机和螺旋桨等。电动机通过控制转速来提供推力；舵机通过控制舵面角度来调整飞行器的姿态；螺旋桨则将电动机提供的动力转化为推力。飞行控制器计算出的控制指令通过执行器传递给飞行器，实现对飞行器的姿态和运动的精确控制。

（4）通信系统。通信系统是无人机与地面站或其他飞行器之间进行数据传输和控制的重要环节，主要包括遥控器、数据链和无线通信模块等。遥控器通过无线信号向飞行器发送控制指令；数据链用于传输实时飞行数据和视频图像；无线通信模块用于与其他飞行器或地面站进行通信和协同作战。通信系统的稳定性和可靠性直接影响无人机的飞行安全和任务执行效果。

综上所述，无人机的飞行控制系统是实现其自主飞行和任务执行的关键技术之一，通过飞行控制器、传感器、执行器和通信系统等组成部件的协同工作，无人机能够实现稳定、精准的飞行，广泛应用于军事侦察、航拍摄影、应急救援等领域，展现出巨大的发展潜力和应用前景。

2.3.1 无人机地面控制系统

无人机地面控制系统（俗称地面站）是无人机系统的重要组成部分，地面操作人员能够有效地利用无人机地面控制系统对无人机的飞行状态和机载任务载荷的工作状态进行控制。其主要功能包括任务规划、飞行航迹显示、测控参数显示、图像显示与任务载荷管理、系统监控、数据记录和通信指挥等。这些功能也可以集成到地面移动指挥控制车上，以满足运输、修理、监测和控制等需要。

地面操控与显示终端的功能包括任务规划、综合遥测信息显示、遥控操纵与飞行状态监控等，一般配置在地面站中。地面站主要由 PC、信号接收设备和遥控器等组成，负责对接收到的无人机的各种参数进行分析处理，并在需要时对无人机航迹进行修正，特殊情况下可手动遥控无人机。

无人机地面控制系统具有对无人机飞行平台和任务载荷进行监控和操纵的能力，包含对无人机发射和回收控制的一组设备。

无人机地面控制系统是整套无人机系统十分关键的构成部分，是道路地面操控管理者直接和无人机沟通的途径。它包含工作任务策划、工作任务回放、及时在线实时监控、数据地图、通信数据链在内的集控制、通信、数据信息全面处理为整体的综合应用能力，是整套无人机系统的指导管理监控服务管理中心。

道路地面站系统应该具备以下功能。

1. 飞行监控功能

无人机经过无线数据信息自动输送链路，下传飞机目前各状态数据信息。道路地面站将全部的飞行数据信息储存，同时，把重要的数据信息用模拟仪表或其他调控操作软件表明，供道路地面操作控制工作者参照。与此同时，依据飞机的状态，及时在线输送控制命令指示，操作控制无人机飞行。

2. 地图导航功能

依据无人机下传的经纬度数据信息，将无人机的飞行运动轨线标注在电子地图上。与此同时，能够策划航点航线，观测无人机工作任务实行实际状况。

3. 任务回放功能

依据储存在数据信息资料库里的飞行数据信息，在工作任务终止后，运用回放功能能够具体地观测飞行过程的每个细节步骤，检测工作任务实行作用效果。

2.3.2 无人机飞行控制系统

飞行控制系统通过有效控制标准算法工作内核，可以精确地自动智能感应并计算出飞行器飞行姿态等数据信息，再通过主要应用控制基本单元，完成精确作用定位悬停和自主独立平稳飞行，在没有飞行控制系统的情况下，有许多专业飞手通过长久、艰难地练习，也可以控制飞行器十分平稳地飞行。然而，这个困难程度和需求特别高，要求具有十分丰富、充裕的实战经验。如果没有飞行控制系统，要求飞手每分每秒重视飞行器动向，眼睛完全不能离开飞行器，每分每秒处于高度担忧工作的状况。并且，人眼的有效视距是十分有限的，虽然能稳定地控制飞行，但是，控制精度也大概率无法满足航拍要求，控制距离越远，控制精度越差。另外，对于不一样的拍摄需求，以及面临不一样的拍摄环境或条件，人为飞行控制更是难上加上，甚至根本不可能实现。飞行控制系统是目前完成简易操作控制和精确飞行必须配备的武器。

1. 飞行控制系统的部件名称及其功效

飞行控制系统通常是由主要应用控制基本单元、IMU（惯性导航单元）、GPS参考指南针功能应用模块、LED操作指示信号灯功能应用模块等组成构件构成。

主要应用控制基本单元是飞行控制系统的关键，通过它将IMU、GPS、舵机和远程操控接收控制机等机器连接，进而完成飞行器自主独立飞行功能效果。除了协助飞行控制之外，一些主要应用控制器还具有统计飞行数据信息黑匣子功能效果，如DJAce One。主要应用控制基本单元还可以通过 USB 控制应用端口，展开飞行系数、修改、调整和系统固件发展升级（图 2-15）。

IMU 包含 3 轴加速度计、3 轴角速度计和气压高度计，是高精度感应飞行器姿态、角度、速度和高度元器件集合体，在飞行辅助功效中充当极其重要的角色。

GPS 参考指南针功能应用模块，包括 GPS 功能应用模块和参考指南针功能应用模块，用于精确确定飞行器方向及经纬度。针对失去管理控制保护自动智能返航、精确作用定位悬停等功能效果的完成至关重要（图 2-16）。

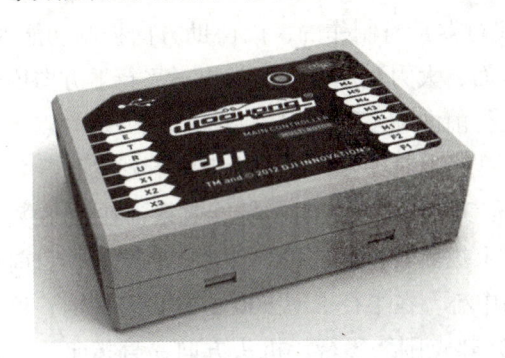

图 2-15　主要应用控制基本单元　　图 2-16　GPS 参考指南针功能应用模块

LED 操作指示信号灯功能应用模块用于及时在线自动显示飞行状态，是飞行过程中必备的，它可以协助飞手及时在线了解、掌握飞行状态。

2. 飞行控制系统的主要功效

（1）完成精确作用定位悬停。飞行控制系统由于配备设计有 GPS 参考指南针功能应用模块，可以完成锁定经纬度和高度精确作用定位。遇到有风或其他外力作用下，飞行控制系统也可以通过主要应用控制基本单元发送作用定位指示出主要应用控制飞行器，以完成精确作用定位悬停。

（2）人工智能失去管理控制保护/自动智能返航降落。飞行控制系统能自动智能统计返航点，在飞行过程中，产生控制数字信号缺失，也就是无线远程操控管理链路中止实际状况，飞行控制系统能自动智能规划返航路线模式，完成自动智能返航和降落，使飞行或航拍越来越安全、稳定和高效。

（3）低电压自动报警或自动智能返航降落。由于多旋翼飞行系统普遍采用电池供应电源模式，巡航时间有限。为充分保障更加高效地实现飞行作业工作任务，飞行控制系统低电压自动报警功能效果会及时迅速通过 LED 操作指示信号灯显示，提示飞手目前电压状态，在危急情况条件下，还可以完成自主独立返航或降落，以充分保障整套飞行控制系统的安全性。

（4）内部安装设置（两轴）云台增稳功能效果。云台系统作为无人机航拍不可缺少的机器，主要用来稳定相机，进而拍摄出稳定、顺畅的图像。现在，越来越多的人采用无人机进行航拍，是由于其成本费用偏低，价格比相对较低。除了无人机飞行系统之外，还要求挂载摄像机器来完成航拍。如果直接将摄像机器展开硬链接，会导致拍摄图像抖动或模糊，这种图像即使经过专业软件后期调试也基本不能使用及运用。

（5）可拓展道路地面站功能效果。飞行控制系统还能够拓展增强道路地面站功能效果，进而完成超视距、全自主独立飞行。通过道路地面控制终端，可预先设立飞行航线、高度及速率等系数，一键就可以完成从起飞、航线飞行到返航降落等全自主独立飞行功能效果。道路地面站系统具有 3D 地图、可视智能化飞行仪表，供应飞机姿态、分布坐标、速率角度等及时在线飞行数据信息，也供应飞机和飞控系统状态数据信息。

（6）智能方向控制（IOC）。智能方向控制（Intelligent Orientation Control，IOC）划分为航向锁定和返航点锁定，是为多旋翼飞行器量身制作的，以协助方向控制功能效果。在没有办法划分飞行器方向时，可高效、全面、大力使用该功能效果对飞行器方向展开控制。航向锁定：在运用航向锁准确定时，飞行前向和主要应用控制统计某一时间点机头分布朝向一致。返航点锁定：在运用返航点锁准确定时，飞行前向为返航点到飞行器方向。

（7）热点围绕（POI）。热点围绕（Point Of Interest，POI）功能效果，在 GPS 数字信号良好的情况下，可以通过拨动远程操控器上提前设置好的控制开关，将飞行器目前所在分布坐标点统计为关键热点。以关键热点为中心，在半径 5～500 m 作用范围内，仅仅要求发送横滚飞行指示飞行器，就会完成 360° 热点围绕飞行，机头方向一直指向关键热点方向。该功能效果设置简易、运用方便，可完成对固定自然景点展开全方位拍摄使用。

（8）断桨保护功能效果（六轴及其范围以上设备机型）。断桨保护功能效果是表示在姿态模式或 GPS 姿态模式下，飞机意外缺乏某一旋桨动力自动输出时，可以采用牺牲航向轴控制模式，不断维持飞行水平姿态。这时，飞机可以不断被操作控制，并且安全返航。这一综合设计充分减小了炸机风险。

3. 飞行控制系统的控制模式

飞行控制系统提供三种飞行模式，即 GPS 姿态模式、姿态模式和人工手动模式。

（1）GPS 姿态模式。该模式要求选用配置 GPS 功能应用模块，除了能自动智能维持飞行器姿态平稳外，还可以具有精确作用定位功能效果，在这类模式下，飞行器能完成作用定位悬停、自动智能返航降落等功能效果。

（2）姿态模式。该模式适用于没有 GPS 数字信号或 GPS 数字信号不好的飞行环境中，可以实现自动智能维持飞行器姿态和高度，然而，不可以完成自主独立作用定位悬停。

（3）人工手动模式。该模式只可以由比较有实践经验的飞手来控制，在这类应用模式下，飞行控制系统不会自动智能维持飞行姿态和高度稳定，完全由飞手人工手动控制，未受过专业飞行训练的飞手，请勿大胆尝试。

2.4 任务荷载

无人机系统任务荷载是指无人机在执行任务时，携带的各种设备、传感器、器材或载荷，用于实现特定任务需求。任务荷载的选择和配置取决于无人机的应用领域和具体任务要求，不同的任务荷载可以赋予无人机不同的功能和能力。通过合理选择和配置任务荷载，无人机可以实现多样化的任务需求，如侦察监视、灾害勘测、农业植保和物流运输等。任务荷载的不断创新和升级，将进一步拓展无人机在各个领域的应用范围和能力。

2.4.1 可见光传感器

可见光传感器是一种将可见光转换成电子信号后进行记录的设备。它采用了像素阵列和信号处理器来捕捉并处理光的信息，从而生成数字图像或视频。在可见光谱范围内，人眼所能感知光的波长范围为 380～780 nm。常用的数字相机和手机相机就是基于可见光相机的原理制作而成的（图 2-17）。

可见光相机旨在创建复制人类视觉的图像，捕捉红色、绿色和蓝色波长（RGB）的光，以实现准确的颜色表示。现代安全和监控摄像机以高清或更高的分辨率执行此操作，并配备多种镜头选项，用于广角或远摄视图，以识别场景中的目标和物体（图 2-18）。

图 2-17 大疆禅思 P1 可见光相机

就像人眼一样，可见光相机也需要光线。它们的性能也会因雾、霾、烟、热浪和烟雾等大气条件而大大降低。这将它们的应用限制在白天和晴朗的天空。

无人机可见光传感器是一种光学传感器，主要通过接收地面反射的可见光波段信号，将光信号转换为电信号，再经过处理和编码，最终生成数字影像数据。传感器的核心部件包括光学镜头、光学滤波器、光电转换器和信号处理电路等。通过不同的光学设计和信号处理技术，

图 2-18 成都睿铂 R6Pro 可见光相机

可以实现不同分辨率、动态范围和色彩表现的影像采集。可见光传感器具有以下特点：

（1）高分辨率：可以获取清晰、细致的影像数据。

（2）传感器可以实现多光谱成像，获取不同波段的光谱信息，用于植被监测、土地利用等应用。

（3）实时传输：影像数据可以实时传输到地面控制站，实现实时监测和反馈。

（4）数据融合：传感器可以与其他传感器数据进行融合，提高数据的综合利用价值。

（5）自动化控制：传感器可以实现自动化控制，根据预设参数和任务要求进行拍摄和采集。

2.4.2 红外传感器

红外传感器是将辐射能转换为电能的一种传感器，又称为红外探测器。常见的红外探测器有两大类，即热检测器和光子探测器。热检测器是使用人体红外辐射，引发检测器的敏锐元件设备的温度改变，从而使相关物理系数产生相互对应的改变，经过衡量相关物理系数的改变，来确定检测器吸收的红外辐射。热检测器的重要优势是反应频率分布波段

宽，能够在室温下工作，运用便利。然而，热检测器反应时间久，灵活性偏低，通常应用在红外辐射改变迟缓的场所，如光谱仪、温度监测仪和红外摄像等。光子探测器是使用某些半导体材质的物质材料，在红外辐射的照射下，形成光子作用效果，使物质材料的电学性质产生改变，经过测量电学性质的改变，确定红外辐射的大小、强弱。光子探测器的重要优势是灵活性高，反应速率快，反应频次高。但是一般要求在低温下工作，检测频率分布波段较窄，通常应用在测温仪、航空智能扫描仪、热像仪等。红外传感器广泛应用在温度监测、自动智能成像、有效组分研究分析、无损测试等多个层面，尤其是在军事上的使用更加广泛，如红外侦察、红外通信等（图2-19）。

图 2-19　大疆 H20T 红外传感器

热成像是当前最简单、有效的一种非接触式温度测量方法。而红外成像的基本原理是红外热效应。这是因为，具有一定温度的物体，都会产生热辐射。温度越高，辐射的总能量越大。一般的热辐射，主要靠波长较长的可见光和红外线传播。因此，通常利用能够接收红外辐射并产生物理变化的传感器，来对温度进行非接触式测量。这类传感器便是红外温度传感器。红外热成像，就是利用红外温度传感器对被测物表面不同点的温度进行测量，然后将测量的信息扫描到光学成像系统中，以代表不同温度的有色图像显示出被测物体（图2-20）。

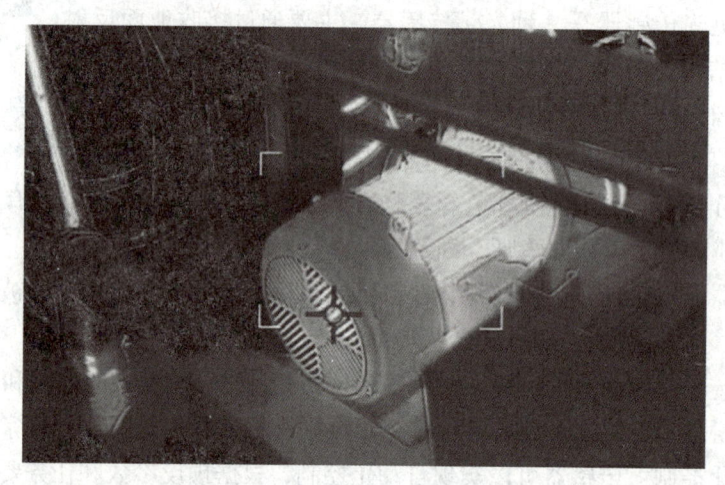

图 2-20　热成像图

2.4.3　倾斜摄影相机

传统类型的航空摄影只可以从垂直角度拍摄地物，倾斜摄影则通过在同一应用平台搭载数台传感器，从垂直、侧视等不同的作用角度收集影像，有效补偿了传统类型航空摄影的局限。那么，无人机倾斜摄影系统能够确定为以无人机为飞行应用平台、以倾斜摄影相机为工作任务机器的航空影像获得系统。

倾斜角度在不同场景的应用中有所区别，在地形测绘和建筑物三维建模中，倾斜度要求较为严格，通常要求在5°以内。这是因为这两种应用会涉及高度的测量，若倾斜度过大则会导致高度测量的误差较大。在道路、桥梁和河流等线性目标测量场景下，倾斜度的要求相对较宽松，通常要求在20°以内。这是因为这些目标的形状是线性的，因此测量精度对于斜角不敏感。在矿区、林区等大面积测量中，倾斜度的要求也相对较宽松，通常要求在30°以内。这是因为这些场景下，相机的倾斜度可以适当地调整，以扩大覆盖范围。目前，具有的航测操控应用软件全面处理综合能力已经有了非常大的提高，能够在这一个标准的基础应用之上，把倾斜作用角度15°以上的都划归到倾斜摄影的作用范畴。如今，倾斜摄影相机不再限制相机镜头的数目。倾斜摄影相机的重点技术参考指标是获得多个层面影像的综合水平及单架次作业的实际广度和实际深度（图2-21）。

图 2-21　睿铂 DG3M 倾斜摄影相机（五镜头）

无人机倾斜摄影相机原理主要包括以下几个方面。

（1）倾斜拍摄角度：无人机倾斜摄影相机可以通过特殊设计的支架和机械结构，实现在飞行过程中以一定的倾斜角度拍摄地面景物，从而获取不同角度的航拍影像。

（2）多角度拍摄：倾斜摄影相机通常可以同时拍摄多个方向的影像，包括正前方、侧面、斜上方等，为后续影像处理和分析提供更多的选择。

（3）高精度定位：倾斜摄影相机通常配备有高精度的定位系统，可以实现影像的精确定位和地图匹配，确保影像数据的准确性和可靠性。

无人机倾斜摄影相机具有以下特点。

（1）多角度拍摄：可以实现多个角度的倾斜拍摄，为航拍影像增添立体感和生动感。

（2）高精度定位：配备高精度的定位系统，可以实现影像的精确定位和地图匹配。

（3）灵活性：无人机倾斜摄影相机可以根据需要调整拍摄角度和方向，适用于不同的航拍任务和场景。

（4）数据融合：倾斜摄影相机可以将多个角度的影像数据进行融合处理，提高影像分辨率和信息量。

（5）实时传输：影像数据可以实时传输到地面控制站，用户可以实时监控和操作拍摄过程。

2.4.4 机载激光雷达

激光探测及测距系统（Light Laser Detection and Ranging，LiDAR）也称为机载激光雷达，它集中了 GPS、IMU、激光智能扫描仪、数码智能电子相机等光谱自动智能成像机器。在这其中，主动感应系统（激光智能扫描仪）使用自动智能返回的信号脉冲，可获得检测发展目标高辨识率的距离、有效坡度、粗糙度和反射比例等数据信息，而被动光电自动智能成像技术可获得检测发展目标的自动智能成像数据信息，通过道路地面的数据信息全面处理而自动形成逐个道路地面采样收集点的三维立体分布坐标，最终通过综合处理而获取沿一定条带的道路地面地区三维立体作用定位和自动智能成像结果（图2-22）。

图 2-22　大疆禅思 L1

机载激光雷达技术特征如下：
（1）可以供应紧密的分布点阵数据信息。
（2）可以穿过绿色植被的叶冠。
（3）无须或非常少要求衡量实际现场。
（4）能够同时衡量道路地面层和非道路地面层。
（5）24 h 全天候工作。
（6）具有迅速获取数据的能力。

LiDAR 技术的研究在全国已经兴盛起来。在国家大力支持下，我国科学研究院遥感使用研究院李树楷研究学者等，研究的机载设施三维立体自动智能成像系统于1996年实现了第 1 台线智能扫描理论样机的研发，该系统不同于当前全球盛行的 LiDAR 系统，其激光测量实际距离智能扫描仪和多光谱智能扫描自动智能成像仪使用一系列智能扫描光学系统，进而保障道路地面的激光测量实际距离。

2.4.5 无人机机载视频摄像机

无人机机载视频摄像机是指安装在无人机上的摄像设备，用于实时拍摄、录制和传输航拍视频。随着无人机技术的快速发展和普及，无人机机载视频摄像机在航拍、监测、救援等领域得到广泛应用。下面详细介绍无人机机载视频摄像机的技术原理、特点、应用领域和发展趋势。

（1）技术原理。无人机机载视频摄像机通过安装在无人机上的摄像设备，实时拍摄航拍视频，并通过传输设备将视频信号传输到地面控制站。无人机机载视频摄像机通常包括摄像头、云台、传输设备和地面控制软件等组成部分。摄像头负责拍摄视频，云台可实现稳定的画面拍摄，传输设备将视频信号传输到地面控制站，地面控制软件则用于监控、录制和分析视频数据。

（2）特点。高灵活性：无人机机载视频摄像机可以随时随地进行航拍，适用于各种场景和环境。高清晰度：现代无人机机载视频摄像机具有高清晰度的拍摄能力，能够捕捉清晰、细致的画面。具有稳定性：云台技术可以实现稳定的画面拍摄，即使在飞行过程中也能保持画面稳定。实时传输：视频信号可以实时传输到地面控制站，用户可以实时监控和操作。远程控制：用户可以通过遥控器或地面控制软件，对摄像机进行远程控制和调整。

（3）应用领域。航拍摄影：无人机机载视频摄像机在航拍摄影领域得到广泛应用，可以实现高空、俯瞰、特殊角度的拍摄，为影视制作、广告拍摄等提供新的视角和创意。地理测绘：无人机机载视频摄像机可以用于地理测绘和地形测量，获取高精度的地形数据和地图信息。农业监测：在农业领域，无人机机载视频摄像机可以实现对农田、作物生长状态、病虫害情况等信息的监测和分析，为农业生产提供科学决策支持。环境监测：无人机机载视频摄像机可以用于环境监测领域，实现对水质、土壤污染、植被覆盖等环境指标的监测和评估。救援和灾害监测：在救援和灾害监测领域，无人机机载视频摄像机可以实现对灾区、危险地带等区域的监测和救援工作，为救援行动提供重要支持。

（4）发展趋势。智能化：未来无人机机载视频摄像机将更加智能化，结合人工智能、大数据分析等技术，实现更加智能的拍摄和分析功能。多传感器融合：未来无人机机载视频摄像机将会融合多种传感器技术，如红外摄像头、多光谱摄像头等，实现更加多样化的监测和分析功能。高精度定位：随着定位技术的不断发展，无人机机载视频摄像机的定位精度将得到进一步提升，拓展更多应用领域。可持续发展：未来无人机机载视频摄像机将朝着轻量化、高效能、低能耗的方向发展，实现更长飞行时间和更稳定的拍摄效果。

总体来说，无人机机载视频摄像机作为一种高效、灵活的航拍工具，将在航拍摄影、地理测绘、农业监测、环境监测、救援和灾害监测等多个领域发挥重要作用，为各行业的发展和进步提供科学支持（图2-23）。

图 2-23　悟 3+ 禅思和 X9-8K Air

2.4.6　无人机机载光谱传感器

无人机机载光谱传感器主要包括光谱采集系统、数据处理系统和控制系统等组成部分。光谱采集系统是无人机机载光谱传感器的核心部件，通过搭载不同波段的光学传感器，可以实现对不同波长范围内的光谱数据的高精度采集。常见的光学传感器包括多光谱传感器、高光谱传感器和超光谱传感器等，它们可以实现对地表、植被、水质等目标的不同光谱特征进行监测和分析。

无人机机载光谱传感器通过感知目标区域的反射光谱信息，利用光谱分析技术对不同波段的光谱数据进行采集和处理，从而获取目标区域的地物、植被、土壤等信息。无人机机载光谱传感器通常包括多个波段的光谱探测器和光学系统，能够实现对不同波段的光谱数据的高精度采集和分析。

技术特点：高精度：无人机机载光谱传感器具有高灵敏度和高分辨率的特点，能够实现对目标区域的光谱信息进行高精度的采集和分析。多波段：光谱传感器通常包括多个波段的光谱探测器，能够同时获取不同波段的光谱数据，实现对目标区域的多波段光谱信息的全面监测。实时性：无人机机载光谱传感器能够实现对目标区域的实时监测和数据采集，为用户提供及时、准确的监测数据。高效性：通过搭载在无人机平台上，无人机机载光谱传感器能够实现对大范围区域的高效监测和数据采集，提高监测效率和成本效益（图 2-24）。

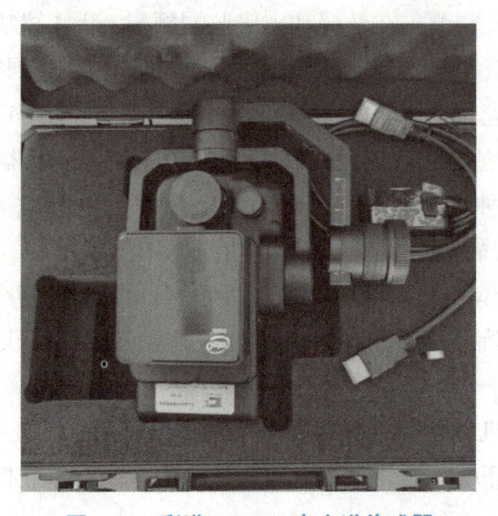

图 2-24　彩谱 FS-60C 高光谱传感器

2.4.7 无人机机载稳定平台

无人机机载稳定平台是一种关键的技术装备，用于保持无人机在飞行中的稳定性和平衡性，从而确保无人机能够准确地执行各种任务。无人机机载稳定平台通常由传感器、控制系统和执行机构三部分组成。

（1）传感器。传感器是无人机机载稳定平台的基础组成部分，用于感知无人机的姿态、位置和环境信息，为控制系统提供数据支持。常见的传感器包括陀螺仪、加速度计、磁力计、GPS、气压计。

①陀螺仪：用于检测无人机的角速度，即无人机绕各个轴旋转的速度，可以帮助控制系统判断无人机的姿态。

②加速度计：用于检测无人机的加速度，即无人机在各个方向上的加速度，可以帮助控制系统判断无人机的运动状态。

③磁力计：用于检测无人机的磁场方向，可以帮助控制系统判断无人机的方向。

④GPS：用于获取无人机的位置信息，可以帮助控制系统实现导航和定位功能。

⑤气压计：用于检测无人机的高度，可以帮助控制系统控制无人机的飞行高度。

这些传感器通过实时采集数据，将数据传输给控制系统进行处理，为控制系统提供准确的环境信息。

（2）控制系统。控制系统是无人机机载稳定平台的核心部分，负责根据传感器采集到的数据进行分析和计算，然后输出控制指令给执行机构，以实现对无人机姿态和位置的控制。控制系统通常采用姿态控制算法，如PID控制算法、模糊控制算法等，通过不断调节无人机的姿态角度和推力大小，使无人机能够保持稳定飞行。

控制系统的主要功能包括以下几个方面：

①数据处理：对传感器采集到的数据进行处理和融合，得出无人机的姿态、位置和环境信息。

②姿态控制：根据姿态控制算法计算出无人机需要调整的姿态角度，并输出控制指令给执行机构。

③位置控制：根据位置信息和导航数据，实现无人机的定位和航线控制，确保无人机按照预定路径飞行。

控制系统的性能和稳定性直接影响着无人机的飞行表现和任务执行效果。

（3）执行机构。执行机构是无人机机载稳定平台的执行部分，负责根据控制系统输出的指令，调节无人机的姿态和位置。常见的执行机构包括电动机、舵机和液压缸等。

①电动机：用于控制无人机的飞行速度和姿态，通过调节电动机的转速和推力大小，实现对无人机的姿态调整和运动控制。

②舵机：用于控制无人机的航向和俯仰，通过调节舵机的角度，实现对无人机的方向控制和姿态调整。

③液压缸：用于控制无人机的高度和倾斜角度，通过调节液压缸的长度和位置，实现对无人机的高度和姿态控制。

这些执行机构根据控制系统输出的指令，实现对无人机的精确控制和调整。

无人机机载稳定平台的工作原理和应用领域如下所述。

无人机机载稳定平台的工作原理：传感器感知环境信息，传输给控制系统进行处理和决策，控制系统根据算法计算出控制指令，输出给执行机构，执行机构调节无人机的姿态和位置，从而保持无人机的稳定飞行。

无人机机载稳定平台在航拍、搜救、农业、安防等领域有着广泛的应用。在航拍领域，机载稳定平台可以保证航拍画面的稳定性和清晰度；在搜救领域，可以帮助搜救人员快速、准确地搜索目标区域；在农业领域，可以用于农作物的监测和喷洒作业；在安防领域，可以用于监控和巡逻等任务。

总体来说，无人机机载稳定平台是无人机的重要组成部分，通过传感器、控制系统和执行机构的协同工作，实现对无人机飞行的精确控制和稳定性保持，为无人机的各种应用提供了可靠的技术支持。

2.5　无人机数据链路系统

无人机数据链是任务机、地面控制站之间，以及任务机与中继机、武器系统或其他操作平台之间，按照约定的通信协议和信息传输方式，进行指令交互、信息传递的无线通信链路，是保证无人机准确完成任务的重要途径。无人机数据链路通过在传感器、指导管理监控服务管理中心、工作任务负荷之间成立及时在线、有效的数据信息互相沟通网，从而满足系统化作战数据信息转换要求。

数据链路作为无人机系统中的神经分布网络系统，在无人机系统内部及无人机系统和其他作战系统之间，构建了一个具备及时在线性、多样性的侦察勘测、数据信息互相沟通和联合作战的网络系统，完成了战场谍报信息、指导控制和装备应用设施联合数据信息的及时在线分发，支持无人机和指导管理监控服务管理中心的互联互通，是无人机系统进入在线化作战系统的主要应用方式，在整套无人机系统中有效发挥着关键性影响。

■ 2.5.1　无人机数据链路的基本组成

数据链路系统是无人机系统的重要组成部分，其主要任务是建立一个空地双向数据传输通道，用于完成地面控制站对无人机的远距离遥控、遥测和任务信息传输。遥控能够实现对无人机和任务设备进行远距离操作；遥测能够实现无人机状态的监测。

无人机数据链路根据自动输送方向，可划分为上行工作链路和下行工作链路。上行工作链路具体实现道路地面站至无人机远程操控指示的输送和接收，下行工作链路具体实现无人机到道路地面站的遥测数据信息，以及红外或电视页面图像的输送和自动接收，并且根据定位数据信息的自动输送，使用上、下行工作链路展开测量实际距离，数据链路功能严重影响无人机功能的优势与劣势。无人机数据链路大致示意如图2-25所示。

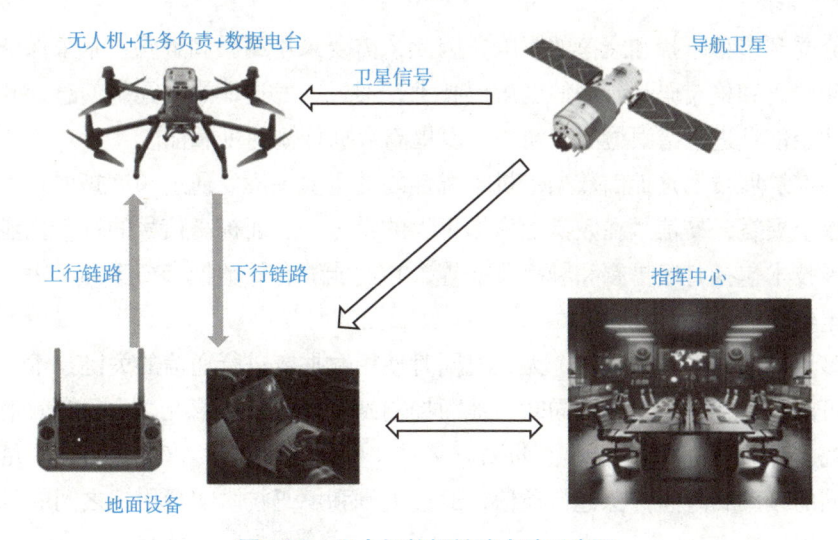

图 2-25 无人机数据链路大致示意图

无人机数据链路的机载设施部分包含机载设施数据信息控制终端（ADT）和信号天线。机载设施数据信息控制终端包含 RF 接收控制机、自动智能发射机及应用在链接接收控制机和自动智能发射机到系统剩余部分的调节控制解调控制器，一些机载设施数据信息控制终端为了全面符合下行工作链路的信号有效带宽严格限制，还供应了应用在压缩处理数据信息的控制器。信号天线应用定向信号天线，有时还需要应用具备增益作用效应的定向信号天线。

链路的道路地面部分也被称为道路地面数据信息控制终端（GDT）。该控制终端包含一副或几副信号天线、RF 接收控制机和自动智能发射机，以及调节控制解调控制器。如果传感器数据信息在自动传输前通过压缩处理，则道路地面数据信息控制终端还要求应用控制器对数据信息展开重新设计构建。道路地面数据信息控制终端能够分装成多个部分，一般包含链接道路地面信号天线和道路地面控制站的当地数据信息连接线，以及道路地面控制站内的部分控制器和控制应用端口。

2.5.2 无人机数据链技术

无人机数据链技术是指无人机与地面控制站之间进行数据通信的关键技术。这种通信系统需要满足高效、可靠、安全的要求，以支持无人机的各种任务，包括侦察、监视、通信中继、货物运输等。无人机数据链的关键技术包括调制解调器技术、信道编解码技术、频谱扩展技术、多址接入技术、数据链路层协议和安全加密技术等。

（1）调制解调器技术是无人机数据链技术的基础。它负责将数字信号转换为模拟信号以进行传输，并在接收端将模拟信号转换回数字信号。在无人机数据链路中，通常会采用调制技术将数字信号调制成载波信号，以便在空中进行传输。常见的调制技术包括调幅调制（AM）、调频调制（FM）和调相调制（PM）等。在接收端，需要通过解调技术将模拟信号还原为数字信号，以便进行后续的处理和解码。

（2）信道编解码技术是保证数据传输可靠性和完整性的关键。在无人机数据链路中，信道可能会受到多种干扰和衰落的影响，因此，需要采用编码和解码技术来保证数据的正确传输。纠错码和检错码是常用的编解码技术，通过在发送端添加冗余信息，并在接收端利用这些冗余信息进行错误检测和纠正，以提高数据传输的可靠性。

（3）频谱扩展技术是提高数据链抗干扰性能的重要手段。通过频谱扩展技术，可以将信号在频率上展宽，使信号在频谱上占据更大的带宽，从而提高信号的抗干扰能力。常见的频谱扩展技术包括直序扩频和频率跳变等，它们能够有效地抵御窃听和干扰，保证数据链路的稳定传输。

（4）多址接入技术是支持多个无人机同时使用数据链进行通信的关键技术。在无人机系统中，可能会存在多个无人机同时与地面控制站进行通信的情况。为了有效地支持多用户接入，需要采用多址接入技术，如码分多址（CDMA）技术。CDMA技术允许不同用户使用相同的频率和时间资源进行通信，通过编码和解码技术实现用户之间的区分，从而有效支持多用户接入。

（5）数据链路层协议是定义了数据链路上数据传输的规则和格式的重要技术。数据链路层协议包括数据帧的结构、流量控制、差错检测和重传等功能，它们保证了数据在链路上传输的可靠性和稳定性。常见的数据链路层协议包括HDLC（高级数据链路控制）协议、PPP（点对点协议）和IEEE 802.11协议等。

（6）安全加密技术是保护数据链路中传输数据安全的关键技术。在无人机数据链路中，数据的安全性至关重要，因为数据可能包含敏感信息或任务指令。因此，需要采用加密技术对数据进行加密，以防止数据被恶意攻击者窃取或篡改。常见的加密技术包括对称加密算法和非对称加密算法，它们能够有效地保护数据的机密性和完整性。

综上所述，无人机数据链技术涉及调制解调器技术、信道编解码技术、频谱扩展技术、多址接入技术、数据链路层协议和安全加密技术。这些关键技术相互配合，共同构成了高效、可靠、安全的无人机数据链路系统，为无人机的各种任务提供了强大的数据通信支持。

2.6 弹射与回收系统

无人机的弹射与回收系统通常包括弹射装置、降落伞和着陆装置等，其工作原理是通过弹射装置将无人机快速发射到空中，然后通过降落伞或其他方式实现无人机的安全降落。

在无人机的弹射与回收系统中，弹射装置是实现无人机快速起飞的关键部件。弹射装置通常采用压缩气体或弹簧等方式，将无人机从地面或舰船上迅速发射到空中，以确保无人机可以在短时间内达到安全飞行高度。弹射装置的设计需要考虑无人机的质量、速度和飞行高度等因素，以确保弹射过程平稳、可靠。

降落伞是无人机回收过程中常用的安全设备，通过降落伞可以减缓无人机的下降速度，降低无人机降落时的冲击力，确保无人机和设备的完好性。降落伞的设计需要考虑无人机的质量和飞行速度等因素，以确保降落伞可以有效地减速并实现精准降落。

除了弹射装置和降落伞外,无人机的弹射与回收系统还需要配备适合的着陆装置,以确保无人机可以在降落时稳定着陆并减少损坏。着陆装置通常包括起落架、减震器等,其可以有效地吸收着陆时的冲击力,确保无人机和设备的安全性。

总体来说,无人机的弹射与回收系统是无人机操作中至关重要的一环,其设计和性能直接关系无人机的安全性和可靠性。通过合理设计和优化调整,可以提高无人机的起降效率,减少事故风险,保障无人机任务的顺利完成。

2.6.1 弹射架

轨道弹射需要借助轨道仪器,靠外力使滑车托举着无人机在导轨上加速,从而使无人机获得平飞速度,顺利出架,有弹力弹射、气液压弹射、燃气弹射及电磁弹射。

例如,弹力弹射是使用伸缩可变性非常强大的弹性元件设备(如橡皮筋、金属弹簧)供应动力,即供应无人机起飞中所需要应用的加速率,一般应用于小微型无人机;电动机动力的弹射系统一般由滑行运行轨道、小车、牵引驱动钢丝、缓冲作用橡皮筋、电动绞盘、电动机减速控制器、开锁设备等组成。滑车的牵引力最早来源于高弯曲作用扭矩电动机,开锁设备和电源控制开关联动,科学的电动机减小速度比,使电动绞盘的旋转速率和弯曲作用扭矩符合滑车前行的作用力量和速率要求。燃气弹射是指直接使用火药气体来自动智能发射无人机,一般借用现役火炮完成常用自动智能发射,这需要统筹考虑无人机抗过载性能,以及总体结构尺寸与武器的兼容性。电磁自动智能发射是应用电磁作用理论形成的电磁推动力使物品全速推动的。因为电磁联动作用力和电流平方为正比例相互关系,因此,只要保障充足的电流自动输入,就可以在自动智能发射设备内形成充足的推动力,使物品实现更高的速率。其他一些弹射方式也只是发射架产生推力的原理有所不同,而起飞形式完全一样。无人机弹射架如图 2-26 所示。

图 2-26 无人机弹射架

2.6.2 回收系统

1. 伞降回收

降落伞由主伞和减速伞（也称阻力伞）两级伞组成。当无人机完成工作任务之后，道路地面站发送远程操控指示给无人机，使飞机减小速度，降低高度。到达适应飞行高度和速率时，开减速伞，使飞机剧烈减小速度，降低高度，动力系统暂停稳定运转，当无人机减小到某飞行高度和速率时，回收重复利用，操控管理系统发送数字信号，使主伞开伞，先呈缩紧、充气状态，过一定作用时间，主伞完全充气；无人机悬挂在主伞下逐步登陆。无人机伞降回收重复利用如图2-27所示。

图 2-27 无人机伞降回收重复利用

2. 防撞网回收

防撞网通常由阻拦网、吸收能量设备和自动智能引领机器组成。阻拦网担负吸能缓冲作用的工作任务，用于吸收无人机撞网后来回摆动的能量，预防触网后弹跳不停，以致损坏。自动智能引领机器是阻拦网后面的移动摄像头，随时报道无人机返航之后，进入回收重复利用空域，无人机的相对回收重复利用设备的三维立体分布坐标。

然而，该阻拦也具有一些劣势。在无人机返航时，要求操控管理者实时关注、重视监督器的状况，参考无人机的在线具体位置，来半自动地修正无人机的飞行姿态，改正无人机飞行路线模式，对准道路地面摄像机的对准线，飞向阻拦网。与此同时，还需要思考无人机的降落速率、质量和负荷，从而避免损害阻拦网。无人机防撞网回收如图2-28所示。

图 2-28　无人机防撞网回收

3. 着陆滑跑回收

在着陆滑跑回收中,起落架滑轮着陆的回收方式与有人机类同。不同之处在于,无人机的着陆回收方式有特有的优势。固定翼无人机对跑道要求相对有人机要求比较宽松。有些无人机回收架允许损坏,作为吸收能量缓冲的过程。无人机着陆滑跑回收如图 2-29 所示。

图 2-29　无人机着陆滑跑回收

4. 气垫回收

气垫车、气垫船利用气垫效应离开地面或水面腾空行驶,无人机气垫着陆的工作原理与之相同。在无人机的机腹四周装上"橡胶裙边",中间有一个带孔气囊,发动机把压缩空气压入气囊,空气从囊孔喷出,在机腹下形成高压空气区(气垫),无人机着陆时气垫能够支托无人机而不与地面发生剧烈撞击。

气垫着陆的优点是不受地形条件限制,无人机能在任何未经平整的地面、泥地、冰雪地或水上着陆。此外,其不受无人机大小、质量的限制,且回收效率高。无人机气垫回收如图 2-30 所示。

图 2-30 无人机气垫回收

5. 空中回收

在有人机上必须有空中回收系统，在无人机上除了有阻力伞和主伞之外，还需有钩挂伞、吊索和可旋转的脱落机构。其回收过程简单，例如，地面站发出遥控指令，阻力伞开伞，同时使发动机停车，当无人机在阻力伞作用下降到一定高度和一定速度时，回收控制系统发出开主伞控制信号，打开钩挂伞和主伞，主伞先呈收紧、充气状态，不久，就完全充气。此时，钩挂伞高于主伞，钩挂伞下面的吊索保证指向主伞前进的方向，在吊索上安装指示方向的风向旗，使有人机便于辨认和钩住钩挂伞。这时，有人机逆风进入，钩住无人机钩挂伞与吊索，当无人机被钩住时，主伞自动脱离无人机，有人机用绞盘绞起无人机，空中悬挂运走。这种回收方式不会损伤无人机，但是为回收无人机要出动有人机，费用高；在回收时，要求有人机驾驶员具有较高的驾驶技术；受天气与风的影响大，加上伞的性能无法事先估计，其回收的可靠性低。随着回收技术的提高，回收的可靠性将会提高。无人机空中回收如图 2-31 所示。

图 2-31 无人机空中回收

6. 垂直回收

多旋翼垂直着陆，以旋翼旋转作为获取升力的来源，操纵旋翼电动机的功率控制旋转速度，使无人机垂直着陆。垂直回收无人机如图2-32所示。

图2-32　垂直回收无人机

复合翼/固定翼垂直着陆，这种回收方式有两种类型：如果是旋翼航空器垂直着陆，则以旋翼旋转作为获取升力的来源，操纵旋翼的旋转速度，使无人机垂直着陆；如果是固定翼垂直着陆，则竖直机身，以桨叶/发动机推力直接抵消重力来降落。垂直回收复合翼航空无人机如图2-33所示。

图2-33　垂直回收复合翼航空无人机

本章小结

本章主要介绍了无人机系统的各个组成部分，包括飞行平台、动力系统、无人机地面与飞行控制系统、任务荷载、无人机数据链路系统及弹射与回收系统。通过学习本章内容，学生对无人机系统的基本构成和原理有了更深入的了解。在飞行平台部分，学生学习了不同种类的无人航空器及其结构和布局，进一步了解了无人机的外观和特点。动力系统部分介绍了不同类型的动力系统，包括活塞式发动机、转子发动机和无刷直流电动机，学生了解了不同动力系统的工作原理和应用场景。无人机地面与飞行控制系统部分介绍了无人机的地面控制系统和飞行控制系统，帮助学生理解无人机的飞行原理和控制方式。任务荷载部分介绍了各种不同的任务荷载，如光学传感器、红外传感器和视频摄像机，学生了解了任务荷载在无人机任务中的重要性。无人机数据链路系统部分介绍了无人机数据链路的基本组成和数据技术，学生了解了数据链路系统在无人机通信和控制中的作用。最后，弹射与回收系统部分介绍了无人机的弹射与回收系统，帮助学生了解无人机的起飞和降落方式。通过本章的学习，对无人机系统的各个组成部分有了全面的了解，对无人机技术的应用和发展有了更深入的认识。

【课后练习】

一、名词解释

无人机航空器、无人机数据链路、无人机主控单元。

二、简答题

1. 无人机飞行平台主要组成构件有哪些？
2. 无人机飞控系统的功效有哪些？
3. 简述无人机系统的任务荷载。

第 3 章 飞行原理与性能

学习目标

1. 知识与能力

（1）了解飞机飞行的基本原理；
（2）了解多旋翼无人机的系统组成；
（3）了解无人机飞行性能参数；
（4）掌握影响无人机飞行性能的因素；
（5）掌握多旋翼无人机的日常保养和升级。

2. 素质与养成

（1）培养学生的探索精神和科学思维，通过学习飞行原理，激发对航空科技的热爱和兴趣；
（2）结合飞行性能的学习，培养学生的安全意识和责任意识，确保无人机的安全飞行和合理维护；
（3）引导学生树立创新发展的理念，鼓励在无人机技术领域的创新实践，推动科技进步和社会发展。

3.1 空气动力学基本原理

当物体在空气中运动，或者空气流经物体表面时，空气将施加一种作用力于物体之上。这种由空气作用在物体表面的力，称为空气动力学原理。

空气动力作用于物体的整个表面，其效果既可能有助于飞机飞行，也可能对飞机的飞行产生不利影响。升力作为克服飞机自身重力并维持其在空中飞行的力量，是空气动力的一种表现形式；而阻力是一种阻碍飞机前进的力量。为确保飞机能在空气中顺利飞行，飞机内部需要安装发动机，以产生向前的拉力来克服阻力，并产生升力以克服重力，从而实现飞机与空气之间的相对运动。

3.1.1 相对性原理

在运动学领域，相对性原理也称为可逆性原理，主要阐述了运动状态的相对性质。该原理在探讨飞机的飞行性能时尤为关键。飞机与空气之间的相互作用，无论是飞机移动而空气静止，或是飞机静止而空气流向飞机，只要两者间的相对运动速度保持一致，那么作用于飞机上的空气动力效应就能保持一致。

基于这一原理，科研人员在实验过程中采用了风洞这一实验设备。风洞通过控制风向或其他方法，在内部产生稳定的气流环境。研究人员将飞机模型置于风洞中，进行吹风实验，以此研究飞机的空气动力学特性。通过这种方式获得的实验数据，与飞机在实际空中以相同速度飞行时测得的数据高度相近。

3.1.2 连续性原理

为了一目了然地描述流体的流动情况，需要引入流线的概念。流体微团流动时所经过的路径叫作流线。

图 3-1 所示为稳定流体在某一通道内的流线情况。在此图中，截面 A_1 处的流体流速为 v_1，而截面 A_2 处的流体流速为 v_2。当截面较宽时，流线分布稀疏；反之，当截面较窄时，流线则呈现密集状态。鉴于流线仅在通道内部流动，而且单位时间内通过通道上任意截面的流体质量保持恒定，这一特性即流体动力学中的连续性原理。连续性原理的数学表达式为

$$\rho v S = 常数 \tag{3-1}$$

假设流体是不可压缩的，也就是说流体密度 ρ 保持不变，截面 A_1 的面积是 S_1，截面 A_2 的面积是 S_2，通过截面 A_1 时流体速度是 v_1，通过截面 A_2 时流体速度是 v_2，于是有

$$v_1 S_1 = v_2 S_2 \tag{3-2}$$

由式（3-2）和图 3-1 可以看到，截面窄、流线密的地方，流体的流速大；截面宽、流线稀的地方，流体的流速小。

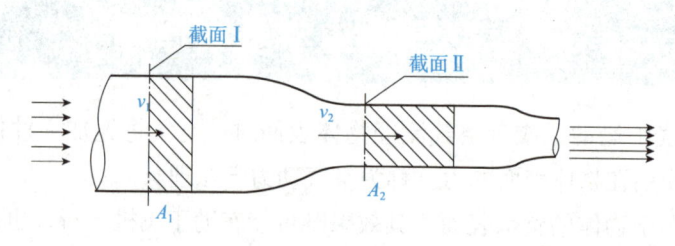

图 3-1 气流在不同管径中流速的变化

3.1.3 伯努利定理

当双手各持一张薄纸，并确保它们之间维持一定间距时，若向这两张纸之间吹气，如

图 3-2 所示，可以观察到两张纸并未因气流而分离，反而呈现相互靠近的现象。而且吹气的气流速度越快，纸张之间靠拢的程度就越发显著。这一物理现象的背后原理就是伯努利定理的应用。伯努利定理作为空气动力学中的核心定理之一，其核心观点在于：流体的速度与其静压力成反比，即流体速度增加时，其静压力会相应减小；反之，流体速度减小时，其静压力则会增大。这里说的流体一般是指空气或水；这里说的静压力是指流体对平行于气流物体表面作用的压力，即克服管道阻力的压力。

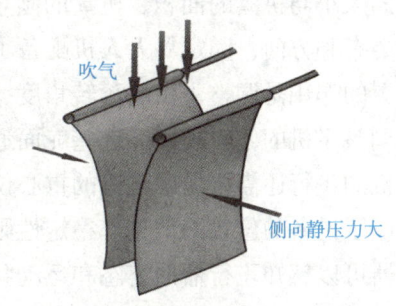

图 3-2 伯努利定理示意图

根据观察分析，当空气在两张纸之间流动时，由于纸中间的空气流动速度较快，导致其静压力降低。相比之下，纸外的静压力较大。这种内、外压力差的作用，使两张纸受到向中间的挤压力。纸中间空气流动的速度增加时，纸内、外的压力差也随之增大，导致两张纸受到更强烈的挤压效果。

伯努利定理作为能量守恒定律在流体动力学中的具体体现，明确指出，当气体处于水平运动状态时，其能量构成包含两个方面：一是气体垂直作用于物体表面所产生的静压力能量；二是气体因运动而具备的动压力能量。这两种能量之和是一个恒定的常数。

静压强度就是通常所说的压强，用 p 表示，单位是 Pa，动压强用 $\frac{1}{2}\rho v^2$ 表示，其中，ρ 是空气密度，v 是空气流速。如果忽略气体的压缩性及温度变化的影响，伯努利定理可以用式（3-3）表示：

$$\frac{1}{2}\rho v^2 + p = 常数 \tag{3-3}$$

用伯努利定理研究前述截面情况，就有

$$\frac{1}{2}\rho v_2^2 + p_2 = \frac{1}{2}\rho v_1^2 + p_1 \tag{3-4}$$

从上式可知，在 ρ 不变的情况下，由于截面 A_2 处空气的流速 v_2，大于截面 A_1 处空气的流速 v_1，所以，截面 A_2 处的静压强 p_2 小于截面 A_1 处的静压强 p_1。需要注意的是：伯努利定理在下述条件下才能成立：

（1）气流是连续的、稳定的；
（2）气流中的空气与外界没有能量交换；
（3）空气中没有摩擦，或摩擦很小，可忽略不计；
（4）空气的密度没有变化，或变化很小，可认为不变。

3.2 飞行原理

固定翼飞机的飞行原理是通过机翼产生升力，机身产生阻力，以及控制舵面调整飞行方向和姿态。机翼的前缘和后缘之间的曲面叫作翼型，翼型的不同会影响飞行性能。在飞行中机翼上的空气流动和翼型的作用，使机翼上方的气压低于下方，从而产生升力。升力的大小与机翼的面积、机翼的倾角、飞机的速度、空气密度等因素有关。为了控制飞机的姿态和方向，固定翼无人机配备了多个舵面，分别为副翼、升降舵和方向舵（图3-3）。副翼的作用是调整飞机的滚转角度，升降舵的作用是调整飞机的俯仰角度，方向舵的作用是调整飞机的偏航角度。这些舵面通过电动机驱动，由飞行控制器进行控制。而固定翼无人机的飞行还需要考虑飞机的重心位置和飞机的稳定性。重心位置可以通过调整电池和其他电子设备的位置来调整。稳定性则通过配备陀螺仪和加速度计等传感器来实现。这些传感器可以感知飞行器的姿态和运动状态，并通过飞行控制器进行计算和调整，以保持飞机的稳定性。固定翼无人机飞行时受到推力、阻力、升力和重力四个主要的作用力。飞行依靠机翼与空气的相对运动来产生升力，它的动力布局决定了它只能在飞行中获得升力，不能在空中保持悬停状态。

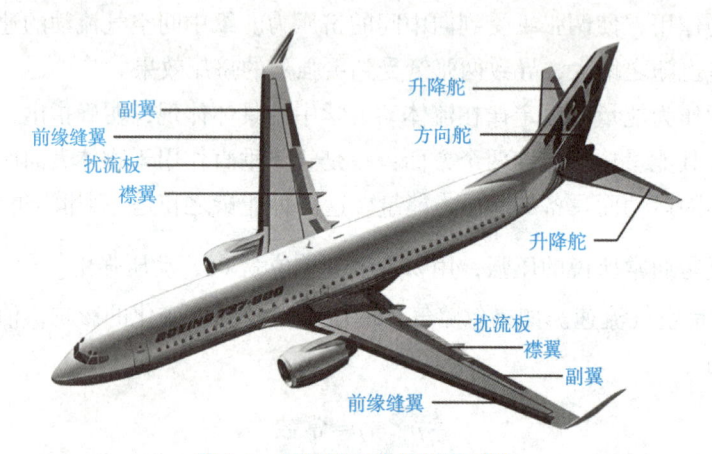

图 3-3　固定翼无人机机翼结构

多旋翼无人机是通过调节螺旋桨的转速，产生不同的升力，从而控制无人机的上升、下降、前进、后退等动作。例如，提高螺旋桨转速，让升力大于自身重力，多旋翼无人机就产生了上升的动作。力的作用是相互的，螺旋桨旋转会产生反扭力，会让自身沿螺旋桨旋转方向反向旋转。而如果一根轴两端上存在两个转向相反、转速相同的螺旋桨，那么它们产生的反作用力就会相对抵消。多旋翼无人机正是采用这样的原理，相邻电动机转向相反互相抵消反扭力，从而实现了整体平衡。

多旋翼无人机通过调节多个电动机转速来改变螺旋桨转速，实现升力的变化，进而达到飞行姿态控制的目的。单旋翼无人机在飞行时，主旋翼的旋转会带来反扭力，并造成机身逆向旋转，所以，必须以尾桨来抵消反扭力从而实现机身平衡。多旋翼无人机则是通过多组旋翼之间的相对旋转来互相抵消反扭力。以四旋翼无人机为例，如图3-4所示，当 M_1 逆时针旋转时，M_2 必定是顺时针旋转；若 M_3 是逆时针旋转，则 M_4 必定是顺时针旋转。

图 3-4　四旋翼无人机的电动机工作旋转方向示意图

在飞行原理示意图中，所标注的数字不仅代表电动机的编号，也代表旋翼的编号。具体而言，当电动机 1 与电动机 3 进行逆时针旋转时，电动机 2 与电动机 4 则采取顺时针旋转的方式。这种旋转模式确保了无人机在平衡飞行状态下，陀螺效应与空气动力扭矩效应均得到全面抵消。相较于传统的直升机设计，四旋翼无人机的优势在于，各旋翼所产生的反扭矩与旋翼自身的旋转方向相反。因此，当电动机 1 与电动机 3 逆时针旋转时，电动机 2 与电动机 4 的顺时针旋转便能有效平衡旋翼对机身的反扭矩，确保了无人机飞行的稳定性。

在多旋翼无人机的操作中，通过精细调控各电动机的转速，无人机能够实现四个主要方向上的机动性，具体包括垂直运动、俯仰运动、横滚运动和偏航运动。这些功能的实现，体现了多旋翼无人机在航空领域中的高度灵活性和操控性。

（1）垂直运动。垂直运动即升降控制，在如图 3-5（a）所示的情境中，通过调整两对电动机的转向至相反状态，能有效平衡其对机身产生的反扭矩，同时增大四个电动机的输出功率，促使旋翼转速上升，从而增强整体拉力。当这一总拉力足以克服无人机整体重力时，四旋翼无人机便实现离地垂直上升的动作。反之，若同步降低四个电动机的输出功率，则无人机将进行垂直下降，直至平稳触地，从而实现沿 Z 轴的垂直运动控制。在外部扰动因素为零的条件下，当旋翼产生的升力与无人机自重达到平衡时，飞行器将保持稳定的悬停状态。因此，确保四个旋翼的转速同步增减，是实现垂直运动控制的核心要素。

（2）俯仰运动。俯仰运动也称为前后控制，在如图 3-5（b）所示情境中，电动机 1 的转速呈现上升趋势，而电动机 3 的转速则相应下降，与此同时，电动机 2 和电动机 4 的转速维持恒定。为了确保四旋翼无人机整体扭矩及总拉力的稳定性，不因旋翼转速的改变而受影响，旋翼 1 与旋翼 3 的转速变量必须保持数值相等。由于旋翼 1 升力的增加和旋翼 3 升力的减少，会产生一种不平衡力矩，进而促使机身围绕 Y 轴进行旋转。类似地，当电动机 1 的转速降低而电动机 3 的转速升高时，机身将围绕 Y 轴朝另一方向旋转，从而实现飞行器的俯仰运动。

（3）横滚运动。横滚运动即飞行器的左右控制，其实现原理与图 3-5（b）所示机制相似。在如图 3-5（c）所示的情境中，通过调整电动机 2 和电动机 4 的转速，同时，保持电动机 1 和电动机 3 的转速恒定，即可引导机身围绕 X 轴方向进行旋转，从而有效地执行飞行器的横滚运动。

（4）偏航运动。偏航运动是四旋翼无人机实现方向调整的关键机制。该运动主要依赖于旋翼在转动过程中产生的反扭矩。在旋翼的旋转过程中，空气阻力会形成与转动方向相反的反扭矩。为了有效抵消这一反扭矩的影响，通常采取的策略是使四个旋翼中的两个按正方向旋转，另外两个则按反方向旋转，并确保对角线上的旋翼转动方向保持一致。反扭矩的大小直接受旋翼转速的影响。当四个电动机的转速保持一致时，四个旋翼产生的反扭矩会相互抵消，从而实现飞行器的稳定飞行，不发生偏航运动。然而，当四个电动机的转速出现差异时，不平衡的反扭矩将会导致四旋翼飞行器产生偏航运动。如图 3-5（d）所示，当电动机 1 和电动机 3 的转速上升，而电动机 2 和电动机 4 的转速下降时，旋翼 1 和旋翼 3 对机身产生的反扭矩将大于旋翼 2 和旋翼 4 对机身产生的反扭矩。这种富余的反扭矩将使机身绕 Z 轴转动，进而实现飞行器的偏航运动。这一机制为四旋翼无人机提供了灵活的方向控制能力。

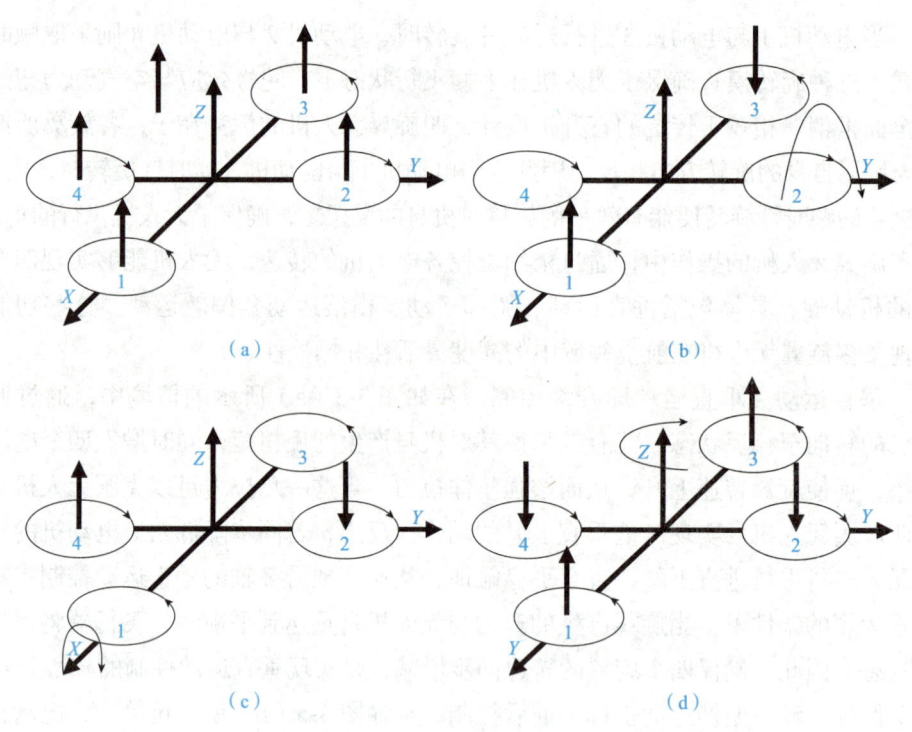

图 3-5 多旋翼无人机飞行原理示意图
（a）垂直运动；（b）俯仰运动；（c）横滚运动；（d）偏航运动

3.2.1 机翼结构及压力分布特性

1. 机翼结构

翼型各部分的名称如图 3-6 所示。一般翼型的前端圆钝、后端尖锐、下表面较平，呈鱼侧形。前端点叫作前缘、后端点叫作后缘，两端点之间的连线叫作翼弦，它是翼型的一条基准线。其中，影响翼型性能最大的是中弧线的形状和翼型的厚度分布。中弧线是翼型上弧线与下弧线之间的内切圆圆心的连线。翼型的前缘半径是其前端形态的关键参数，决定了其前端呈现为"尖锐"或"钝化"的特质。具体而言，当前缘半径较小时，飞行器在面临大迎角飞行时，气流容易在翼型前部产生分离现象，这一现象对飞行器的稳定性构成了不利影响，可能导致其稳定性下降。反之，当前缘半径较大时，虽然能在一定程度上提升飞行器的稳定性，但也会相应地增加飞行时的空气阻力。

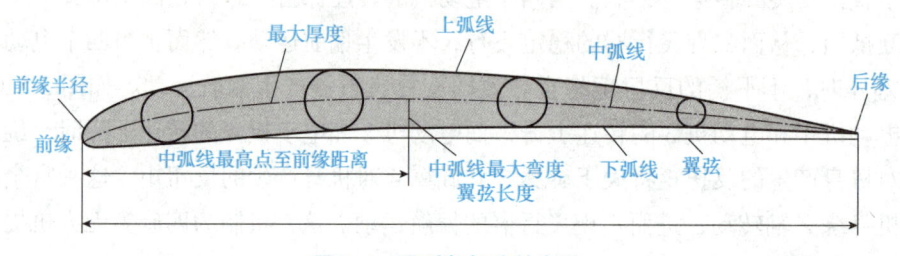

图 3-6 翼型各部分的名称

若中弧线呈现为一条直线，并与翼弦完全重合，即表明该翼型的上表面与下表面在弯曲程度上完全一致，此类翼型被称为对称翼型。而在常规翼型中，中弧线往往呈现为弯曲形态，而对于 S 翼型而言，中弧线则呈现为横向的 S 形曲线设计。

翼型的各项关键参数，包括厚度、中弧线的弯度，以及翼型最高点所在位置等，通常采用翼弦长度的百分数进行精确表示。对于中弧线而言，其最大弯度是依据中弧线最高点到翼弦的距离来界定的。这一距离，一般而言，占据翼弦长度的 4%～8%。值得注意的是，中弧线最高点的位置与机翼上表面边界的特性具有显著的相关性。在竞速无人机中，其翼型的中弧线最高点到前缘的距离，特定地设定在翼弦长度的 25%～50%。

翼型的最大厚度是指上弧线同下弧线之间内切圆的最大直径。一般来说，厚度越大，阻力也越大。在竞速无人机的设计中，翼型的选择至关重要，通常倾向于采用较薄的翼型结构。具体而言，翼型的最大厚度通常控制在翼弦长度的 6%～8%，以确保飞行性能和效率。然而，以线操纵特技无人机作为特例，其翼型的最大厚度则允许达到翼弦长度的 12%～18%，以满足特技飞行的特殊需求。此外，翼型最大厚度位置对机翼上表面边界层特性具有显著影响，需在设计中予以充分考虑。

2. 机翼压力分布特性

空气压力是指空气的压强，即物体单位面积上所承受的空气的垂直作用力（图 3-7）。若数值低于大气压力称为吸力（或称负压力）；反之，若数值高于大气压力，则称为压力（或称为正压力）。机翼表面各点的吸力和压力均可通过向量的形式进行量化表达，其中，向量的长度直接反映了吸力或压力的大小。在机翼上，存在一个压力最低的点（吸力最大的点），称之为最低压力点（B 点）。而在机翼前缘附近，当流速达到零时，存在一个压力最高的点，称之为驻点（A 点）。通过图示可以明确看出，机翼产生的升力主要依赖于其上表面的吸力，而非下表面的压力。

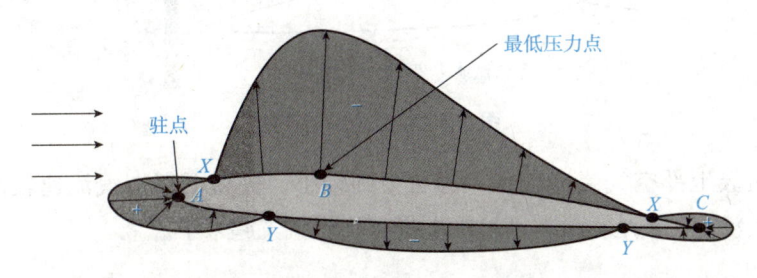

图 3-7 物体单位面积上所承受的空气的垂直作用力

当飞机引擎推动机翼和飞机前进时，空气会掠过机翼表面，机翼因此产生升力。机翼的形状通常设计为上表面拱起、下表面较平，这种形状导致机翼上表面的气流速度大于下表面的气流速度。根据伯努利定理，速度变化会引起压力的变化，机翼上表面的压力小于下表面的压力，这种压力差形成向上的升力。

机翼表面压力的分布是复杂的，气流在机翼前缘加速会导致压力下降，从而产生向下的吸力，这与升力的方向相反。当气流从机翼前缘加速到后缘，然后减速时，压力会上升，形成正压力，对升力也有贡献。

飞机在飞行过程中，引擎产生的推力必须超过飞机的阻力，机翼产生的升力必须超过飞机的重力才能保持飞行。机翼的设计和形状，以及机翼表面压力的分布，共同作用产生足够的升力来维持飞机在空中飞行。

3.2.2 升力的产生及增生措施

1. 升力的产生

在气流正面接触机翼的过程中，机翼与气流方向维持平行状态。原本单一的气流因机翼的介入而被分割为上、下两股。在翼剖面前缘附近，气流开始被分为上、下两股的位置的点，即其气流速度归零、静压力达到峰值的点，依据空气动力学原理，此点被称为驻点（如图 3-7 中的 A 点所示）。对于翼剖面上、下弧面非对称的情况，该驻点往往位于翼剖面的下表面。在驻点处气流分叉后，上方气流需要绕过前缘，因此，必须以更高的速度流经机翼上表面。由于机翼上表面呈现拱起形态，导致上方气流通道变窄，机翼上方的气流截面 S_2 相对于机翼前方的气流截面 S_1 明显减小，流线更为密集，从而使机翼上方的气流速度 v_2 超过机翼前方的气流速度 v_1。而机翼下方保持平坦，其流线疏密程度基本未发生变化，因此，机翼下方的气流速度与机翼前方基本一致。气流在经过机翼后缘时重新汇合成一股。根据气流连续性原理和伯努利定理，机翼下表面所受的向上压力大于机翼上表面所受的向下压力，这一压力差即为机翼产生的升力，如图 3-8 所示。

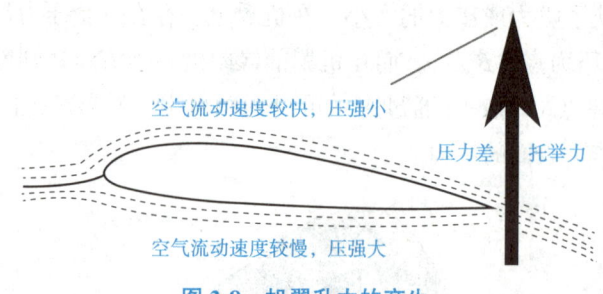

图 3-8 机翼升力的产生

设法使机翼上部空气流速较快，静压力则较小；机翼下部空气流速较慢，静压力较大，两边互相较力，于是，机翼就被往上推，飞机就飞起来了。

2. 升力的计算

一般采用如下公式计算升力：

$$Y = \frac{1}{2} C_y \rho v^2 S \tag{3-5}$$

式中，Y 是机翼的升力，单位是 N；ρ 是空气密度，在海平面或低空飞行的情况下，ρ 近似取 1.225 kg/m³；v 是机翼同气流的相对速度，单位是 m/s；S 是机翼面积，单位是 m²，是从机翼上部向下看的机翼的投影面积，而不是翼剖面面积，也不是整个机翼外表面面积；C_y 是升力系数，同机翼的翼剖面形状、机翼的迎角 α 因素有关。它的数值用试验法求出，计算时，可以从升力系数曲线中查到（图3-9）。必须指出的，伯努利定理和以上计算升力的公式，只有对完全没有黏性的流体来说才比较准确。事实上，空气也是有黏性的，由于黏性的作用，机翼的升力会受到影响，飞机飞行不仅会产生升力，而且还会产生阻力。

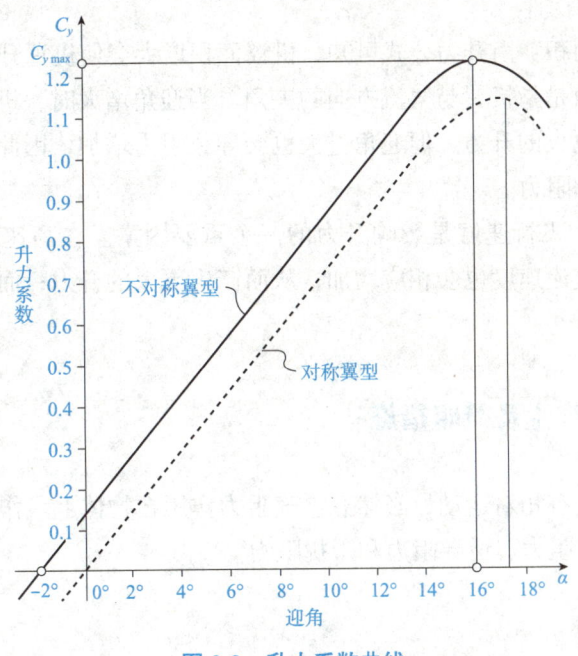

图3-9 升力系数曲线

在升力系数曲线的解析中，横轴表示迎角 α，而纵轴则表征升力系数 C_y。基于特定的迎角值，可以精确地查找出对应的升力系数。迎角，即相对气流与翼弦之间的夹角，以 α 标记。翼弦是指翼型前、后缘直接相连的直线。对于一般上、下非对称的翼型，即便在迎角为 0° 时，仍会产生一定的升力，因此，升力系数在 0° 迎角时不为零，而仅在负迎角时升力系数才会归零；相反，对称翼型在 0° 迎角时，则不会产生升力，其升力系数为零。当升力系数达到零值时的迎角，称为无升力迎角（α_0）。自该迎角起，迎角与升力系数呈现正比例关系，升力系数曲线呈向上倾斜的直线形态。然而，当迎角增大至某一程度，如图3-9所示，当达到 16° 时，升力系数开始呈现下降趋势。使升力系数达到最大值的迎角称为临界迎角。此时的升力系数即为最大升力系数，用符号 $C_{y\max}$ 表示。飞机在飞行过程中，若迎角超过临界迎角，将因升力骤然减少而导致下坠，这种现象称为失速。

3. 增生措施

不仅机翼会产生升力，其他暴露在气流中的某些部分，在飞行过程中，平尾与机身也能贡献一定的升力。然而，除了机翼之外，其他部分所产生的升力相对而言是微不足道的。此外，平尾所产生的升力时常会出现方向上的波动，即升力方向不稳定性较高。因此，在实际应用中，通常以机翼的升力作为整个飞机升力的主要衡量标准。

由式（3-5）可以看出，升力与机翼升力系数、空气密度、飞行速度（相对气流速度）机翼面积成正比。只要提高这些参数的值，就可以提高升力。需要注意的是，飞机周围的空气密度是很难人为控制的，飞行速度也往往是由发动机推力所决定的。排除这两个参数，那么只剩下机翼升力系数和机翼面积可以人为改变。因此，增升原理主要有以下4类：

（1）增加机翼弯度：改变机翼的剖面形状，增加翼型的弯度，使升力系数增加，因而升力增大。

（2）增大机翼面积：由升力公式可知，机翼面积增大会使机翼升力增大。

（3）迎角：迎角是指机翼与气流方向的夹角。当迎角增大时，机翼上表面的气流速度会加快，从而产生更大的升力。但迎角过大也会导致阻力增加，因此，需要找到一个合适的迎角以平衡升力和阻力。

（4）飞行速度：飞行速度是影响升力的一个重要因素。在高速飞行时，气流速度更快，机翼上表面的气流速度也会相应增加，从而产生更大的升力；而在低速飞行时，升力会减小。

3.2.3 阻力的产生及减阻措施

只要物体同空气有相对运动，必然有空气阻力作用在物体上。作用在飞机上的阻力主要有摩擦阻力、压差阻力、诱导阻力和干扰阻力。

1. 摩擦阻力

在空气流经机翼表面的过程中，因空气固有的黏性特质，将在空气与机翼表面之间形成摩擦阻力。当机翼表面的边界层表现为层流状态时，空气黏性所产生的摩擦阻力相对较小；反之，若边界层呈现为湍流状态，则空气黏性引发的摩擦阻力显著增大。摩擦阻力的大小受黏性程度、物体表面的光滑程度及与空气接触的面积等多重因素共同影响。特别是随着飞机暴露于空气中的面积增加，其所受到的摩擦阻力也将随之增大。

为了有效减小飞机的摩擦阻力，可以采取两种主要策略：第一，减小飞机与空气的接触面积，这有助于减小空气对飞机的直接阻力；第二，可以对飞机表面进行光滑处理，以促进表面层流层的形成，从而减小流体在接触面的摩擦。然而，值得注意的是，过度光滑处理并非总是有益的。当表面过于光滑时，容易引发层流边界层的形成，而层流边界层内的气流容易分离，这将导致压差阻力显著增加。因此，在优化过程中需要权衡利弊。对于不产生升力的飞机部件，同样可以通过打磨其表面，使其更加光滑，以减小其摩擦阻力。这种处理方式在不影响整体升力性能的前提下，有助于提升飞机的整体气动效率。

2. 压差阻力

一块平板在气流中的运动阻力特性表现为，当其平行于气流运动时，所受到的阻力相对较小；而当其垂直于气流运动时，阻力则显著增大，如图3-10所示。此阻力产生的主要原因是平板前后存在的压力差，这种因压力差而导致的阻力被命名为压差阻力。深入探究其机理，可以明确压力差形成的根本原因在于空气的黏性特性。以圆球为例，当空气流动时，假设空气没有黏性，则圆球前后、上下的压力分布分别相同，所以，既没有上、下方向的压力差——升力，也没有前、后方向的压力差——压差阻力，如图3-11（a）所示。只有当空气有黏性时，气流流过圆球表面会损失一些能量，使在圆球的前驻点处分叉成上、下两股气流，在绕过圆球后，不能够在圆球后端再汇合在一起向后平滑地流去，于是产生气流分离的现象，如图3-11（b）所示。压差阻力受到物体形状、其在气流中的姿态，以及物体的最大迎风面积等多重因素的影响，其中，物体形状尤为关键。为显著减小压差阻力，可采取在垂直于气流的平板前、后加装尖球形罩的措施，以形成流线型形态。这种设计能有效减小压差阻力，其降幅有时可达80%。所以，一般模型飞机的部件都采用流线型。压差阻力还与物体表面的边界层状态有很大的关系，如果边界层是层流的，边界层内的空气质点动能较小，受到影响后容易停下来，这样，气流就比较容易分离，尾流区的范围就比较大，压差阻力也就很大，如图3-12（a）所示。如果边界层是湍流的，那么，由于边界层内空气质点的动能比较大，所以，气流流动时就不容易停下来，使气流分离得比较晚，尾流区就比较小，压差阻力也就比较小。因此，从减小压差阻力的观点看，边界层最好是湍流的，如图3-12（b）所示。在通常情况下，机翼的阻力主要是压差阻力和摩擦阻力。两者之和基本是总阻力，叫作翼形阻力。计算翼型阻力的公式如下：

$$X = \frac{1}{2} C_x \rho v^2 S \tag{3-6}$$

式中，X为翼型阻力；C_x为阻力系数；ρ为空气密度；v为空气流动速度；S为物体的最大迎风面积。

对于流线型物体，如模型飞机的机身，摩擦阻力占总阻力的大部分；而对于非流线型的物体，如平板、圆球等，压差阻力在总阻力中占主要成分。这两种阻力在总阻力中所占的比例随物体形状的不同而有所变化。

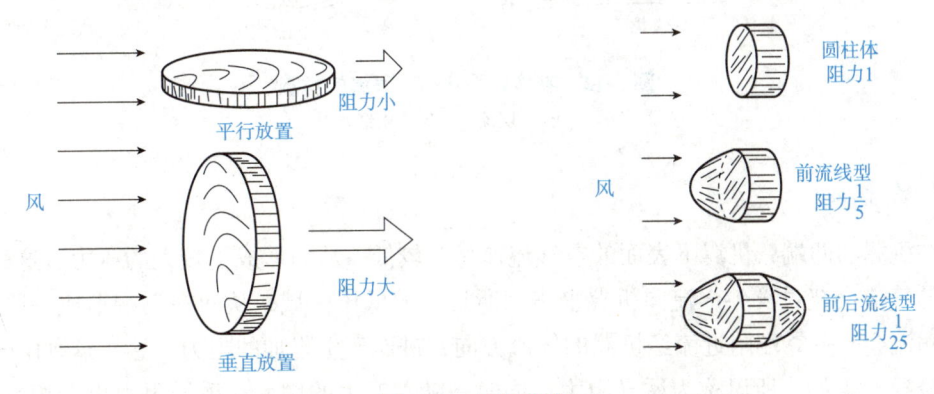

图3-10 压差阻力

减小压差阻力的措施：物体外表流线型化；减小最大迎风面积。飞机压差阻力与迎风面积、形状和迎角有关。迎风面积越大，压差阻力就越大。前端圆钝、后面尖细，像拉长的水滴形状的物体，被称为"流线型物体"，简称"流线体"。一般来说，流线体压差阻力小。气流流过良好流线型物体所产生的阻力只有圆柱体阻力的1/25左右，所以，为减小飞机的压差阻力，应尽可能地将与气流接触的部件进行整流。另外，迎角越大，压差阻力就越大。

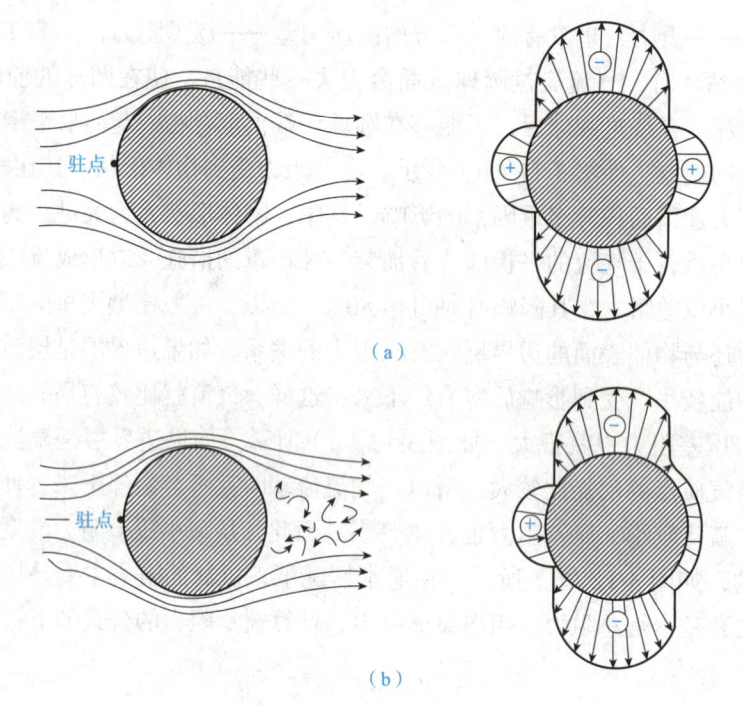

图 3-11　驻点与黏度对气流的影响
（a）没有黏性；（b）有黏性

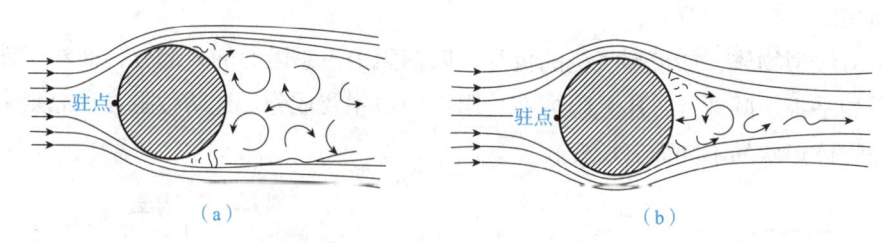

图 3-12　物体表面状态对气流的影响
（a）层流；（b）湍流

3. 诱导阻力

在机翼的两端，机翼下表面的空气流速相对较低，从而形成了较大的压力。这种压力较大的气流会绕过翼尖，流向机翼上表面所形成的低压区域，从而在翼端形成一股涡流。这一涡流会改变翼端附近流经机翼的气流方向，进而产生附加的阻力。鉴于这种阻力是由升力诱导产生的，所以称为诱导阻力。同时，随着升力的增大，诱导阻力也会相应增加。然而，当机翼的升力减少至零时，这种阻力也会降低至零，因此，也被称为升致阻力。

实践表明，诱导阻力的大小与机翼的升力和展弦比有很大关系。升力越大，诱导阻力越大；展弦比越大，诱导阻力越小。因此，减小诱导阻力的措施有以下几个方面。

（1）加装翼梢小翼。翼梢小翼能有效阻挡机翼下表面气流绕到上表面，可以削弱翼尖涡流的强度，从而起到减小诱导阻力的作用。

（2）增大展弦比。一般来说，机翼翼展越长，机翼下表面绕过翼尖上翻到上翼面的气流占整个机翼下表面气流的比例就越小。随着机翼翼展变长，翼尖涡流所产生的气流损失相对于整机气流的比例是下降的,所以,增大飞机的展弦比可以有效减小飞机的诱导阻力。高空长航时,无人机为了提高升力、减小诱导阻力,一般采用大展弦比设计。

4. 干扰阻力

对于整架飞机来说,产生升力的除机翼外,还有尾翼;产生阻力的除机翼外,还有机身、尾翼、起落架和发动机等部分。另外,飞机各个部件之间不同程度的相互衔接处,也会产生附加阻力。整架飞机阻力与单独部件阻力总和之间的差值,称为干扰阻力。在机翼与机身连接处气流容易发生分离,产生很大的干扰阻力,如果在翼身连接处加整流片,使两者的表面圆滑过渡,就可以避免分离,这部分的干扰阻力也就大大减小。

一般情况下,整架飞机的阻力要比各个部件阻力的总和大。但个别设计较好的飞机,其整架飞机的阻力甚至有可能比各部件阻力的总和还小。前一种情况称为不利干扰,干扰阻力为正值;后一种情况称为有利干扰,干扰阻力为负值。

要减小飞行时飞机的干扰阻力,主要有下列方法。

(1)采用层流翼型替代古典翼型来减小机翼的干扰阻力。

(2)对飞机的其他部件均应整流,做成流线外形。

(3)合理设计飞机各部件的摆放位置。必须妥善地考虑和安排各个部件的相对位置,在这些部件之间必要时不定期应加装整流片。

3.2.4 作用在飞机上的力

1. 无人机受力平衡

飞行的稳定性一般称为安定性。若想无人机的安定性好,就要使作用在无人机的力平衡,如果不平衡,即合力不为零,就无法维持它原来的姿态。

但力平衡不一定具有安定性,安定性是指当力平衡因阵风或其他因素被破坏时,无人机要有自行恢复力平衡的能力。安定性好的无人机,力平衡被破坏后能迅速修正回来;而安定性不好的无人机,力平衡被破坏后容易产生波状飞行或左右摇晃,甚至根本不能恢复力平衡,大部分自由飞无人机因效率的关系,只在一个固定速度及姿态下才能保持力平衡。

依据牛顿第二定律,力不平衡就会产生加速度。为了分析方便,将力分为 X、Y、Z 三个轴的轴力平衡及绕 X、Y、Z 三个轴的力偶矩平衡。轴力不平衡,会在合力的方向产生加速度;力偶矩不平衡,则会产生旋转加速度。

飞行中的无人机受的力可分为升力、重力、阻力和拉力或推力,如图 3-13 所示。拉力或推力是由发动机或螺旋桨产生的向前力量。它和阻力方向相反,作为一个通用规则,纵轴上的力是成对作用的。阻力是向后的,由机翼和机身及其他凸出部分对气流的破坏而产生。阻力和推力方向相反,与气流相对机身的方向并行。重力由机身负荷、燃油及货物或行李组成,由于地球引力导致重力向下压飞机。重力和升力方向相反,它垂直向下,作用于飞机的重心位置。升力和向下的重力方向相反,它由作用于机翼的气流动力学效果产生。它垂直向上地作用于机翼的升力中心。将力分解为两个方向的力，即 X 方向的力和 Z 方向的力（当然还有一个 Y 方向，但对无人机不是很重要，除非是在转弯中）。无人机等速直线飞行时，X 方向阻力与推力大小相等、方向相反，故 X 方向合力为零，无人机速度不变，Z 方向升力与重力大小相等、方向相反，故 Z 方向合力也为零，无人机不升降，所以，会保持等速直线飞行。力偶矩不平衡则会产生旋转加速度。对于无人机来说，X 轴力偶矩不平衡，飞机会滚转（横滚）；Y 轴力偶矩不平衡，飞机会偏航；Z 轴力偶矩不平衡，飞机会俯仰。

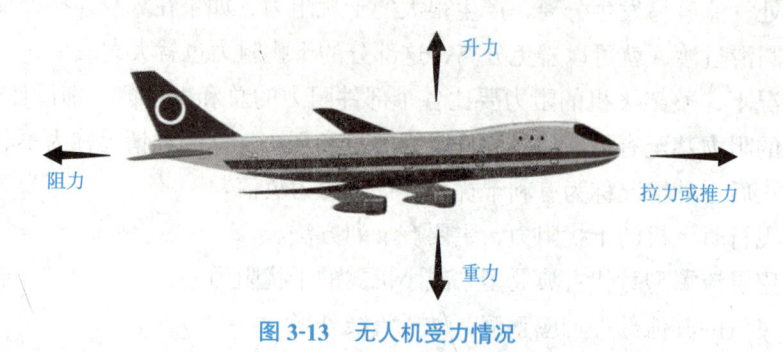

图 3-13 无人机受力情况

2. 压力中心

在考虑无人机的纵向平衡时，需要知道所有升力的合力点，以便定出日后无人机的重心位置，这个合力点一般称为压力中心。

当飞机压力最小，升力最大时，总升力中心有点偏前，机翼产生升力的同时也产生一力偶矩。当机翼迎角改变时压力中心也改变。一般来说，迎角增加时，压力中心向前移，迎角减小时，压力中心向后移。不管机翼迎角是否改变，当速度固定时，升力相对于机翼前缘 1/4 距离的位置产生的力偶矩是固定的，这个力偶矩固定的位置即为焦点。所以，实际升力对机翼产生的作用，可以以作用在焦点的力及一个力偶矩来替代。

气流对机翼的作用是使其向后倾，把力分为向上的升力和向后的阻力。迎角越大，阻力也就越大，因为阻力至重心的距离很短，所以分析受力平衡时阻力产生的力矩都予以省略。

对锥形翼或后掠翼，还需要计算机翼平均空气动力弦位置才能定出压力中心，机翼平均空气动力弦是指与某一个机翼面积相等，并且在同一迎角下有相同空气动力和压力中心位置的矩形机翼的弦长。计算机翼平均空气动力弦，需遵循以下步骤：首先，在翼根弦的延长线上截取一段直线，其长度与翼尖弦相等；其次，在翼尖弦的延长线上截取另一段直线，其长度与翼根弦相等；再次，将这两根截取直线的末端用直线连接，此连接线将与机翼翼根弦和翼尖弦的中点连线相交于一点；最后，通过此交点绘制机翼的弦线，即得到机翼的平均空气动力弦。

3. 纵轴平衡

无人机重心的前后位置同样影响无人机的安定性，无人机的安定与平衡有以下三种组合形式。

（1）中性安定、不平衡。如图3-14（a）所示，重心与压力中心在同一条线上，没有修正力矩来平衡焦点力偶矩，所以称为中性安定但不平衡。

（2）不安定、平衡。如图3-14（b）所示，重心在压力中心之后，当无人机受阵风或其他外力影响抬头时，主翼迎角增大，升力Y增加，焦点力偶矩不变，升力与重力G产生的力矩会增加抬头的趋势，所以称为不安定但平衡。

（3）安定、不平衡。如图3-14（c）所示，重心在压力中心之前，当无人机受阵风或其他外力影响抬头时，主翼迎角增大，升力Y增加，升力与重力产生的力矩会减少抬头的趋势，所以称为安定但不平衡。

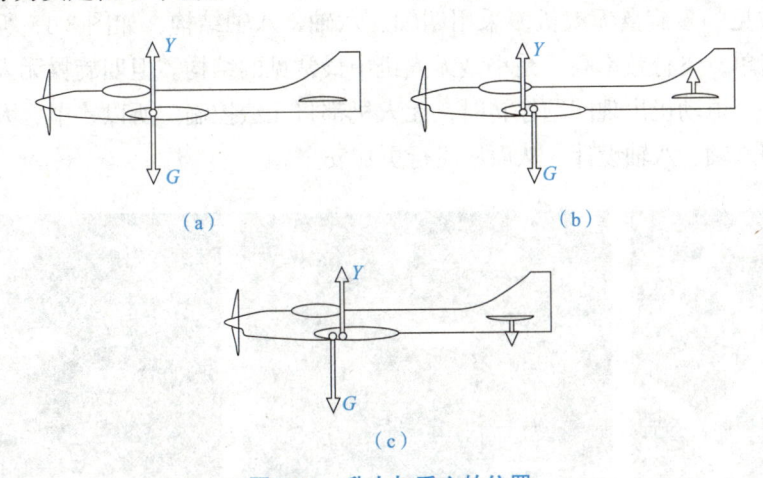

图 3-14 升力与重心的位置

（a）升力在重心上；（b）升力在重心前面；（c）升力在重心后面

3.2.5 地面效应

无人机的地面效应是指当无人机飞行高度接近地面时，由于地面对飞行器产生的升力影响，在一定高度范围内能够降低无人机的气动阻力和能耗，从而提高其性能和效率。

无人机的地面效应具有以下几个优点。

（1）地面效应提供了额外的升力：当无人机靠近地面时，地面上的气流反射回来形成空气垫，在这个空气垫的支撑下，无人机可以获得额外的升力，从而减少了机体受重力影响的程度。这使无人机起飞和悬停更加容易，并能够在较低的功率下维持飞行。

（2）地面效应减小了失速速度：地面效应可以增加无人机的升力系数，从而减小了无人机的失速速度。失速速度是指无人机在保持平稳飞行状态时，达到的最低空速。由于地面效应的存在，无人机在接近地面时，可以以较低的速度维持飞行，提高了低空飞行的安全性。

（3）地面效应影响操纵性：地面效应会增加气流的湍流程度，使无人机的操控变得不稳定。在接近地面时，无人机可能会受到地面附近空气流动的干扰，发生无人机的姿态偏移、抖动等问题。无人机在低空飞行时利用地面效应，可以大大提高其飞行稳定性和控制性能，并且降低能量消耗，有助于延长飞行时间和续航能力。

3.3 多旋翼无人机基础知识

多旋翼无人机是一种由三个或三个以上旋翼（四轴、六轴、八轴居多）共同构成的垂直起降型飞行器，也称为多轴飞行器。其机动性通过改变不同旋翼的扭力和转速来实现。相比传统的单水平旋翼直升机，多旋翼无人机构造精简，易于维护，操作简便，稳定性高，而且携带方便。

目前，常见的多旋翼无人机多采用四轴、六轴、八轴结构，如图 3-15 所示。四旋翼无人机结构简单，飞行效率高，是小型无人机中最常见的结构。但四旋翼无人机没有动力冗余，任何一个电动机出现问题停转时，无人机都将无法控制。所以，中、大型多旋翼无人机普遍采用六轴、八轴设计，从而使飞行更加安全。

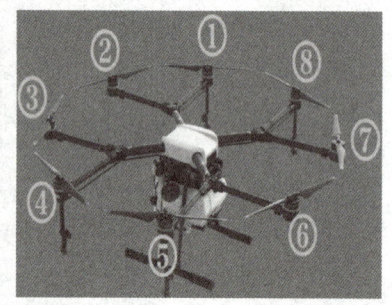

图 3-15 四轴、六轴、八轴多旋翼无人机

多旋翼无人机主要由动力系统、飞控系统、感知系统、摇杆、通信链路、智能电池、任务设备等共同构成。其中，动力系统由电动机、电子调速器、螺旋桨、电池共同构成，为整个飞行器提供飞行的动力；飞控系统由显示系统、操作系统构成，在显示系统中，通信设备将飞行器的高度、速度、电量、姿态、位置等各种丰富的信息传达到地面，地面操作人员就可以根据显示系统提供的信息对飞行器进行操纵；感知系统与飞控系统相结合，可以实时计算飞行器的速度、姿态及空间中的位置，构建飞行器周围的三维地图。这样，飞行器在悬停、低速飞行时，可实现定位、避障、识别、跟随等功能，可以确保无人机在飞行过程中的安全性。在实际操作过程中，作业人员是通过摇杆操作无人机，将控制意图传达到多旋翼无人机，实施相应的飞行及操作；通信链路则由地面端与天空端共同构成，正是由于通信链路的存在，才能实现飞行器信息的实时回传，以及地面人员对飞行器的实时操纵。智能电池为无人机飞行提供能量，将电能转化为动能，为无人机提供动力来源。任务设备则是多旋翼无人飞行器实施具体功能的载体，设备通过接收信号，完成系统预先制定的各项指令任务和动作。如图 3-16 所示为大疆某型号四旋翼无人机部分构件示意图，可以大致了解这些无人机系统是怎么组合在一起共同发挥作用的。

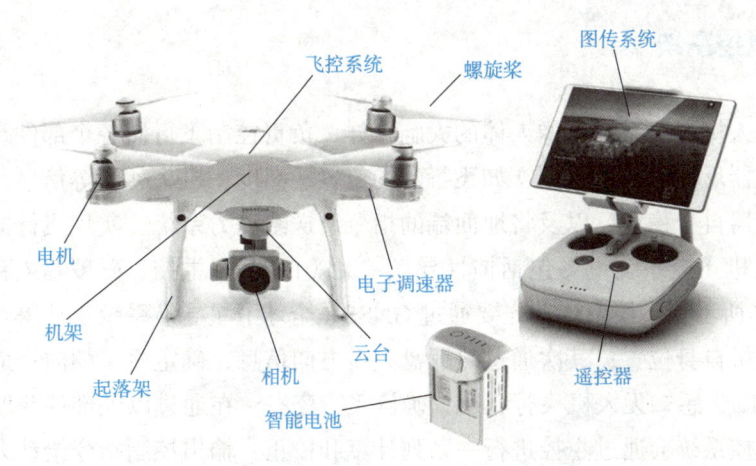

图 3-16 大疆某型号四旋翼无人机部分构件示意图

3.3.1 动力系统

多旋翼无人机的动力系统由电池、充电器（地面设备）、电子调速器、电动机、螺旋桨等构成，如图 3-17 所示。螺旋桨由无刷电动机进行驱动，而整个飞行器最终是因为螺旋桨的旋转而获得升力并进行飞行。在多旋翼无人机中，螺旋桨与电动机进行直接固定，螺旋桨的转速等同于电动机的转速。无刷电动机必须在电子调速器（控制器）的控制下进行工作，它是能量转换的设备，将电能转换为机械能并最终获得升力。电子调速器由电池进行供电，将直流电转换为无刷电动机需要的三相交流电，并且对电动机进行调速控制，调速的信号来源于主控或接收机。

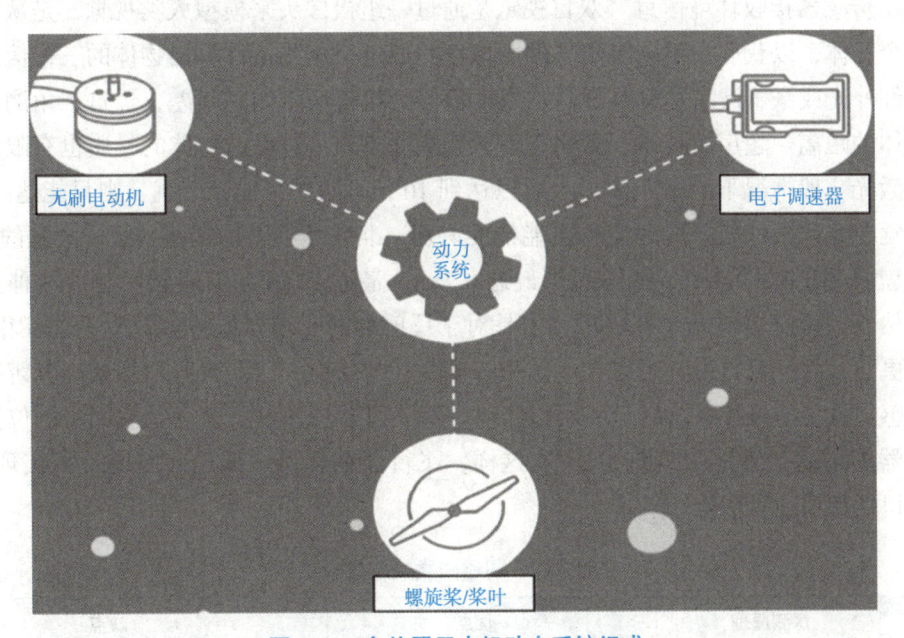

图 3-17 多旋翼无人机动力系统组成

3.3.2 飞控系统

多旋翼无人机飞控系统就像人体的大脑一样,负责控制飞行器各个部件。飞控系统通过分析各传感器反馈回来的数据,如飞行器的位置、高度、机头朝向等信息,控制动力系统,保持飞行器自身稳定,以及将地面端的指令发送给动力系统,实现飞行器在空中的各项动作。无人机飞控系统主要包括惯性导航单元(IMU)、主控、磁罗盘/卫星定位等部件,如图 3-18 所示。飞控系统首先要通过 GNSS(全球卫星导航系统)获得经纬度位置信息,确定无人机自身位置;其次通过磁罗盘获得方向信息,确定机头朝向;最后利用惯性导航单元(IMU)感知无人机飞行状况,确认飞行姿态。在通过以上部件获取各项飞行数据信息后,飞控系统会通过主控进行一系列计算和校正,输出控制指令给动力系统,实现无人机的自身平衡及控制。

IMU　　主控　　磁罗盘/卫星定位

图 3-18　多旋翼无人机飞控系统

3.3.3 感知系统

感知系统类似人的眼睛,可以通过视觉、超声波、红外光、激光或毫米波雷达等(表 3-1)传感器接收环境信息。双目视觉是通过一组摄像头来模拟人类视觉,是从两个点观察一个物体,以获取在不同视角下的图像,并通过三角测量计算出物体的三维信息。超声波、红外光或毫米波雷达都是通过从发射信号到接收信号的时间差,经过三角测量计算出与物体的距离。超声波技术一般来说有效距离是 5 m,对反射物体的材质也有限制。红外光或激光一般情况下测量距离最大可以达到 10 m,如果有强光干扰,则只能达到 5 m。双目视觉在光照条件较差的环境下也能精准识别,准确度可以达到厘米级。大疆的精灵 4 无人机就采用了双目避障,能够识别最近 0.7 m、最远 15 m 的障碍物。与前两种方式相比,虽然双目视觉也对光线有要求,但是对于反射物的要求要低很多,也不会互相干扰,普适性更强。而且双目视觉可以在小体积、低功耗的前提下,获得眼前场景高分辨率的深度图。感知系统与飞控系统结合,可以实时计算飞行器的速度、姿态及空间中的位置,构建飞行器周围的三维地图(图 3-19)。这样,飞行器在悬停、低速飞行时,可实现定位、避障、识别和跟随等功能。

表 3-1　不同避障类型及优缺点

类型	探测原理	优点	缺点
雷达	发射电磁波反射	可靠性、准确性高,以及感知距离远、受环境影响小	少部分材质反射的回波较弱

续表

类型	探测原理	优点	缺点
激光	发射激光反射	距离远，精度高	成本高，需要漫反射物体才能检测，易被太阳光的主要能量波段影响
超声波	发射声波反射	技术成熟，成本低，调试简单	易受其他声波干扰，距离短
视觉	通过视觉差计算距离	距离远，精度高，成本低	运算复杂，需要光线充足的环境
红外光	发射红外光三角测距	技术成熟，成本较低	对抗环境光的能力较差，需要漫反射物体才能检测，距离较短

图 3-19 无人机通过感知系统实现避障（来自网络）

3.3.4 摇杆

遥控器有两个摇杆，而每个摇杆又存在上下与左右两种方式操作，从而可以产生四个动作，这 4 个动作能够实现无人机上升、下降、顺时针旋转、逆时针旋转、前进、后退、左偏移、右偏移等动作。

无人机遥控器有多种摇杆模式，美国手摇杆模式［图 3-20（a）］是市面主流的操作方式，左摇杆上、下控制飞机的上升、下降，左、右使无人机产生自旋。右摇杆控制无人机前进、后退与左、右横移；向上就前进，向下则后退；向左则左平移，向右则右平移。

日本手摇杆模式［图 3-20（b）］右摇杆上、下控制飞机的升、降，能够实现无人机的起、降；而左、右则是横移，使无人机产生左、右横移。摇杆控制无人机前进、后退与自旋，向上就前进，向下则后退；向左逆时针自旋，向右则顺时针自旋。需要注意的是，不同的摇杆模式，操作方式完全不同，所以，在操作陌生的无人机时一定要提前查看摇杆模式。

3.3.5 通信链路

通信链路系统主要用于多旋翼无人机系统传输控制和载荷通信的无线电链路，是飞行器与地面操纵人员之间沟通的桥梁，类似人体的神经系统，通过传输信号来接收无人机的反馈信息，同时发送各种指令。无人机的通信链路系统（图 3-21）主要由以下部分构成。

（1）控制通信链路：地面设备发射控制信号，天空端接收信号。

（2）图像通信链路：无人机回传任务设备获取的图像信息。

（3）数据通信链路：无人机发送数据，地面端接收数据。该通信链路反馈无人机的飞行状态及无人机任务设备的状态数据。

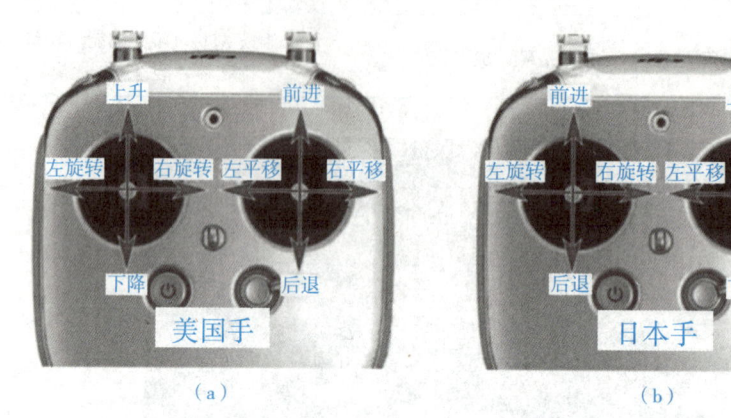

图 3-20 美国手和日本手摇杆模式

图 3-21 多旋翼无人机通信链路系统

为了保证通信链路系统正常工作，需要注意以下几点。

（1）地面端与天空端的固件必须一致。所以，在升级固件时，天空端与地面端必须一起升级，否则就会出现通信错误。

（2）天线必须展开，如果不展开，则会降低传输效果，以及缩短传输距离。

（3）遥控器天线顶端不能指向多旋翼无人机机载天线顶端与底端，天线应与飞行器机载天线保持平行。

3.3.6 智能电池

智能电池为无人机飞行提供能量，电池容量大小直接决定了无人机作业续航，在日常电池使用中，一定要注意电池的维护，了解电池的性能，最大限度地扩展电池的使用寿命。例如，使用时温度会影响电池的充放电性能，在低温环境下，电池放电能力降低，使用电池前，请务必保证电池满电，并将电池预热至 5 ℃以上，预热至 20 ℃更佳。在电池充分预热后再起飞，并且在飞行过程中应避免长时间飞行。如果电池长期不使用，则需要将电池放电至存储模式，智能电池具有电池存储自放电功能，在电池电量大于 70% 时，会在一定时间后，自动开启自放电模式，将电量放至 60%，以保护电池。

■ 3.3.7 任务设备

任务设备是多旋翼无人机实施具体功能的载体，在不同作用的飞行器上，其任务设备也明显不同（图 3-22），通过接收信号完成预定的任务动作，如拍摄、喷洒、投掷等。针对测绘任务，需要采集地形地貌数据，无人机需要完成拍照任务，通过挂载云台相机，拍摄不同角度的像片。二维重建中需采集正射影像，正射影像为相机主光轴垂直地面拍摄的影像。除了正射影像，在拍摄其他角度时，相机相对于地面是倾斜的，这种拍摄方式称为倾斜摄影。三维空间中的物体至少有三个面，所以需要从不同的方向、角度进行采集，可以通过调节云台相机的角度来实现斜射，也可以采用通过挂载多台相机同时进行采集工作，一次就可以采集不同方向、不同角度的像片。

图 3-22 多旋翼无人机机载任务设备

3.4 飞行性能

■ 3.4.1 飞行性能参数

飞行性能参数包括飞行高度、飞行速度、重叠率和镜头参数等。表 3-2 是大疆 Mavic 3 Pro 无人机部分规格参数，这些规格参数与飞行器的飞行性能紧密相关。

表3-2　Mavic 3 Pro 无人机部分规格参数

飞行器名称	Mavic 3 Pro
起飞质量	958 g
尺寸	折叠（不带桨）：231.1×98×95.4（mm）
	展开（不带桨）：347.5×290.8×107.7（mm）
最大上升速度	8 m/s
最大下降速度	6 m/s
最大水平飞行速度	21 m/s
最大起飞海拔高度	6 000 m
最长飞行时间	43 min
最长悬停时间	37 min
最大续航里程	28 km
最大抗风速度	12 m/s
最大可倾斜角度	35°
工作环境温度	–10～40 ℃
GNSS	GPS+Galileo+BeiDou
悬停精度 无风或微风环境	垂直：±0.1 m（视觉定位正常工作时）；±0.5 m（GNSS 正常工作时）
	水平：±0.3 m（视觉定位正常工作时）；±0.5 m（高精度定位系统正常工作时）
机载内存	Mavic 3 Pro Cine：1 TB（可用空间约 934.8 GB）
相机	哈苏相机
影像传感器	哈苏相机：4/3 CMOS，有效像素 2 000 万
	中长焦相机：1/1.3 英寸[①] CMOS，有效像素 4 800 万
	长焦相机：1/2 英寸 CMOS，有效像素 1 200 万
镜头	哈苏相机
	视角（FOV）：84°
	等效焦距：24 mm
	光圈：f=2.8～11
	对焦点：1 m 至无穷远

[①] 1 英寸（in）=2.54 厘米（cm）

1. 飞行高度

飞行高度是指飞行器与起飞点的相对高度。飞行高度决定了拍摄影像的地面分辨率，飞得越高，地面分辨率越小；飞得越低，地面分辨率越大。地面分辨率是图像中像素所代表的地面范围大小，也可用地面采样距离（Ground Sample Distance，GSD）表示。例如，GSD 为 5 cm/像素，表示图像中相邻像素中心的距离对应实际地面距离为 5 cm。如果一个物体在图像中占用了 10 个像素，那么它的实际尺寸即为 50 cm。需要注意的是，目前，倾斜影像的地面分辨率是按照垂直航空摄影计算得出的，不是倾斜影像的实际分辨率。

GSD 反映了像素与实际距离的关系，而在实际生活中，常用比例尺表示图上距离与实际距离的关系。只要找到图上距离与实际距离的关系，就能知道 GSD 与比例尺的关系。这里引入 DPI 的概念，DPI 可理解为每英寸的像素数。例如，打印地图时，打印机的分辨率为 300 DPI，那么打印的地图中 1 in=300 个像素；1 in=2.54 cm；1 像素 = 2.54/300≈0.008 467（cm），如果打印的地图比例尺为 1∶500，则地图上一个像素代表 0.008 467×500≈4.23（cm），以此类推。所以，当 DPI 为 300 时，则可得到表 3-3。

表 3-3 比例尺与地面影像分辨率转换关系

成图比例尺	地面影像分辨率（cm/像素）
1∶500	4.23
1∶1 000	8.46
1∶2 000	16.92

在实际作业中，需要考虑到成图误差，选取理论值两倍 GSD 保障作业精度。例如，在 1∶500 的作业中，建议选取 GSD 为 2.12 cm 进行作业。

2. 飞行速度

很多无人机的速度并不快，但是这并不妨碍它们的使用，因为一般来说拍摄像片或录像时不需要太快的速度。飞行速度决定了采集的效率，但是飞行速度受相机成像时间间隔限制。例如，相机成像间隔为 2.5 s，在飞行高度为 100 m，重叠率为 90% 的情况下，经过软件运算，飞行最大速度为 3 m/s 才能完成 90% 的重叠率，而相机成像时间间隔为 0.8 s 可大幅提升拍摄时的飞行速度。但是，飞行速度并不是越快越好，飞行速度过快，会让拍摄的物体产生变形，会产生运动模糊，所以，飞行速度要选择恰当，既保证采集效率，又确保采集精度。

3. 重叠率

同一条航线内相邻两张像片之间的影像重叠叫作航向重叠，相邻两条航线上像片之间的影像重叠叫作旁向重叠。重叠部分与整个像幅长度的百分比称为重叠率，作业时一般要求重叠率在 60% 以上。若重叠率设置得不合理，则可能会导致内业处理失败，需要重新补拍。对于大多数正射图像采集，推荐旁向重叠率为 70%，航向重叠率为 80%；摄影测量 3D（井字飞行），推荐旁向重叠率为 80%，航向重叠率为 80%；摄影测量 3D（五向飞行），推荐旁向重叠率为 80%，航向重叠率为 80%，斜射旁向重叠率为 50%，斜射航向重叠率为 60%。当场景高差较大时，建议增大重叠率以保证建模效果。对于森林、茂密的植被和带农田的平坦地形，建议增加重叠率。大面积水面可能导致重建失败，可以提高航线高度、增加重叠率，以便更容易地检测重叠图像之间的相似性。

4. 镜头参数

无人机测绘主要利用机载设备云台相机完成拍摄任务，无人机拍摄像片或录制视频时其画质是非常重要的，将直接影响采集数据的效果。镜头参数的设置包括曝光、安全快门时间、对焦、镜头焦距和图像畸变。

（1）曝光。在外业数据采集中要采集正常曝光的像片，像片的欠曝或过曝都会影响内业数据的合成。曝光是由光圈、快门、感光度共同决定的。光圈控制光线投射到感光元件的通光量，用 F 加数字表示，如 F4、F8，数字越小，光圈越大，通光量越多，画面越亮。快门控制光线投射到感光元件的时间，用数字表示，单位是秒（s），如 1 s、1/10 s、1/50 s 等，快门时间越长，通光量越多，画面越亮。感光度是指相机感光元件对光线的敏感程度，用 ISO 加数字表示，如 ISO100、ISO800，数字越大，相机对光线越敏感，画面越亮。航测相机曝光参数设置原则，ISO 数值越低越好，光圈数值尽可能小（较大的光圈），快门数值尽可能大。根据上述原则及当时的光线条件进行设置，最佳的曝光值为 $-1.0 \sim 0.0$。

（2）安全快门时间。外业拍摄过程中，飞机在快速移动时，会使拍摄的物体产生变形。变形主要受快门结构及快门时间的影响。快门时间的影响是会产生运动模糊，使拍摄物体模糊变形，这里运动模糊的数值等于快门时间乘以飞行速度。要保证较好的精度，一般情况下运动模糊要小于 0.5 倍的 GSD。以大疆精灵 Phantom 4 RTK 为例，在飞行高度为 100 m 时，GSD 为 2.74 cm，当飞行速度为 7 m/s 时，安全快门时间应小于 1/510 s，此时，可选择快门优先模式，能保证较好的拍摄精度。

（3）对焦。对焦即在摄影过程中调整镜头的焦点距离以获取清晰的图像，是摄影操作中不可或缺的一环。在数码相机的应用中，通常存在多种对焦方式，包括自动对焦、手动对焦和多重对焦。对焦也称为对光或聚焦，是通过调整相机对焦机构中物距和相距的相对位置，以确保被摄物体在成像平面上形成清晰影像的过程。这一过程对于摄影作品的质量至关重要。

（4）镜头焦距。镜头焦距是指镜头光学后主点（光学中心）到焦点的距离，镜头焦距的长短决定着拍摄的成像大小、视场角大小。同一相机在相同的距离上，镜头焦距越长，视场角越小，拍摄景物范围越小，分辨率越高。在相同地面分辨率下，镜头焦距越长，飞机可在更高的高度飞行，这样更有利于飞行安全及信号获取。

（5）图像畸变。为了获得更好的成像效果，相机镜头前方会加入透镜，透镜使光线传播不再遵循针孔相机模型，会产生图像畸变。图像畸变会降低合成精度，需要对相片进行畸变矫正，从而提高模型精度。

3.4.2 影响飞行性能的因素

1. 信号链路因素

GNSS 信号链路是多旋翼飞行器（无人机）能进行定位悬停、航线飞行的基础，如果

GNSS 信号不佳，将无法实现很多自动功能，乃至不能实现定位悬停。无人机定位原理是 GNSS 接收多颗微型卫星发射的信号并进行计算，在一定范围内，接收到的卫星数量越多，其导航的精度也越高。如果是飞行区域建筑众多或飞行器处于峡谷中，导致能够接收的卫星数量过少，信号被遮挡，那么飞行器很可能失控，将无法实现定位和作业。现代城市中，高楼拔地而起，数量日益增多，大多使用钢筋混凝土结构。多旋翼飞行器在复杂的城市中飞行，大量钢筋建筑物会影响多旋翼飞行器指南针的工作状态，造成干扰，GNSS 信号受遮挡，飞行器的定位效果将变差，飞行器自动切换至无 GNSS 模式状态，同样，也会造成飞行器失控，无法实现采集任务。飞行器接收卫星信号被遮挡，如图 3-23 所示。

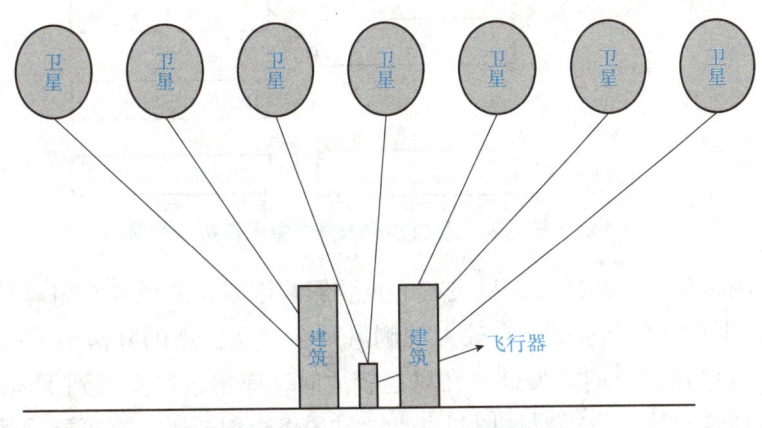

图 3-23 飞行器接收卫星信号被遮挡

多旋翼飞行器的图像传输及遥控控制，主要是通过无线信道进行的。若其正在使用的频段受到其他信号干扰，如 Wi-Fi、发射塔、电台等信号，将导致其传输效果变差甚至中断，从而影响操作者的判断，严重影响飞行安全。对于电磁环境的干扰，一定要避免在高压线、通信基站或发射塔等区域飞行，以免遥控器信号受到干扰。另外，要注意遥控器天线的摆放，操作者要注意盲区的存在。

任何遥控控制设备都有其有效的控制距离，如果飞行器已经超出遥控设备的有效距离，则接收不到来自遥控设备的控制信号，这种情况被称为失控，飞行器一旦失控，将根据之前设定，或原地悬停，或返回起飞点，或原地降落。所以，在实际飞行中，应明确所操纵的飞行器的有效控制距离，并将飞行距离控制在有效范围内。

建筑物的遮挡、电磁信号的干扰、遥控器的有效控制距离，这些实质都是在影响无人机遥控器和飞行器之间的信号链路，一旦信号链路受上述因素影响而断开，则无人机可能会失控。

2. 天气气象因素

无人机飞行性能除了受信号链路影响外，还受天气气象因素影响，多种天气情况均能给无人机带来不同的影响（图 3-24），下面详细介绍天气气象因素对飞行性能的具体影响。

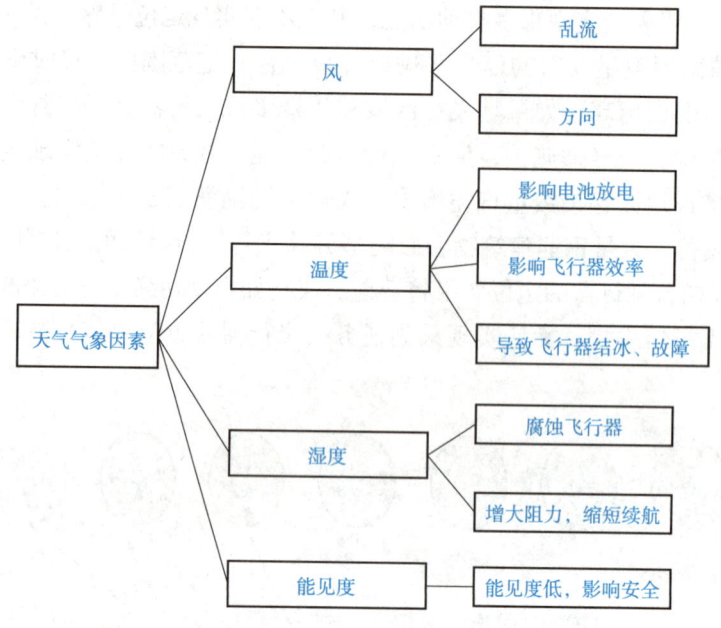

```
                            ┌─ 乱流
                    ┌─ 风 ──┤
                    │      └─ 方向
                    │
                    │      ┌─ 影响电池放电
                    │      │
                    ├─ 温度 ┼─ 影响飞行器效率
                    │      │
        天气气象因素 ─┤      └─ 导致飞行器结冰、故障
                    │
                    │      ┌─ 腐蚀飞行器
                    ├─ 湿度 ┤
                    │      └─ 增大阻力，缩短续航
                    │
                    └─ 能见度 ── 能见度低，影响安全
```

图 3-24　无人机飞行性能受天气气象因素影响结果

（1）风。风向和风速都是无人机飞行的重要影响因素，逆风飞行将降低飞行器的飞行速度，而顺风飞行恰恰相反。有较大的侧风则会对飞行器的降落造成困难或导致侧翻，降落时应注意风的方向。另外，在风速较大时，应尽量避免飞到下风向较远距离，这是因为如果风速过快，飞行器返回起飞点的过程将全程逆风，有可能导致飞行器返回困难，或者电量耗尽仍未回到起飞点。顺风时，无人机的速度会增加；逆风时，无人机受到的阻力会增大。风造成的另外一个影响是乱流，乱流因为方向不定，会对飞行器的状态造成一定的影响，所以，应特别注意风向，及时调整飞行状态；做好预判，确保安全返回。时刻观察飞行器在空中的状态；不要靠近山谷、建筑群等易产生乱流的区域。

（2）温度。温度影响无人机的电池工作效率。低温将使电池的反应速率下降，从而造成续航时间和放电功率改变、电压骤降，以及飞行动力不足等问题。低温也会对无人机造成一定的影响。例如，会影响无人机的气压高度计正常工作，温差过大会使无人机镜头产生镜面结雾，甚至会产生凝水现象，造成部件故障。在低温天气作业时，户外飞行应做好保温工作，电池在使用之前要注意预热，在温差变化较大时，做好预防，避免结雾和凝水现象。

（3）湿度。潮湿空气会腐蚀多旋翼飞行器的金属部件，螺旋桨将受到更大的空气阻力，增加耗电，缩短其续航时间。潮湿环境会减少无人机飞行时长。

（4）能见度。在能见度低的飞行环境下，如夜间、雾、霾等，会影响操作者对飞行距离的正确判断，容易导致超视距飞行，从而影响飞行安全。除此之外，能见度低也影响拍摄效果，容易造成采集数据较差，无法很好地完成测绘任务。因此，在能见度低的环境下，应尽量避免飞行。

3.4.3 无人机维护与保养

为保证无人机系统的正常运行，减少不必要的机器故障与损失，提高无人机测绘作业的工作效率，无人机系统的维修与保养及固件升级是必不可少的。不同类型的无人机，维修与保养有不同的要求，要养成日常维护与检查的习惯，保证设备保持良好的工作状态，避免作业中产生不必要的损失。无人机维护与保养主要包括机身维护、动力系统维护、飞控系统维护、图传系统（遥控）维护、电池储存与保养、云台相机维护等。

1. 机身维护

无人机属于精密器械，任何部件的微小变动都会影响其飞行状态和使用寿命。因此，无人机在日常使用过程中应小心谨慎，且应定期维护和检查，确保无人机在每次使用时的安全、可靠。

（1）无人机表面整洁、无划痕，喷漆和涂覆应均匀；检查起落架套筒是否有破损、裂痕，起落架基座螺栓是否松动，表面是否有损坏和裂痕。日常存放时，起落架套筒需放置在正确位置，否则，关箱时可能会将桨叶压坏。

（2）安装机臂时，将套筒拧到指示位置即可保障飞行的可靠性和安全性，过拧可能会导致套筒松脱。机臂安装完毕后，检查机臂连接件是否有破损和裂痕。抓住碳管轻轻摇晃机臂，观察是否有明显晃动。检查每个机臂螺栓是否松动、脱落。

（3）检查散热口是否通畅、无阻塞，散热风扇是否有卡转或异响。若有脏污，则可使用清洁气（电池箱标配）吹开脏污，并使用酒精片擦拭散热口，检查防水胶塞有无破损、松脱。

（4）检查电池外壳是否有损坏及变形，电芯是否鼓包，电源接头是否炭化。电池接口内是否有脏污、水渍和腐蚀痕迹。若有水渍和灰尘，则需擦拭干净。

（5）检查红外感知系统、视觉系统传感器镜片、补光灯和夜航灯镜片有无脱落、松动和开裂，表面若有脏污，则使用软布擦拭镜片。

2. 动力系统维护

动力系统是无人机获得升力、保持悬停的核心部件，维护不当可能会导致飞行器动力不足发生危险。日常检查包括对桨叶、电动机响声、电动机振动及固定螺栓等部分进行检查。

（1）检查桨叶情况及有无裂痕、磨损等，如果发现桨叶出现破损，建议停止使用并更换桨叶。

（2）在不安装飞机螺旋桨的情况下启动电动机，若启动之后电动机出现异常响声，则可能是轴承磨损或变形，建议更换电动机以消除隐患。

（3）检查电动机下方的固定螺栓及桨叶固定座是否稳固，周围塑料零件是否出现裂缝。沿着碳管轴线方向对电动机座施力进行转动，检查电动机与碳管是否松动。

（4）避免无刷电动机长期工作在高温环境（70 ℃以上）。

（5）避免电动机进水、进沙，保持内部干燥。

3. 飞控系统维护

飞控系统是无人机最重要的部分之一，其维护与保养至关重要。除了进行指南针校准外，IMU 及视觉系统也是必须注意的。这些模块状态出现异常时，会通过飞行状态指示灯进行显示。

（1）飞行器长时间不使用或距离上次起飞点距离较远时，需用指南针进行校准。

（2）如飞行过程中发现无人机姿态不稳，且无法按指定操控杆量前进，或者降落时无人机发生大幅度弹跳，则需要对无人机进行 IMU 校准。

（3）要确保视觉系统的摄像头清晰、无污点，如果飞行器受到强烈碰撞，则需要重新校准。当 App 提示时要按照提示进行校准。

4. 图传系统（遥控）维护

在图传系统（遥控）维护与保养方面，应注意以下几点，保证在飞行过程中获得更好的图像效果，增强图传有效距离。

（1）检查飞行器脚架位置附近有无遮挡物。

（2）保持遥控表面清洁，摇杆位置注意防尘，切勿进水。

（3）若遥控开机后，状态显示灯红色频闪，且同时发出"滴、滴、滴"声响，证明遥控摇杆需要进行校正。

（4）遥控天线在使用过程中交叉相叠时，会减弱图传信号，故在飞行时并排天线，以增强遥控信号。

（5）检查遥控天线是否安装牢固及天线连接处是否接头脱落。

（6）日常维护时，注意脚架部分的天线是否有折断或损坏。

5. 电池储存与保养

智能电池的加入让飞行变得更加安全，在电池的正常维护外，还要确保在合适的温度范围对电池进行充放电。对于电池的损坏和异常状态都会让智能电池进入保护状态，从而使电池寿命提前结束，无法继续使用。所以在使用过程中一定要注意避免飞行时间过长，养成良好的电池使用习惯，使飞行更安心。

（1）使用。

①电池严禁接触任何液体，请勿将电池浸入水中或将其弄湿。

②严禁使用鼓包、漏液与包装破损的电池。

③在将电池安装或拔出飞行器之前，请保持电池电源关闭。请勿在电池电源打开的状态下插拔电池，否则，可能损坏电源接口。

④电池应在环境温度为 –10 ~ 40 ℃时使用。温度过高（高于 50 ℃），会引起电池着火，设置爆炸；温度过低（低于 –10 ℃），电池寿命将会受到严重损害。

⑤禁止在强静电或磁场环境中使用电池，否则，电池保护板会失灵，从而导致飞行器发生严重事故。

⑥禁止以任何方式拆解或用尖利物体刺破电池，否则，将会引起电池着火甚至爆炸。

⑦电池内部液体具有强腐蚀性，如有泄漏，请远离。如果内部液体溅射到人体皮肤或眼睛上，应立即用清水冲洗至少 15 min，并立即就医。

⑧电池如果从飞行器摔落或受外力撞击过，则不得再次使用。

⑨如果电池在飞行器飞行过程中或其他情况下意外坠入水中，应立即拔出电池并将其置于安全的开阔区域，这时，应远离电池直至电池完全晾干。

⑩如果电池接口处有污物，则应使用干布擦拭干净，否则会造成接触不良，从而引起能量损耗或无法充电。

（2）充电。

①充电时，请将电池和充电器放置在水泥地面等周围无易燃、可燃物的地面。请留意充电过程，以防发生意外。

②禁止在飞行器飞行结束后，立刻对电池进行充电。因为此时电池处于高温状态，强制充电会对电池寿命造成严重损害。建议待电池降至室温后，再进行充电。理想的充电环境温度为 5～40 ℃，其可大幅度延长电池的使用寿命。

③充电完毕后请断开充电器及充电管家与电池间的连接。定时检查并保养充电器，经常检查电池外观等各个部件。切勿使用已损坏的充电器。

（3）存储和运输。

①禁止将电池放在靠近热源的地方，如阳光直射或热天的车内、火源或加热炉旁。电池理想的保存温度为 22～28 ℃。

②禁止将电池与眼镜、手表、金属项链、发夹或其他金属物体一起储存或运输。

③超过 10 天不使用的电池，请将其放电至 40%～65% 电量存放，这样可延长电池的使用寿命。

④切勿将电池彻底放完电后长时间存储，以避免电池进入过放状态，造成电芯损坏，将无法恢复使用。

⑤若电池需要长期存放，则需将其从飞行器内取出。每 3 个月左右进行深度充放电一次，保持电池活性。

（4）废弃。将电池彻底放完电后，才可置于指定的电池回收箱中。电池是危险的化学品，严禁废置于普通垃圾箱。

6. 云台相机维护

云台作为承载相机的设备，可保证画面稳定，是精密的设备之一。云台包含电动机及精密的编码器等精密电子器件，容易受到灰尘、沙土等影响，所以，在日常的使用和维护中也需要经常对其进行检查，确保在空中能提供稳定的画面。

为了保证云台相机正常使用与良好的拍摄效果，应注意以下几点。

（1）使用一段时间后，建议检查下排线是否正常连接、有无折叠和破损等情况。

（2）开机后云台会执行自检程序，程序执行前确保云台固定扣拆除。保证云台能自由移动，防止长期堵转引起电动机烧毁。

（3）检查金属接触点是否氧化或污损（可用橡皮擦清洁）。若为可更换相机云台，则需检查云台快拆部分是否松动、风扇噪声是否正常。

（4）要注意相机镜片不要用手直接触摸，污损后可用镜头清洁剂清洗。

（5）系统通电后，应检查云台电动机运转是否正常。

（6）飞行过程中，应注意不要在尘土较多的地面起飞或降落，以免尘土（特别是铁屑等易被吸附的金属粉末）进入云台电动机内部影响云台性能。

（7）在灰尘较多的环境中飞行后，需要对电动机内部进行清灰工作。

（8）减振球有无破损、松脱、老化变软被拉伸，云台接口转动有无异常。同时，不要忘记检查减振板连接机身的螺栓是否松动。

3.4.4 固件升级

无人机固件升级是指对无人机内置的软件系统进行更新和改进的过程。固件是无人机硬件设备上预装的软件，它负责控制无人机的各项功能和性能。通过固件升级，可以改进无人机的性能、修复已知问题、增加新功能，甚至提升无人机的安全性和稳定性。

固件升级通常包括两个方面：一方面是硬件的驱动程序升级，用于优化无人机与各个组件之间的通信和协作；另一方面是系统软件的更新，用于提升无人机的整体性能和功能。这些升级通常由无人机的制造商或开发团队提供，并通过特定的升级程序或软件来完成。

固件升级的好处是多方面的。首先，它可以修复一些已知问题和漏洞，提高无人机的稳定性和可靠性；其次，固件升级可以带来新的功能和特性，使无人机具备更多的用途和应用场景；最后，固件升级还可以优化无人机的性能，提高飞行速度、稳定性和精度等。然而，固件升级也需要注意一些事项：首先，升级前应该备份重要的数据和设置，以防升级过程中出现问题导致数据丢失；其次，升级过程中应该保持稳定的电源供应，避免在升级过程中出现断电或中断的情况；最后，升级前最好仔细阅读升级说明和注意事项，确保按照正确的步骤和顺序进行升级操作。

总体来说，无人机固件升级是提升无人机性能、功能和安全性的重要手段。通过及时的固件升级，可以使无人机保持最佳状态，为用户提供更好的飞行体验和应用效果。同时，用户在升级过程中也需要注意一些事项，确保升级过程的顺利进行。在进行无人机固件升级时，还应该注意以下几点。

（1）了解升级内容。在升级之前，务必详细了解本次升级所包含的内容（通常可以在制造商的官方网站或用户手册中找到）。了解升级的内容，可以帮助用户判断这次升级是否对无人机的使用场景有帮助，或者是否解决了自己当前遇到的问题。

（2）检查兼容性。不是所有的固件升级都适用于所有的无人机型号。在下载和安装升级包之前，请确保自己的无人机型号与这次升级兼容。

（3）遵循升级步骤。升级过程通常需要按照一定的步骤进行。这些步骤可能包括连接无人机到计算机、启动特定的升级软件、选择正确的升级文件等。务必按照制造商提供的步骤进行操作，不要尝试跳过任何步骤或更改操作顺序。

（4）注意升级风险。虽然固件升级通常能够提升无人机的性能和稳定性，但也存在一定的风险。在升级过程中，如果出现问题，可能会导致无人机无法正常使用。因此，在进行升级之前，最好备份无人机的所有重要数据，并准备好应对可能出现问题的解决方案。

（5）升级后的测试。升级完成后，务必对无人机进行全面测试，以确保所有功能都正常工作。包括飞行测试、传感器测试和通信测试等。如果在测试过程中发现问题，请及时联系制造商的技术支持团队寻求帮助。

升级前应注意事项如下所述。

（1）电池电量确保在50%以上。

（2）无人机桨叶必须卸除。

（3）如果之前调整过飞控参数，请对各参数进行备份。

（4）保证升级设备的网络连接稳定。

（5）如果有多块智能电池，则升级过程中需要更换多块电池分别进行升级。

通常固件升级可以通过App端和PC端两种方式进行升级，下面以大疆精灵Phantom 4 RTK无人机固件升级为例来介绍升级步骤。

1. 通过App端升级步骤

（1）遥控器固件升级。

①打开遥控器与飞行器，点击遥控器屏幕右下角固件升级图标。

②找到本次升级的版本，点击"升级"后开始下载。

③下载完成后再次点击"升级"，安装更新。

④更新完成后，系统会提示已升级至最新版本。

注意：遥控器在更新过程中可能会重启。

（2）飞行器固件升级。

①使用USB-C OTG线和Micro-USB线连接遥控器和飞行器。

②在遥控器上找到需要升级的版本，点击对应版本右侧的"升级"按钮。

③点击"安装更新"，飞行器在升级过程中可能会重启。

注意：升级过程中切勿断开连接。

④打开飞行器与遥控器电源，等待自检完成。

⑤点击"主界面"的"设备固件"进入"设备固件"界面，查看当前设备版本。

⑥点击"设备固件"中的操作按键，进入固件信息查看当前设备固件信息，点击"升级"进行升级页面。

⑦使用USB-C OTG线和Micro-USB线连接遥控器和飞行器。

⑧点击"立即更新"按步骤及提示进行升级。

⑨升级过程中云台变软、飞机自动重启都属于正常现象，待App提示升级成功后，重启飞行器即可。

2. 通过 PC 端升级步骤

（1）打开飞行器电源，等待自检完成。

（2）使用数据线连接 PC 端，在软件登录后点击相应机型。

（3）点击左侧固件升级按钮，选择相应的固件版本进行固件升级。

本章小结

本章详细介绍了飞机飞行的基本原理，着重分析了飞机在飞行过程中受力的情况，本章还结合多旋翼无人机介绍了无人机各部分结构和系统的组成，详细说明了无人机的工作原理。结合多旋翼无人机的实际工作内容，介绍了无人机在飞行时的参数设置，强调了影响无人机飞行性能和安全的因素；然后，结合实际应用介绍了无人机日常的保养、维护和升级。

【课后练习】

一、简答题

1. 在空气动力学中，什么是相对性原理，什么是连续性原理，什么是伯努利定理？
2. 无人机的升力是如何产生的，无人机的阻力有哪些？
3. 有哪些增升措施和减阻措施？
4. 多旋翼无人机的系统组成、飞行参数，以及影响飞行性能的因素主要有哪些方面？

二、思考与实践

采用普通纸张折叠一架纸飞机，在轻抛纸飞机飞行时，在纸飞机的正下方，放一张稍大的纸张，纸张倾斜向下，跟随纸飞机同步运动，观察纸飞机是否能在空中持续飞行，并思考纸飞机在飞行过程中，所使用到的空气动力学的基本原理。

第 4 章　无人机摄影测量原理

学习目标

1. 知识与能力

（1）了解测量的基本原理；
（2）了解无人机摄影测量技术的关键要素；
（3）掌握摄影测量学的基础理论、方法和主要公式；
（4）掌握中心投影成像；
（5）掌握中心投影与正射投影的区别；
（6）能够区分正射影像与倾斜摄影的实际运用范围；
（7）能够掌握并在数据处理时运用空中三角测量。

2. 素质与养成

（1）认识到无人机摄影测量工作的科学性和严肃性，培养严谨、精确、客观的工作态度；
（2）清楚摄影测量在国家安全、环境保护、资源开发等方面发挥的重要作用，重点培养国家安全观念；
（3）航空摄影测量需要利用新技术不断探索和创新，培养勇于探索、善于创新的精神。

4.1　航摄像片的几何特性

航摄像片也被泛称为摄影像片，在生活中大家都用过 Google Earth、奥维地图等卫星影像平台，也认识到航摄像片给日常生活及出行带来的便利。本节将介绍航摄像片的成像原理及影响成像质量的要素。

4.1.1 中心投影成像

1. 投影

什么是投影？如图 4-1 所示，所谓投影，是指借助一组假定的直线，将物体朝着几何面进行投射，这些投射线被称为投影射线。通常情况下，投影所涉及的几何面选取为平面，此平面被命名为投影平面。而在投影平面上获取到的图形，就是该物体在投影平面上的投影。

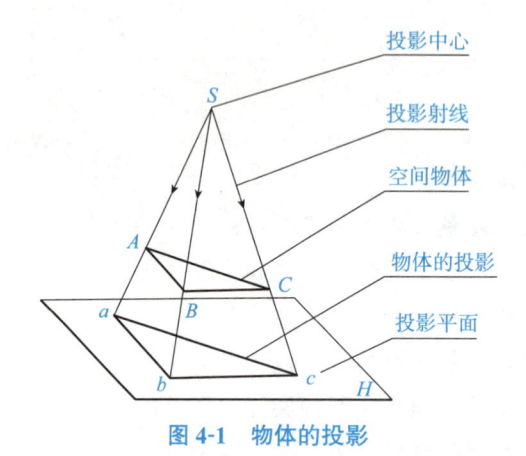

图 4-1 物体的投影

其实，投影在生活中司空见惯，如太阳或灯光下人们自身产生的影子。一些多媒体教室用的也是投影，利用投影仪将教师的电子教学资料投射在屏幕上便于学生学习。

投影可划分为中心投影和平行投影两大类，在平行投影中，还存在斜投影和正射投影的区别（图 4-2）。倘若投影射线集中于一个点，叫作中心投影；要是所有的投影射线都顺着某一个固定的方向平行排列，这样的投影则被称为平行投影。在平行投影中，投影射线和投影平面形成斜角相交的，被称为斜投影；而投影射线和投影平面呈直角相交的，则被称为正射投影或垂直投影。

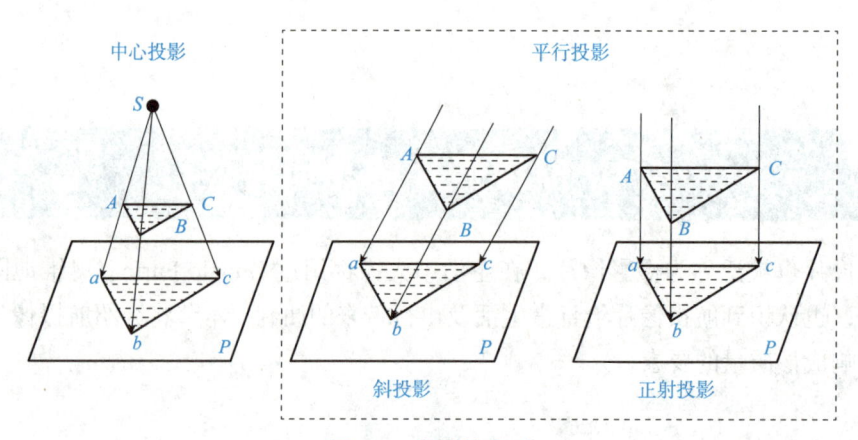

图 4-2 投影的类别

例如，灯光照射下物体的影子就是中心投影的一种体现。而阳光近乎平行地照射在地面上，物体的影子就类似于平行投影。如果阳光与地面是不垂直的，则形成的影子是斜投影；如果阳光垂直于地面，则物体的影子是正射投影。

投影射线的汇聚点 S 称为投影中心，如图 4-3 所示的是中心投影的三种类型。请大家思考一下，航空摄影过程属于图 4-3 中的哪种情况。

由于航摄像片属于地面的中心投影，物体经由投影中心投射至承影面上，进而形成了透视影像。

例如，拍摄一座高楼，高楼的各个部分通过相机镜头这个投影中心，投射到相机的感光元件这一承影面上，最终得到的像片就是一种透视影像。

因此，航摄像片属于图 4-3（c）所示的情况，是地面景物的缩小成像。

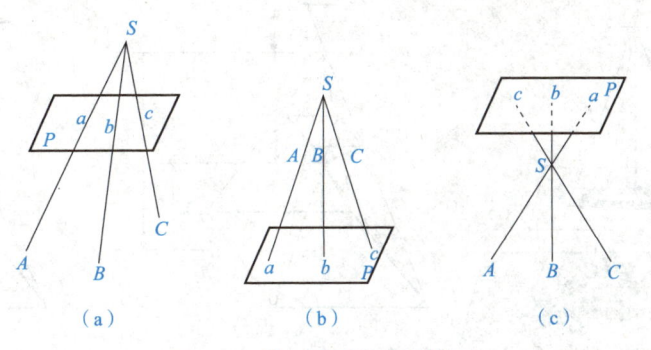

图 4-3　中心投影的三种类型

2. 航摄像片正像与负像

依据透镜成像的原理，物体的反射光经由摄影机的物镜中心，在底片上所构成的像是负像，经过晒印之后获取的像片才是正像，且其影像与地面物体是相符的。如图 4-4 所示，从投影的角度来讲，倘若物体和投影处于投影中心 S 的两边，那么其投影即为负像，就像图中 P_1 平面的 a、b、c 是地面 A、B、C 的负像。若是物体和投影面处在投影中心的同一侧，则会得到正像，例如，P_2 平面上的像点 a、b、c 是对应地面点的正像。无论是正像还是负像，与投影中心的距离均为 f。

3. 中心投影与正射投影的差异

通常情况下，常用的大比例尺地形图采用的是正射投影，航摄像片运用的则是中心投影。所以，很有必要对中心投影与正射投影的差异进行剖析。

（1）投影距离产生的影响。正射投影的图像缩放与投影距离没有关联，具备统一的比例尺，不存在焦距 f 的概念。然而，中心投影的比例尺会受到投影距离（也就是航高）的影响，像片比例尺与航高 H 及焦距 f 存在关联，如图 4-5 所示。

例如，同学们想获得某个景点的美照，且要求自己在像片中不要太小，如果照相机没有调焦功能，你会让同伴距离你近一些拍照；如果照相机有调焦功能，这时同伴就无须移动距离，只要将焦距 f 调大，就能得到同样的效果。当然，如果在拍摄集体照中，希望自己瘦小一些，那么距离镜头远一些，是明智的选择。

（2）摄影面倾斜的影响。如图 4-6 所示，在投影面倾斜的情况下，正射投影的影像只是呈现出比例尺有所增大，像点 ao、bo 的相对位置没有改变，但是 ao、bo 与 AO、BO 相比，ao 与 bo 长度的比例有所夸大。而在中心投影的像片中，ao、bo 的比例关系出现了明显的变化，各个点的相对位置和形状不再维持原先的状态，地面上 AO 等于 BO，但像片上的 ao 大于 bo。

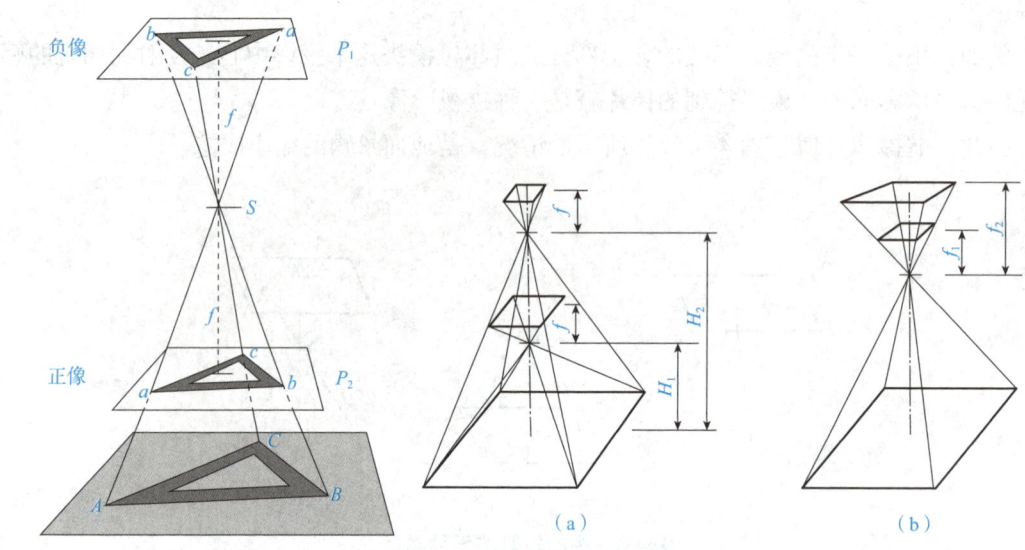

图 4-4　航摄像片正像与负像

图 4-5　投影距离对中心投影的影响

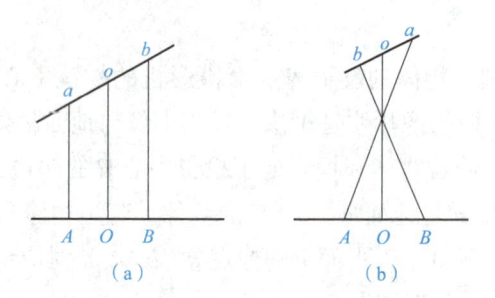

（a）　　　　　　　　　（b）

图 4-6　投影倾斜面对投影的影响
（a）正射投影；（b）中心投影

图 4-7 所示是从不同角度拍摄的同一建筑物的影像，不同角度建筑物形状各异，因此，传统摄影测量的航摄像片要求竖直摄影。

图 4-7　投影倾斜面对中心投影的影响

（3）地形起伏的影响。从图4-8中可以看出，当进行正射投影时，随着地面起伏的变化，投影点彼此间的相对位置保持恒定，比例尺和投影距离、地形的起伏不存在关联。然而，对于中心投影来说，地形的起伏会致使像点投影的水平位置产生变化，进而形成投影误差，地面的起伏程度越大，像点的位移量也就越大，如图4-8（c）所示的高楼大厦引起了楼顶点的像点位移。当翻拍一些重要文件时，由于文件不平整，也会产生类似的影像变形。

总之，航摄像片属于中心投影，由于像片倾斜、地形起伏等方面的因素，致使各类物体的形状会依据像片所在的位置差异，而产生各不相同的变形情况。

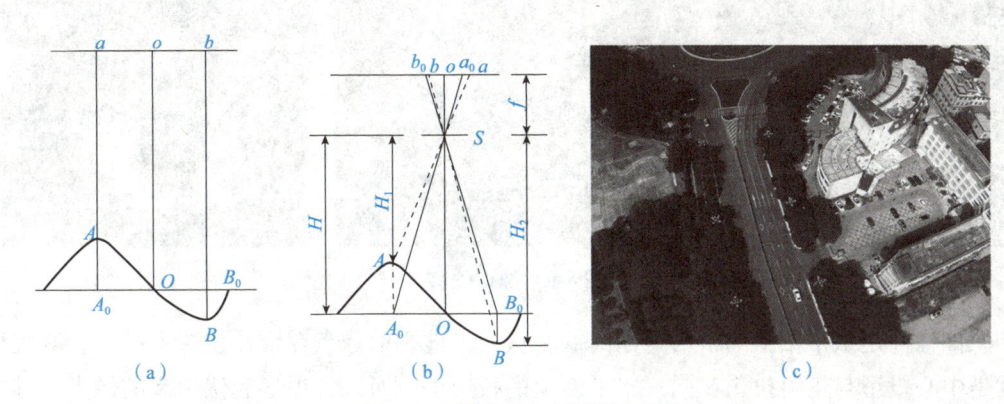

图4-8　地形起伏对投影的影响
（a）正射投影；（b）中心投影；（c）航摄像片

4. 中心投影透视规律

认真观察图4-8（c）所示的航摄像片后会发现，高低错落的楼房，以及各种形状的物体在中心投影影像中的变形规律存在差异，接下来对这些规律予以总结，这对于影像的解读和制图极具帮助。

（1）点状物体于中心投影中依旧是一个点，然而，倘若有若干个点处于同一条投影线上，它们的影像就会重合为一个点。

（2）与像面平行的直线于中心投影中依然是直线，和地面目标的形状大体相同，例如，地面上存在两条道路以特定角度相交，在中心投影像片上也依旧以对应的角度相交。若是直线垂直于地面（如电线杆），其中心投影存在两种情形：当直线与像片垂直并且通过投影中心主光轴时，该直线在像片中是一个点；若直线的延长线未通过投影中心，此时，直线的投影依旧是直线，不过该直线的长度和变形取决于目标在像片中的位置，直线越是靠近像片中心，影像上的直线长度就越被缩短；反之，如果在像片边缘，其长度就被严重放大。平面上的曲线于中心投影的像片上仍然是曲线。

（3）面状物体的中心投影是各种线的投影的组合。水平面的投影仍然是一个平面；垂直面的投影依照其所处的位置不同而发生变化，当面状物体处于投影中心时，投影所反映的是其顶部的形状，从而呈现为一条直线，在其他位置时，除其顶部投影为一条直线外，其侧面投影呈现出不规则的梯形。

4.1.2 像点位移

1. 航摄像片的像点位移

当像片出现倾斜或地面存在起伏时，地面点在航摄像片上的投影相较于理想状况下的投影所形成的位置偏差被称为像点位移。所谓的理想状况，就是像片水平或地面绝对平坦。如图 4-9 所示，相比左边水平像片，右边两幅倾斜像片上框内的像点产生了位置移动，花坛形状发生了形变，而且这种形变大小随着像点在像片上所处位置的不同而不同。

图 4-9 像点位移

假如像片是水平拍摄的，当地面高低起伏时，地物的像点在像片位置上移动，其位移量就是中心投影与正射投影在同一水平面上的投影差。所以，地形起伏引起的像点位移也称为投影差。如图 4-10 所示的圆圈内，高大建筑物地基点和其所对应的房顶点在像片上发生了位置的移动，产生了像点投影差。

图 4-10 航摄像片上的投影差

其实在日常生活中为了方便，通常利用拍照方式获得某一重要证件的影像数据。人们应该有这样的经历，拍照时总得不到令人满意的像片。例如，由于书封面不平整使影像产生了像点位移从而发生了变形。所以，最后只能将证件拿去打印店扫描以获得令人满意的影像，而这种变形类似于地形起伏引起的像点位移。

由于在传统摄影测量中要求航摄像片是竖直摄影，因此，这种由像片倾斜引起的像点位移一般比较小。但是地球表面的地形起伏是自然现象无法避免，所以，需要重点讨论地形引起的投影差及其规律。

2. 航摄像片投影差规律

下面将通过绘图，推导地形起伏引起的航摄像片投影差规律。

为了简单起见，假定像面与地面都是一维的，对于任意一张航摄像片，如图 4-11 所示，像点、地面点和投影中心都在一条直线上，即三点共线。如果像片水平，像主点与像底点将会重合。首先，绘制三个基本要素，即地面、投影中心和像平面。在地面上画两个特殊地形：山顶点 A 和洼地点 B。设像主点为 o，地主点为 O，航摄时的地面基准面为 E，那么，山顶点和洼地点在基准面上对应的理想点为 A_0 和 B_0。

根据中心投影透视方法，连接地面点、投影中心延长至像平面交于一点，分别绘制出每个地面点所对应的像点，像点均以对应地面点的小写字母代替，分别得到像点 a、a_0、b、b_0。不难发现，不管是洼地点还是山顶点，其像点位置都相对于地形不起伏时对应理想构像点发生了移动，得到线段 aa_0、bb_0。同时，像点移动的方向和移动的大小不同。

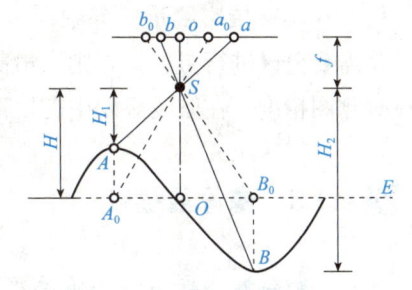

图 4-11 航摄像片的透视规律

根据相似三角形原理，投影差公式为

$$\delta_h = \frac{rh}{H} \tag{4-1}$$

式中，r 为像点到像主点的距离；h 为地面高差；H 为摄影相对航高。

因此，投影差 δ_h 具有以下规律：

（1）对相对高差相等的点，δ_h 也相等，像主点处无像点移动。

（2）δ_h 与地面高差 h 成正比，当 $h > 0$ 时，表明像点背离像主点方向移位，$\delta_h > 0$；反之，当 $h < 0$ 时，像点朝向像主点方向移位，$\delta_h < 0$。

（3）δ_h 与航高 H 成反比。

3. 航摄像片的比例尺

影响航摄像片比例尺的因素包括以下两个方面。

（1）与焦距和航高有关。航摄像片比例尺与物镜焦距（f）成正比，与相对航高（H）成反比，即 f/H。该比例尺实质上是一种平均摄影比例尺，在实际生产中经常用到。若焦距固定不变，相对航高越大，则比例尺越小。

（2）受地形因素的影响。在平坦地区摄像时，像片水平，则像片的比例尺可以近似认为处处一致。但在地形复杂地区，即使是像片水平，由于地形起伏变化，像点实际比例尺处处是不一致的。因为在摄像中，像距不变而物距变化，也就是实际航高随地形高低不同而变化，由于中心投影具有近大远小的特点，即地形越高，物距越小，则像点比例尺越大。

87

例如，祁连山区某一航摄像片（图4-12），已知航高（绝对航高）为4 000 m，焦距为200 mm，A号样地海拔高为3 500 m，B号样地海拔高为2 500 m，请计算这两个样地比例尺是多少。

根据像片比例尺公式，计算出A地的比例尺为1/2 500，B地的比例尺为1/7 500。由此可见，同一幅航摄像片上，由地形起伏引起的实际像点比例尺差异较大。当然，在实际摄影测量任务中，一个区域地形高差太大，就需要分区进行摄影，否则，最高区域重叠度太小，影响测图精度。在航线规划中需要注意这一点。

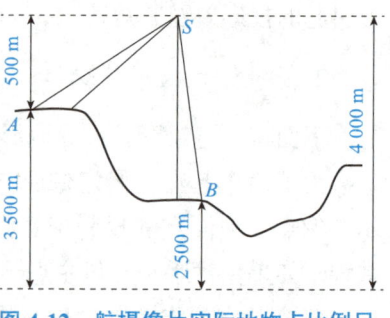

图4-12 航摄像片实际地物点比例尺

4.1.3 像片重叠度

1. 航向重叠度与旁向重叠度

为了能够实现立体测图并做好航线之间的接边工作，像片之间需要具备一定程度的重叠。

在同一航线中，相邻像片彼此之间的影像重叠被称作航向重叠［图4-13（a）］，重叠的部分在整个像幅长度中所占的百分比被定义为重叠度，通常要求达到60%及以上。

而两条相邻的航带像片之间同样需要存在一定的影像重叠［图4-13（b）］，这种影像重叠则被称为旁向重叠，旁向重叠度一般要求在30%左右，即

$$航向重叠度 = \frac{P_x}{L_x} \times 100\% \quad (4-2)$$

$$旁向重叠度 = \frac{P_y}{L_y} \times 100\% \quad (4-3)$$

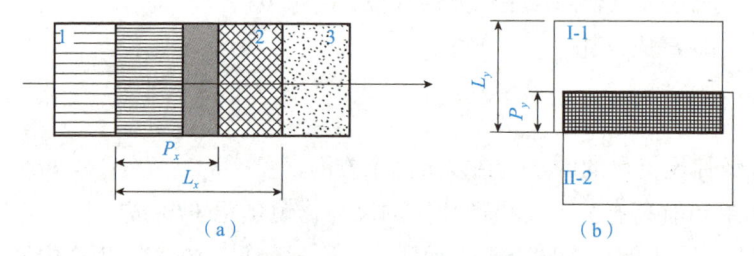

图4-13 航摄像片实际地物点比例尺
（a）航向重叠；（b）旁向重叠

航摄像片的重叠部分对于立体观察和像片连接来说是必不可少的条件。在航线方向上，必须让三张相邻像片存在公共重叠影像，这个重叠部分叫作三度重叠，摄影测量在选定控制点时，必须保证三度重叠中的重叠部分不能过小。而且像片最边缘部分的影像清晰度非常差，会对测量的精度产生影响。当代数字摄影测量中，要求像片航向重叠度通常在80%左右，旁向重叠度在60%左右。

2. 航线弯曲

通常来说，把一条航线的航摄像片根据地物影像拼接起来时，会出现各张像片的像主点连线不在一条直线上，呈现为弯弯曲曲的情况，如图4-14所示，这种情况被称为航线弯曲。而航线弯曲的程度一般用航带弯曲度来描述，其定义为航带两端像主点之间的直线距离与偏离该直线最远的像主点到该直线垂距比的倒数，通常采用百分数来表示，即

$$R\% = l/L \times 100\% \tag{4-4}$$

航线弯曲的负面效应主要体现在影响航向重叠、旁向重叠的一致性上。如果航线弯曲程度过大，就会产生航摄漏洞，从而影响摄影测量作业的质量。一般来说，规定航带弯曲度不得超过3%。

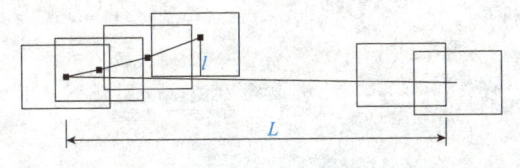

图4-14 航摄像片实际地物点比例尺

3. 像片旋偏角

像片旋偏角是指相邻两张像片的像主点之间的连线与像幅沿航带飞行方向的两框标连线之间的夹角，一般用 κ 表示，如图4-15所示。产生像片旋偏角是由于摄影时用于拍摄的相机定向不准确导致的，像片旋偏角的大小不仅影响像片的重叠度，还会增加内业作业的校正难度。所以，一般要求像片旋偏角小于6°，最大也不应大于8°，并且不能出现连续三张像片旋偏角超过6°的情况。

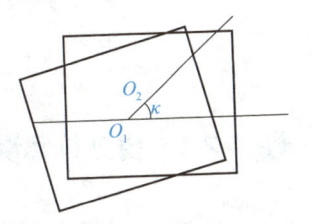

图4-15 像片旋偏角

4.2 航摄像片的内、外方位元素

航摄像片中的方位元素通常简称为像片方位元素，指的是确定航摄像片拍摄时摄影中心 S、像片面 P 与地面 E 三者之间相对位置关系的参数，如图4-16所示。显然，像片的方位元素描述的是一种几何位置关系，是对摄影瞬时状态的几何反转，表明摄影时刻飞机或像片的空间位置与姿态参数。

像片的方位元素可分为两大类：第一类是像片的内方位元素，用于确定投影中心 S 与像片面 P 之间的几何位置关系，通常用参数 (x_0, y_0, f) 表示。一般来说，像片的内方位元素是确定的，不需要计算。只要航摄过程中不更换相机，测区内所有像片的内方位元素是相同的。

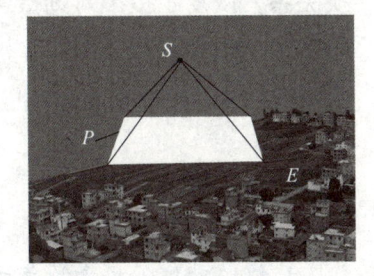

图4-16 像片的方位元素

相机检校后，像片的内方位元素直接由航摄部门提供。其作用是恢复摄影时刻的摄影光束，获得投影中心与像片面之间的几何位置关系。

第二类是像片的外方位元素，是指记录航摄像片拍摄时摄影光束在地面摄影测量坐标系中的空间位置和姿态的参数，包括确定摄影光束空间位置的3个线元素（X_S, Y_S, Z_S）和3个空间姿态角元素（φ, ω, κ）。与内方位元素不同，一般每张像片有各自不同的外方位元素（图4-17）。

图 4-17 像片的外方位元素

4.2.1 内方位元素

在像片的内方位元素中，（x_0, y_0）确定了像片的框标坐标系和像平面坐标系的几何位置关系。通过平移量x_0与y_0，就可以将两种坐标系进行相互转换。内方位元素的另一个参数为相机主距或焦距f，将像点位置从二维像平面坐标转换到空间三维坐标，即像空间坐标系。所有像点的像空间坐标的z值均为$-f$。

总之，像片内方位元素的3个参数（x_0, y_0, f）较容易获取，其作用就是建立像点框标坐标与像平面坐标的转换关系，恢复了摄影时刻摄影中心S与像片的关系，也就是恢复了摄影光束。同时，将像片坐标从二维转换至三维（图4-18）。

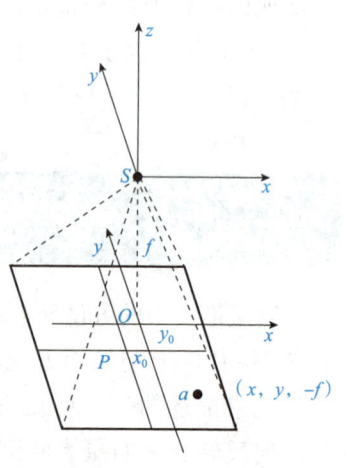

图 4-18 内方位元素的作用

4.2.2 外方位元素

1. 像片外方位元素的角元素

像片外方位元素中，线元素（X_S, Y_S, Z_S）描述摄影中心S在物方空间坐标系中的位置，需注意这里是指物方坐标系下的坐标。3个角元素（φ, ω, κ）用来描述每张像片摄影时刻的姿态，即飞机飞行姿态，包括俯仰、横滚和偏航。线元素比较容易理解，就是投影中心 S 的地面摄影测量坐标。

但是，3个空间角元素如何确定呢？如图 4-19 所示，由于像片姿态角的差异，将这两张像片进行拼接时，发现所有地物总是不能同时完全无缝拼接，某些地物拼接好了，但其他地物在几何上又错开了。试图将一条航带的所有航摄像片拼接成一条航带时应该也发现了这个问题，其根本原因在于同一地物在左右两张影像上发生了由于像片姿态角产生的像点位移，而且这种像点位移量是非线性的。

图 4-19 像片外方位元素的角元素

人们熟悉二维平面角度旋转变化，但三维空间姿态角度变化就比较复杂了。

2. 以 Y 轴为主轴的转角系统

在传统摄影测量中，飞机通常是按照既定的规划航线飞行的，但由于气流等因素，飞机在空中飞行时并不能严格按照设计航线飞行。在飞行过程中，会产生俯仰、横滚和偏航。那么，怎样准确模拟相机曝光时刻像片的3种姿态呢？下面以我国通常采用的以 Y 轴为主轴的（φ, ω, κ）转角系统为例来说明。

首先，定义一个像方基准坐标系，即像空间辅助坐标系 S-XYZ。以 Y 轴为主轴说明，Y 轴不动，那么，像片在 XZ 平面上运动并旋转了角度 φ，也就是飞机的航向倾角或俯仰角。接着 X 轴不动，像片在 YZ 平面上运动并旋转了角度 ω，这个角就是旁向倾角或横滚角。最后 Z 轴不动，像片在 XY 平面上运动并旋转角度 κ，就是像片旋角或偏航角。这样，通过 φ、ω、κ 三个角度的旋转变换，摄影像片就从假定的基准坐标系（像空间辅助坐标系）转换至像空间坐标系，从而恢复了摄影时刻像片的姿态角，如图 4-20 所示。

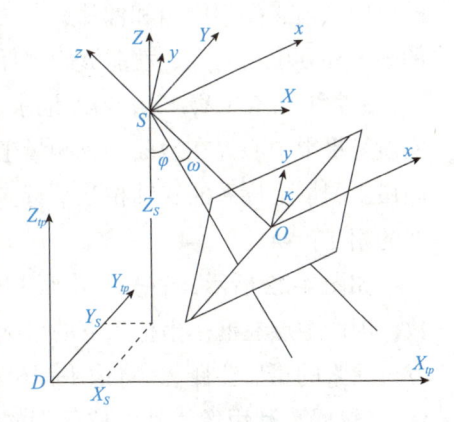

图 4-20 以 Y 轴为主轴的转角系统

上述是以 Y 轴为主轴的转角系统，当然，也可以以 X 轴（或 Z 轴）为主轴，X 轴（或 Z 轴）假定不动，然后，进行相应的旋转变换，同样可以恢复 3 个姿态角。

由此可见，像片在地面摄影测量坐标系中的角度转换是通过转角系统将三维坐标变换，通过在二维平面上进行 3 次分解，从而能够准确地刻画像片的 3 个外方位角元素。通过以上像片外方位元素的 3 个角元素旋转，大家应该能够体会到定义像空间辅助坐标系的巧妙之处，也能够深刻感受到从事摄影测量工作的前辈们的聪明与智慧。

总之，像片方位元素是描述每一张像片摄影瞬间的几何特征，也是摄影测量各坐标系之间相互转换的桥梁与纽带。那么，一张像片的这 9 个方位元素究竟在摄影测量坐标系相互转换中起什么样的作用呢？

3. 外方位元素的作用

像片的 6 个外方位元素记录了曝光瞬间飞机飞行的位置和姿态（图 4-21）。下面将重点分析像片外方位元素在摄影测量坐标系转换中的作用。

首先，分析 3 个角元素的作用。像片的角元素记录了曝光瞬间飞机飞行的俯仰、横滚角和偏航角 3 个姿态角。俯仰也称为航向倾角，翻滚也称为旁向倾角，偏航也称为像片旋角。

相对像片的位置姿态基准，即像空间辅助坐标系而言，像片的航向倾角、旁向倾角和像片旋角一般是不为零的小角度，分别记作 φ、ω、κ 角。因此，如果已知像片 3 个外方位角元素，利用以 Y 轴为主轴的转角系统，对 3 个角度依次进行旋转变化，把基准的像空间辅助坐标转换到像空间坐标，这样就能复刻每张像片在摄影瞬间的姿态。

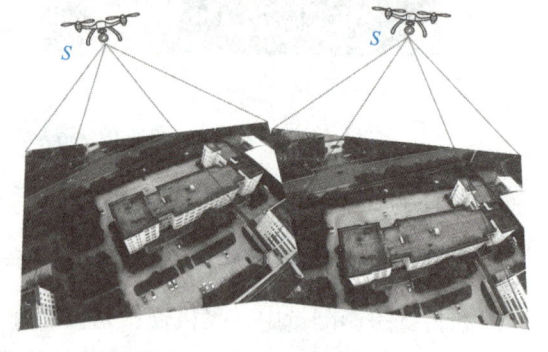

图 4-21 外方位元素的作用

传统的模拟摄影测量阶段就是按照这样一种思路进行摄影几何反转的。把像片放置在承像盘上，通过调整机械导杆恢复左右像片的航向倾角、旁向倾角和像片旋角，从而重建地形表面的三维模型。总之，如果已知像片的 3 个外方位角元素，就能够确定任意像点的像空间坐标与像空间辅助坐标的转换关系。

3 个线元素（X_S, Y_S, Z_S）记录了每张像片在曝光时刻摄影机在物方空间的位置，其实质是摄影中心 S 在地面摄影测量坐标系中的 3 个坐标分量。由于像空间辅助坐标系与地面摄影测量坐标系的 3 轴相互平行，通过像片外方位元素的线元素，就可以实现两个坐标系的相互转换。

如图 4-22 所示，首先，由最初确定的像点框标坐标通过内方位元素的（x_0, y_0）参数，即像主点在框标坐标系下的坐标就可以转换为以像主点为原点的像平面坐标。再由内方位元素的摄影主距 f，将像平面坐标转换至像点的像空间坐标（注意，这是一个三维坐标）。然后，利用像片外方位元素的角元素（φ, ω, κ）将像点像空间坐标转换至像空间辅助坐标，最后，利用像片外方位元素的线元素（X_S, Y_S, Z_S）将像点的像空间辅助坐标转换为像点对应地面点的地面摄影测量坐标。这样，就完成了由像点坐标到地面摄影测量坐标的转换，从而实现了摄影测量的基本任务。

由此可见，像片的内、外方位元素及摄影测量常用坐标系是摄影测量学的基础内容，从理论上定性地实现了从像点像平面坐标到对应地面点物方坐标的一系列坐标转换。

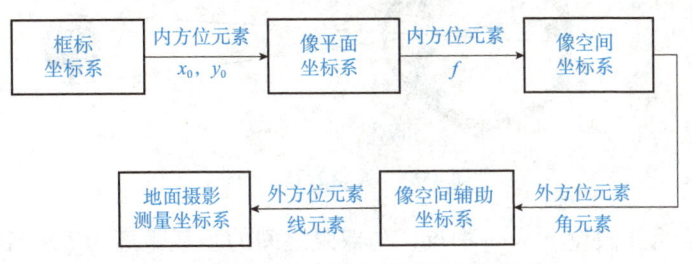

图 4-22 方位元素在坐标转换中的作用

总之，利用像片方位元素几种摄影测量常用坐标系就可以进行相互转化，但如何利用定量解析方法，借助像片的内、外方位元素直接通过测量像点的像平面坐标获得像点所对应地面点的物方坐标呢？

目前来看，除了坐标系与像片方位元素外，还需要其他一些相关知识，如空间直角坐标系的旋转变换、共线条件方程等。这些知识点将在后面章节中一一讲解。下一节将重点学习如何定量地通过像片外方位元素的角元素，实现像空间辅助坐标与像空间坐标的变换。

4.3 立体像对定向和立体量测

要研究物体的平面位置，可以利用单张像片；若要实现立体观测，则至少需要两个相邻摄站对同一区域拍摄的具有重叠影像的一个立体像对。通过构建三维模型，然后观测三维立体模型来求解地面三维坐标。

在此基础上，模拟摄影测量就是借助人眼来观察立体像对，从而实现立体观测，直观地展现立体模型的构建过程。本节主要介绍立体观测的原理、方法和模拟摄影测量的基本原理。

■ 4.3.1 人造立体视觉

1. 人眼的立体视觉原理

人眼是具有复杂结构的、天然的光学系统。如图 4-23 所展示的是人眼的基本构成，它就好比一架具有精密自动调光系统的摄影机，当远近不同的物体被人眼观察到时，就像摄影机的物镜会变焦一样，眼球中的晶状体也会自动变焦，从而在视网膜上得到清晰的图像，瞳孔就好比光圈，调节光线强弱。

我们用单眼观察景物时，就像拍摄单张像片一样，仅得到景物的中心构像，不能正确判断景物的远近，只能凭经验间接判断。而用双眼同时观察景物时，就相当于拍摄了一个立体像对，能分辨出物体的远近，这种现象称为人眼的天然立体视觉。

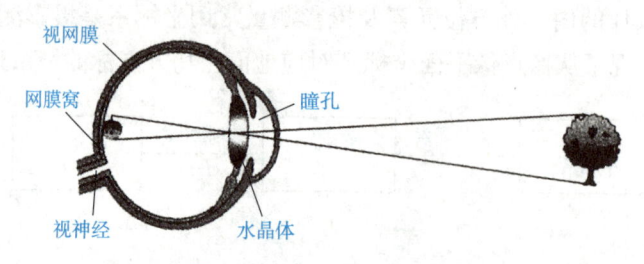

图 4-23　人眼的基本构成

如图 4-24 显示：假设 A 为一物点，与双眼之间的垂直距离为 L，当双眼同时注视点 A 时，双眼的视准轴必然交会于点 A，这时，两眼的视准轴相交，形成一个角度 γ，一般称为交会角。双眼视准轴交会时，水晶体自动调节焦距，从而在视网膜上得到最清晰的影像。人眼会基于本能同时进行交会与调节焦距两项动作，一般将这种本能称为凝视。

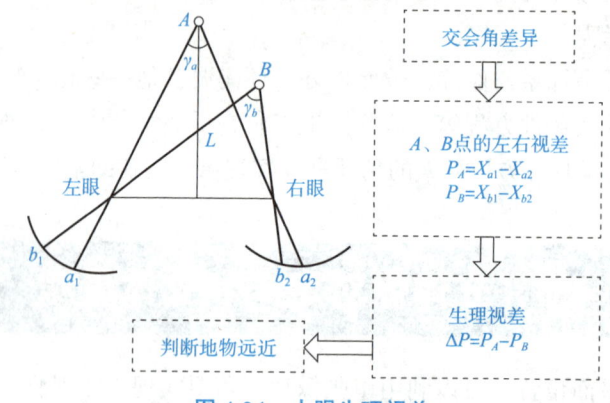

图 4-24　人眼生理视差

如图 4-24 显示：两眼凝视 A 点时，双眼视网膜中央得到构像 a_1 和 a_2；如果附近有一点 B，且 B 点离双眼更近，构像为 b_1 和 b_2。因为 A 和 B 两点与眼睛的垂直距离不相等，导致两眼视网膜上 a_1b_1 和 a_2b_2 的弧长不相等，这时两弧之差 $\delta = a_1b_1 - a_2b_2$ 就叫作生理视差。生理视差也能通过两点交会角的差异反映出来，交会角 $\gamma_b > \gamma_a$，人眼通过比较观察、判断物体的远近。人们从人眼生理视差产生天然立体视觉这一原理出发，创造了人造立体视觉。

如图 4-24 所示，可以看出交会角与距离有如下关系：

$$\tan\frac{\gamma}{2} = \frac{b_\gamma}{2L}, \quad L = \frac{b_\gamma}{\gamma} \tag{4-5}$$

式中，b_γ 代表眼基线，不同人的眼基线值不同，平均长度在 65 mm 左右。将式（4-5）进行微分，就可以得到交会角变化与距离及生理视差的关系式如下：

$$dL = -\frac{b_\gamma \cdot d\gamma}{\gamma^2} = -\frac{L^2}{b_\gamma} \cdot d\gamma = -\frac{L^2}{b_\gamma} \cdot \frac{\delta}{f_\gamma} \tag{4-6}$$

式中，f_γ 代表眼焦距（前），一般为 17 mm；δ 代表生理视差。

单眼能够分辨最小物体的能力称为单眼分辨率;用单眼所能观察出两点间的最小距离,称为第一分辨率;用单眼所能观察出两平行线间的最小距离,称为第二分辨率。第一分辨率 = 45″,第二分辨率 = 20″。双眼观察比单眼观察提高 $\sqrt{2}$ 倍。如果人站在 50 m 处观察两点,分辨率的值为 30″,代入式(4-6)中得到 dL = 5.6 m,也就是说,能分辨 50 m 远处物体的最小距离为 5.6 m。

利用式(4-6)可知,要想提高分辨物体远近距离的能力,有两种方法:一种是扩大眼基线 b_y;另一种是利用放大倍率更大的光学系统来观察,分辨率就得到相应的提高。

2. 人造立体视觉产生的条件

如图 4-25 所示,当用双眼观察远近不同的景物 A 和 B 时,由于两眼产生的生理视差,使人们获得立体视觉,从而可以判断景物的远近。当用两块玻璃片分别放在双眼前,如图 4-25 中的 P 和 P',则 A 和 B 两点分别在玻璃片上形成影像 a、b 和 a'、b'。如果在玻璃片上增加感光材料,那么影像会被分别记录在两块玻璃片上。此时,移开 A 和 B,两只眼睛分别观看各自玻璃片上的影像,一样能看到与实物一样的景物 A 和 B,这就是人眼立体视觉效应。

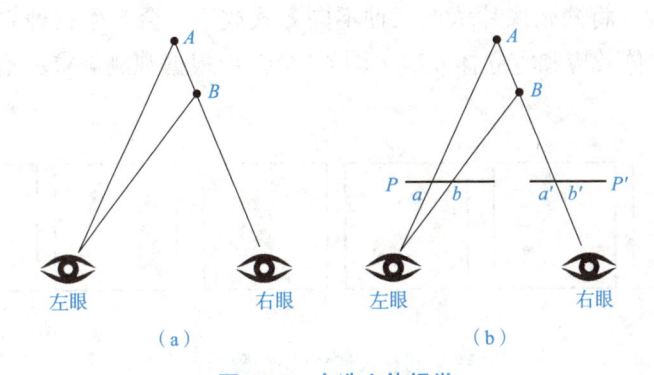

图 4-25 人造立体视觉
(a)双眼观察实物;(b)双眼观察人造立体

当人的左右眼各看一张相应像片时(即左眼看左像片,右眼看右像片),就可感受到与实物一样的地面景物存在,在眼中同样产生生理视差,能分辨出物体的远近,这种观察立体像对得到地面景物立体影像的立体感觉,称为人造立体视觉。所看到的立体模型称为视模型。

其形成过程为:空间景物在感光材料上构像,再用人眼观察构像的像片而产生生理视差,从而重建空间景物立体视觉,这样的立体感觉称为人造立体视觉。

根据人造立体视觉原理,在摄影测量中规定摄影时保持像片的重叠度在 60% 以上,这是为了使同一地面景物在相邻两张像片上都有影像,这完全类同于上述两玻璃片上记录的景物影像。利用相邻像片组成的像对,在进行双眼观察(左眼看左像片,右眼看右像片)时,同样可以获得所摄地面的立体模型,如此便奠定了立体摄影测量的基础。

如上所述,人造立体视觉必须符合自然界立体观察的四个条件:
(1)两张像片必须是在两个不同位置对同一景物摄取的立体像对,这一条件应在摄影中得到满足（像片重叠）。

（2）每只眼睛必须只能观察像对的一张像片，即双眼观察像对时必须保持两眼只能对一张像片观察，这一条件称为分像条件。在观察时要强迫两眼分别只看一张像片以得到立体视觉，这与人们日常观察景物时眼睛的交会本能习惯不符，违背了人眼的凝视本能，因此，直接观测需要有一个训练过程。

（3）两张像片上相同景物（同名像点）的连线与眼睛基线大致平行，此为人眼观察中生理方面的要求，若不满足这一要求，则左、右影像会上、下错开，错开太大则不能形成立体。

（4）两张像片的比例尺相近（差别 < 15%），否则需用 ZOOM 系统等进行调节。

为了便于观察，人们常常采用某种措施来帮助完成人造立体应具备的条件，以改善眼的视觉能力。

3. 人造立体视觉效应

人造立体观察是摄影测量中重要的方法和手段，它不但能够提高立体测图的精度，还能测出物体的空间位置。在满足人造立体视觉四个条件的前提下，为获取更优的立体效果和更高的测量精度，将两张像片依据三种不同方式放置，会产生三种立体效应，分别是正立体效应、反立体效应和零立体效应（图 4-26）。应根据观测需求灵活选用立体效应的转换。

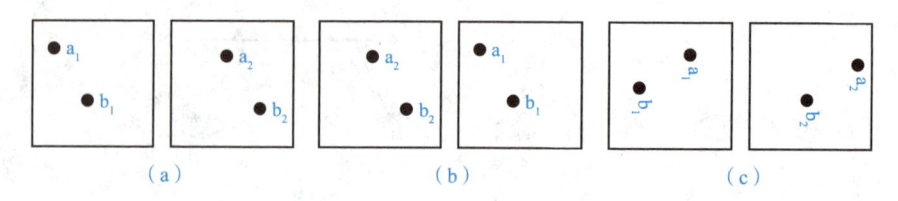

图 4-26 人造立体视觉效应
（a）正立体效应；（b）反立体效应；（c）零立体效应

（1）正立体效应。正立体效应是指立体观测所得到的类似实际地物的立体效果，这是大多数情况下立体观测所采用的方式。具体来说，就是将左方摄站拍摄得到的像片放置在左边，并用左眼观察；将右方摄站拍摄得到的像片放在右边，用右眼观察，如此得到的立体效应便是正立体效应[图 4-26（a）]。正立体效应产生的生理视差与人眼看实物产生的生理视差符号相同，所以所看到模型的远近和实物的远近是一致的。目前，一般情况多采用直观的正立体效应。

（2）反立体效应。反立体效应放置像片的方式与正立体效应相反。具体为：将左方摄站拍摄得到的像片放在右边，用右眼观测；将右方摄站拍摄得到的像片放在左边，用左眼观测，如此得到的立体效应即为反立体效应[图 4-26（b）]。反立体效应产生的生理视差与人眼直接观察实物产生的生理视差符号相反，会致使实地高山变成深坑，实地深坑挺拔出来变成山峰。通过正、反立体效应交替进行观察，能够检查并提高立体量测的精度。

（3）零立体效应。零立体效应是基于人眼测量左、右视差的精度高于上、下视差，从而将上、下视差转换为左、右视差,以提升观察精度。其具体操作方法是:把正立体情况下的两张像片,在各自的平面内按同一方向旋转90°,使像片的纵、横坐标互换方向[图4-26(c)]。因为人眼观察左、右视差的精度高于上、下视差,所以,零立体效应能够提高观测的精度。

4.3.2 立体像对

双像立体测图是指利用一个立体像对(即在相邻两摄站点对同一地面景物摄取的、有一定影像重叠的两张像片)来重建地面立体几何模型,然后对该几何模型进行量测,直接给出符合规定比例尺的地形图或者建立数字地面模型等。利用一个立体像对构建地面立体模型的方法也被称为立体摄影测量。

1. 立体像对的概念及分类

摄影测量中无论是立体观测还是立体量测的对象,都不是单独的一张像片,而是具有一定航向重叠度(一般为60%以上,无人机像对可达到80%以上)的立体像对,也就是同一航带的两张相邻的像片。立体像对是由不同摄站获取的两张具有一定影像重叠度的像片。因为其具有重叠影像,所以在立体观察系统中能够构成立体模型,进而进行立体观察、解译及测绘。

立体像对可分为航摄立体像对、地面立体像对和卫星立体像对。航摄立体像对由飞机上的航摄仪沿航线定时启动快门拍摄而成;地面立体像对由地面对同一地物从摄影基线两端拍摄而成;卫星立体像对一般是在地球高纬度地区,在地球资源技术卫星轨道大部分重叠的情况下获得的,对于中、低纬度地区,也可由人工形成卫星立体像对。

本节主要介绍航摄立体像对相关的概念和原理,如图4-27所示为航摄立体像对。在航摄过程中,要求相邻两张像片的航向重叠度在60%以上,数码相机和无人机拍摄的像片重叠度要求会更高,任意两张相邻像片都可以组成一个立体像对。

图 4-27 航摄立体像对

立体像对是同一航带中相邻两摄站拍摄的影像,对其航向重叠度和旁向重叠度均有具体要求。光学立体像对的边长有18 cm和13 cm两种。如今,一般采用数码相机拍摄航摄像对。立体像对首先需要确定其拍摄时的左右位置,即明确左右像片,判断的主要依据是像对中重叠地物的位置,这是进行立体观测的首要步骤。

2. 立体像对的点、线、面

立体摄影测量也被称为双像测图,它是以两个相邻摄站所摄取的具有一定重叠度的一对像片作为量测单元。前面已经讲述了单张像片上的主要点、线、面,对于立体像对而言,同样存在一些特殊的点、线、面,如图4-28所示。

两张具有一定重叠度的立体像对,在拍摄的瞬间有如图4-28所示的几何关系。其中,S_1、S_2分别是左像片P_1和右像片P_2的摄影中心。两张像片摄影中心的连线B叫作摄影基线,左右像片的像主点分别是O_1、O_2。而a_1、a_2设为地面上某点A在左右像片上的构像,叫作同名像点。这时,射线AS_1a_1和AS_2a_2叫作同名光线。通过摄影基线S_1、S_2与任一地面点A所作的平面W,称为A点的核面,包含摄影基线与地面上任意一点组成的平面,称为该地面点的核面。同名光线如果都在核面内,那么它们必然对对相交。核面与像片面的交线叫作核线。同一核面的左、右像片的核线,如图中的k_1a_1、k_2a_2叫作同名核线。可见,k_1、k_2也是摄影基线的延长线与左、右像片面的交点,叫作核点。在倾斜像片上核线都会聚于核点。通过像主点的核面叫作主核面。正常情况下,通过左、右像片主点的两个主核面不重合,分别叫作左主核面和右主核面。通过像底点的核面叫作垂核面。由于左、右像片的底点与摄影基线B位于同一核面内,左、右垂核面一般重合,因此,一个像对只有一个垂核面。

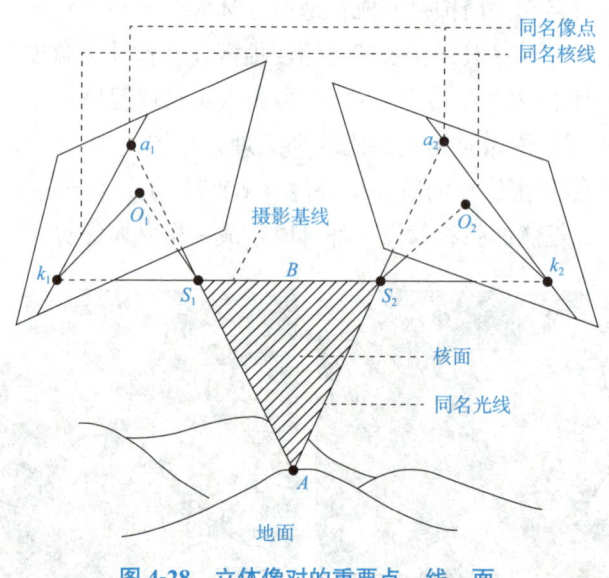

图 4-28 立体像对的重要点、线、面

4.3.3 立体像对的观察

为获得人造立体效果,通常会借助立体镜或其他工具,以助力人眼顺利达到分像条件，实现两眼分别只观察一张像片。在观察立体像对时，存在两种方式：一种是直接观察两张像片来构成立体视觉，可借助立体镜实现分像；另一种是通过光学投影方法，使两张像片的投影影像重叠在一起，此时，需要采取其他措施，使两眼分别只能看到重叠影像，此称为重叠影式立体观察。

1. 立体镜观察法

立体镜的主要作用在于确保一只眼睛只能清晰地查看一张影像，从而克服了裸眼观察立体时因强制调焦与交会所导致的人眼疲劳，故而得到了广泛应用。立体镜有桥式立体镜和反光立体镜两种类型。

（1）桥式立体镜［图 4-29（a）］。桥式立体镜是在一个桥架上安装一对低倍率的简单透镜，其间距约为人眼的眼基线距离，高度等于透镜焦距。在进行观察时，像片对置于透镜的焦面上，此时，像片上物点的光线经过透镜后成为一组平行光，使观察者感觉物体处于较远的距离，实现了人眼调焦与交会本能的基本统一。

（2）反光立体镜［图 4-29（b）］。由于航摄像片的像幅较大，为了便于对航摄像片对进行立体观察，设计出了一种反光立体镜。这种立体镜在左、右光路中分别加入一对反光镜，起到扩大眼基线间距的作用，有利于放置较大像幅的航摄像片。通过它看到的立体模型与实物无差异，地面的起伏显得更高了，但是这种变形有利于高程的量测，不会对量测结果造成影响。

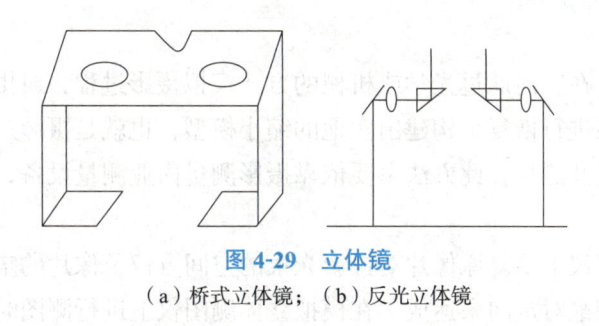

图 4-29 立体镜
（a）桥式立体镜；（b）反光立体镜

2. 重叠影式观察法

在一个立体像对的两张像片恢复摄影时刻的相对位置关系后，用灯光照射像片，光线透过像片投射至承影面上，两张像片的重叠影像会相互重叠。那么，怎样才能做到让一只眼睛只看到一张像片的投影影像来观察立体影像呢？常用互补色法、光闸法、偏振光法及液晶闪闭法来强制进行"分像"。其中，前三种方法在模拟的立体测图仪器中应用广泛，而液晶闪闭法在数字摄影测量系统中广泛使用。

（1）互补色法。在光谱中，两种色光混合能成为白色光，这两种色光就被称为互补色光。常用的互补色是品红色与蓝绿色（通常简称为红色与绿色）。如果给左影像赋予绿色，右影像赋予红色，则观察者戴上镜片为左绿、右红的眼镜进行观察，由于红色镜片只能透过红色光而吸收绿色光，所以，通过红色镜片只能看到右边的红色影像，而看不到左边的绿色影像。同理，绿色镜片只能透过绿色光，也就只能看到左边的绿色影像。这样，就能利用红绿立体眼镜达到一只眼睛只能看到一张影像的"分像"的目的（图 4-30）。

（2）光闸法。光闸法立体观察是借助在投影光线中安装光闸来实现的。两个光闸交替开启，即一个打开时，另一个关闭。人眼观察时，要戴上与投影器中光闸同步的光闸眼镜，如此人眼就只能一只眼睛看到一张影像。因为影像在人眼中的构像能保持 0.15 s 的视觉暂留，所以，只要光闸启闭的频率每秒大于 10 次，则人眼中的景物就会连续，从而形成人造立体视觉。

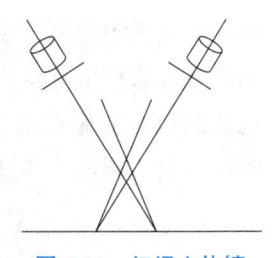

图 4-30　红绿立体镜

（3）偏振光法。偏振光法是在两张影像的投影光路中放置两个偏振平面相互垂直的偏振器，以获得"分像"观察立体的效果。偏振光可用于彩色影像的立体观察，从而获得彩色的立体模型。人们在电影院观看的 3D 立体电影所佩戴的通常就是偏振光立体眼镜。

（4）液晶闪闭法。液晶闪闭法立体眼镜主要用于数字摄影测量系统，由液晶立体眼镜和红外发生器构成。使用时，红外发生器的一端与通用的图形显示卡连接，图像显示软件按照一定频率交替显示左、右图像，红外发生器同步发射红外线，控制液晶立体眼镜的左、右镜片交替闪闭，从而达到左、右眼睛分别看一张像片的目的。需要注意的是，在进行立体测图时，不能遮挡红外发生器，一定要确保红外发生器与眼镜的通信顺畅。

4.3.4　模拟立体测图

模拟摄影测图是在室内通过光学或机械的方式模拟摄影过程，对摄影时像片的空间方位、姿态及相互关系进行恢复，构建出实地的缩小模型，也就是摄影过程的几何反转，然后，在该模型表面展开测量。此方法主要依靠摄影测量内业测量设备，研究重点多放在仪器的研制方面。

在模拟立体测图仪上要复原像片对摄影光束的空间方位及像片的空间方位，需要通过内定向、相对定向和绝对定向来达成。在模拟立体测图仪上进行测图时，首先，要把两像片分别放置在测图仪的投影器内，让两张像片主点分别与两张像片托盘的主点重合，并设置摄影时的主距，这样，就恢复了摄影时的内方位元素，此操作被称为内定向。在模拟立体测图中，像对的相对定向是在模拟立体测图仪上开展的，它并非通过计算来求解相对定向元素值的大小，而是通过移动测图仪上投影器的相关螺旋，使同名光线对对相交。这种相对定向方法的特点在于，只要所有同名光线对对相交形成一个几何模型，就必然恢复了两张像片的相对位置。完成像片对的相对定向后，会建立起一个与实地类似但空间方位和比例大小均任意的立体模型。为了能在立体模型上获取正射投影的地形图，需要将该模型归入地面摄影测量坐标系，并把模型大小归化为测图比例尺，这一过程被称为立体模型的绝对定向。完成上述流程后，针对所建立的几何模型进行地物、地貌的量测。倘若保持某一高度不变，则在立体观察时测标沿着立体模型移动，所获取的便是该高程的等高线线画图。如图 4-31 所示是模拟摄影测量的几何过程。

立体像对 → 相对定向 → 几何模型 → 绝对定向 → 实际地面

图 4-31　模拟摄影测量的几何过程

4.3.5　双像解析

单张像片由于无法唯一确定被摄物体的空间位置，即便在其内、外方位元素已知的情况下，也只能明确被摄物体点的摄影方向线。要确定被摄物体点的空间位置，就得利用立体像对构建立体模型。依据立体像对与被摄物体的几何关系，以数学计算的形式通过计算机求解被摄物体的三维空间坐标，被称为双像解析摄影测量。

为什么必须进行双像解析呢？因为单张像片解析通常只能确定投影中心、像点和地面点的方向，即过这三点的直线方向，却不能确定地面点的具体所在。要唯一确定一个地面点，必须要有两条相交的空间直线，所以，就需要相邻的两张像片，提供两条相交于地面点的直线，从而确定地面点的位置。

同一航带内，相邻两个摄站点获取的具有一定重叠度的像对，在拍摄的瞬间具有如图 4-32 所示的几何关系。图中 S_1 和 S_2 称为摄站点，地面点 A 向不同摄站的投射光线 AS_1 和 AS_2 称为同名光线，同名光线分别与两张像片平面的交点 a_1 和 a_2 称为同名像点，即地面点 A 分别在两张像片上的构像。

基于立体像对的内在几何特性及像点构成的几何关系，通过数学计算来求解物点三维空间坐标的方法主要有以下三种。

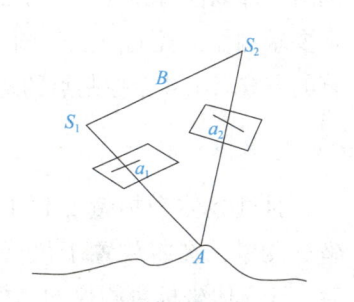

图 4-32　相邻摄站摄影瞬间示意图

（1）通过单张像片的空间后方交会与立体像对的前方交会，来求解物点的三维空间坐标。此方法分两步进行：首先，依据已知的控制点坐标，运用后方交会的方式分别求出像对的 12 个外方位元素；然后，依据求出的两张像片外方位元素，依照前方交会公式计算出像对内其他所有点的三维坐标，进而构建数学模型。

（2）运用相对定向和绝对定向的方法，求解地面点的三维空间坐标。该方法依据同名光线对对相交的原理，以模型基线替代摄影基线，构建一个缩小且与地面相似的几何模型，随后，对这个模型实施平移、旋转和缩放的绝对定向操作。把立体模型的模型点坐标归入规定的坐标系中，并规划成规定的比例尺，以此明确立体像对内所有地面点的三维坐标。

（3）利用光束法求解地面点的三维坐标。这种方法是将待求的地面点和已知点坐标，按照共线条件方程，即连接点条件和控制点条件同时列出误差方程式，统一进行平差计算，从而求得地面点的三维坐标。此方法在理论上更为严谨，不过计算量极大，是前两种方法的综合。

4.3.6 空间后 – 前方交会求解地面点坐标

求解地面点的三维坐标需要借助双像解析摄影测量，也就是运用解析计算的手段来处理一个立体像对的影像信息，进而获取地面点的空间信息。空间后 - 前方交会用于计算地面点的空间坐标，这属于双像解析摄影测量的方法之一，其计算步骤如下。

1. 野外像片控制测量

运用空间后 - 前方交会法来计算点的空间坐标时，像对内至少应有 3 个及以上的已知控制点坐标。为降低误差，通常会在一个像对重叠区域的 4 个角上，找出 4 个显著的地物点（图 4-33）。

在野外辨认出地面的实际所在位置，并精确地在像片上标出各点的位置。按照规定，一般需要在像片的背面描绘出各点和周围地物关系的点位略图，同时，加以注释说明。当下的数字摄影测量系统通常要求制作出控制点点位图，然后通过普通测量计算的方式求出 4 个控制点的地面坐标。

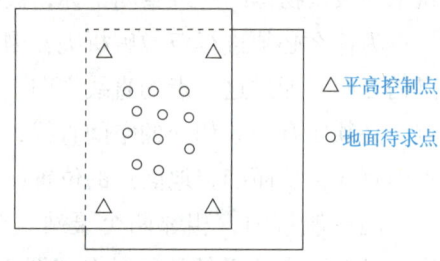

△ 平高控制点
○ 地面待求点

图 4-33 像对控制点及待求点示意图

2. 像点坐标测量

通过立体坐标量测仪（图 4-34）对同名像点实施坐标测量，在将放置于仪器上的像对进行归心定向之后，让立体坐标量测仪的测标立体准确切中要测量的像点，记录下相应读数鼓上的读数，然后依照公式计算出左、右同名像点的坐标。4 个地面控制点的相应像点及需要确定地面点坐标的像点坐标都需要进行测量。像点坐标涵盖了同名像点在左、右像片上的坐标值（x_1, y_1），（x_2, y_2）。

3. 空间后方交会计算像片的外方位元素

依据摄影资料获取像片的摄影参数，两张像片上均存在一定数量的控制点坐标及其像点坐标，所以，分别进行空间后方交会的计算，能够得出左、右像片共计 12 个外方位元素 X_{S1}、Y_{S1}、Z_{S1}、φ_1、ω_1、κ_1 和 X_{S2}、Y_{S2}、Z_{S2}、φ_2、ω_2、κ_2。计算环节的工作则需要用计算机编程实现。

图 4-34 像点坐标量测仪

4. 空间前方交会计算未知点的空间坐标

借助前面所计算得出的左、右像片外方位元素中的角元素，来求出左、右像片的方向余弦值，进而构建左、右像片各自的旋转矩阵 $\boldsymbol{R}_1$ 和 $\boldsymbol{R}_2$。然后，利用外方位元素中的线元素，根据公式 $B_X=X_{S2}-X_{S1}$、$B_Y=Y_{S2}-Y_{S1}$、$B_Z=Z_{S2}-Z_{S1}$ 分别计算出左、右像片摄影基线 B 的三个分量 B_X、B_Y、B_Z。再将所求点的像空间坐标 (x, y, z) 转换为像空间辅助坐标 (X, Y, Z)。最后，按顺序计算所求各点的地面坐标。

■ 4.3.7 立体模型相对定向

除了运用前、后方交会来求解地面点坐标外，解析相对定向和绝对定向同样是构建求解地面点模型的关键方法。相对定向和绝对定向的方法在数字摄影测量中也得到了沿用，与前、后方交会的数学计算方法相比，相对定向和绝对定向具备自身的几何意义。相对定向是构建一个与原地面相似的几何模型，其比例尺与方位都是随意的；绝对定向是通过放大、旋转和平移，把任意模型坐标转变为地面坐标，以此达成像点坐标和地面点坐标的转换。

解析相对定向是指借助立体像对摄影时，存在的同名光线对应相交的几何关系，基于测量的像点坐标，通过解析计算的方式（此时无须控制点坐标），求解两张像片相对方位元素的过程。用于描绘两张像片相对位置和姿态关系的参数，被称为相对定向元素。解析相对定向的目的在于建立一个与被摄物体相似的几何模型，然后确定模型点坐标。由于仅需像对内在的几何关系，所以不需要地面控制点。

相对定向元素和像片的外方位元素存在关联，能够通过部分外方位元素进行表述。相对定向元素用于刻画立体像对中两张像片的相对位置与姿态，所以，把像片在选定的像空间辅助坐标系中的位置和姿态界定为像片的相对方位元素。辅助坐标的选取一般有两种形式：连续法像对相对定向坐标系和单独法像对相对定向坐标系。相对应地，相对定向的方法也分为连续法相对定向和单独法相对定向两类。

（1）连续法相对定向。连续法相对定向是以左方像片作为基准，计算出右方位像片相对于左方位像片的相对方位元素。连续法相对定向的像空间辅助坐标系具备以下特点：坐标系的原点设定在左摄站点上；坐标轴与立体相对左像片的像空间坐标系保持重合；左像片的 6 个外方位元素为零。实际上，连续法相对定向是把左像片的像空间坐标系当作像对的像空间辅助坐标系。两张像片外方位元素的相对差表述为

$$b_x = X_{S2} - X_{S1} = X_{S2}$$
$$b_y = Y_{S2} - Y_{S1} = Y_{S2}$$
$$b_z = Z_{S2} - Z_{S1} = Z_{S2}$$
$$\Delta\varphi = \varphi_2 - \varphi_1 = \varphi_2$$
$$\Delta\omega = \omega_2 - \omega_1 = \omega_2$$
$$\Delta\kappa = \kappa_2 - \kappa_1 = \kappa_2$$

式中，b_y、b_z、φ_2、ω_2、κ_2 是 5 个相对定向元素，而 b_x 只决定了模型的大小，不影响相对方位，不能作为相对定向元素。采用 b_y、b_z、φ_2、ω_2、κ_2 作为相对定向元素的方法称为连续法相对定向，在相对定向过程中左像片不动，而右像片做在 Y、Z 方向上的平移运动和绕三轴的旋转运动，实现同名光线对对相交，从而建立一个相似模型。

连续法相对定向各个元素的推导属于一个繁杂的计算流程，在计算中牵涉矩阵的运算，需要运用迭代计算来求解，一直迭代到相对元素的改正数值小于某一限定差值（如 0.3×10^{-4}）为止。相对定向大多通过计算机编程来求解，其编程的流程如图 4-35 所示。

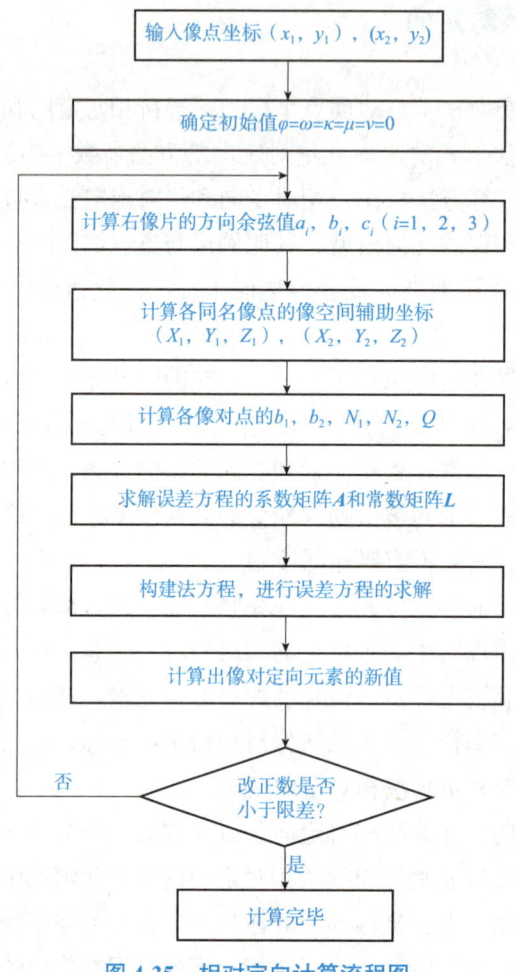

图 4-35 相对定向计算流程图

（2）单独法相对定向。单独法相对定向的像空间辅助坐标系是以摄影基线作为 X 轴，仍然以左摄影中心 S_1 为原点，左像片主光轴与摄影基线 B 组成的主核面（左主核面）为 XZ 平面，构成右手直角坐标系。此时，左、右像片的相对定向元素分别为：

左像片：$X_{S1} = Y_{S1} = Z_{S1} = 0$；$\varphi_1$，$\omega_1 = 0$，$\kappa_1$。

右像片：$X_{S2} = b_x$，$Y_{S2} = b_y = 0$，$Z_{S2} = b_z = 0$；φ_2，ω_2，κ_2。

因此，单独法相对定向的 5 个相对定向元素为 φ_1、κ_1、φ_2、ω_2、κ_2。

4.3.8 立体模型绝对定向

相对定向所建立的模型选取的坐标系是任意的，相对于地面坐标系的方位不明，比例尺也是随意的。为了明确立体模型在地面坐标系中的方位和大小，需要把模型坐标转变为地面坐标，这种坐标的变换被称为模型的绝对定向。绝对定向的目的在于将相对定向所建立的模型坐标归入地面坐标系统中，并规划成规定的比例尺。立体模型需要进行旋转（Φ，Ω，K）、平移（X_{tp}，Y_{tp}，Z_{tp}）和缩放（λ）才能变换为地面坐标。因此，绝对定向需要确定 7 个待定参数，也就是要经过 3 个角度的旋转、1 个比例尺缩放和 3 个坐标方向平移。

一个立体像对存在 12 个外方位元素，经由相对定向求出了 5 个相对定向元素，在绝对定向中，还需求解 7 个待定参数。立体模型需要进行旋转、平移及缩放之类的空间相似变换，这种变换在数学层面被称为不同原点的三维空间相似变换，其计算公式为

$$\begin{bmatrix} X_{tp} \\ Y_{tp} \\ Z_{tp} \end{bmatrix} = \lambda \begin{bmatrix} a_1 & a_2 & a_3 \\ b_1 & b_2 & b_3 \\ c_1 & c_2 & c_3 \end{bmatrix} \begin{bmatrix} X_p \\ Y_p \\ Z_p \end{bmatrix} + \begin{bmatrix} \Delta X \\ \Delta Y \\ \Delta Z \end{bmatrix} \quad (4\text{-}7)$$

式中，X_{tp}、Y_{tp}、Z_{tp} 为地面控制点的地面摄影测量坐标；X_p、Y_p、Z_p 为模型点的摄影测量坐标；λ 为比例因子；a_i、b_i、c_i 模型的 9 个方向余弦，由三个独立参数 Φ、Ω、K 确定，也是组成旋转矩阵 **R** 的元素；ΔX、ΔY、ΔZ 为摄影测量坐标系中的 3 个平移量。因此，7 个参数 Φ、Ω、K、λ、ΔX、ΔY、ΔZ 称为绝对定向元素。式（4-7）为解析法绝对定向的基本关系式。

4.4 解析空中三角测量

4.4.1 空中三角测量的概念

摄影测量工作需要一定数量的地面控制点。例如，在后方交会中，一张像片要知晓 3 个不在同一直线上的地面控制点，才能够求解像片的外方位元素；一个立体像对，需要 3 个地面控制点来求解像对的 7 个绝对定向元素，才可以把通过相对定向建立的任意模型归入地面摄影测量坐标系中；航摄像片和高分辨率的遥感影像进行正射纠正时，每张像片也都需要地面控制点。倘若这些控制点全都通过外业测定，则外业的工作任务量会极其巨大。摄影测量学的使命就是要最大限度地减少外业工作，所以，提出了解析空中三角测量的理念：在一条航带内的十几个像对中，或者几条航带的几百个像对构成的一个区域内，只测定少量的外业控制点，在内业中依照一定的数学模型平差计算出该区域内待定点的坐标，然后将其作为控制点用于双像测图、像片纠正等工作，如此就能很好地弥补双像解析

摄影测量的缺陷。解析空中三角测量就是把空中摄站及像片放置在整个测量网中，起到点的传递和构建网络的作用，所以通常被称为空中三角测量，也叫作解析空三加密。

4.4.2 空中三角测量的分类

1. 根据平差中采用的数学模型分类

（1）航带法。先通过相对定向和模型连接构建自由航带，将点在该航带中的摄影测量坐标当作观测值，通过明确非线性多项式中的变换参数，把自由网归入所需的地面坐标系中，并且让公共点上不符值的平方和达到最小。

（2）独立模型法。首先通过相对定向建立单元模型，把模型点坐标作为观测值，然后经由单元模型在空间的相似变换，将其纳入规定的地面坐标系中，同时使模型连接点上残差的平方和最小。

（3）光束法。直接从每幅影像的光线束着手，以像点坐标作为观测值，通过每个光束在三维空间的平移与旋转，让同名光线在物方最优地交会到一起，并将其纳入规定的坐标系，从而加密得出待求点的物方坐标及影像的方位元素。

2. 按照加密区域分类

（1）单模型法。单模型法是指在单个立体像对中，运用加密众多的点或者解析法高精度测定目标点的坐标。

（2）单航带法。单航带法是针对一条航带进行处理，其缺陷在于平差时无法估量相邻航带之间公共点的条件。

（3）区域网法。区域网法是针对由若干条航带（每条航带有若干个像对或模型）构成的区域进行整体平差，而区域网法依照整体平差时所采用平差单元的不同，又可分为以下三类。

① 航带法区域网平差：此方法把航带当作整体平差的基本单元。

② 独立模型法区域网平差：该方法将单元模型作为平差单元。

③ 光束法区域网平差：此方法把每张像片的相似投影光束作为平差单元，进而求出每张像片的外方位元素及各加密点的地面坐标。

4.4.3 光束法区域网空中三角测量

1. 主要内容

光束法区域网空中三角测量将每张像片所构成的一束光线作为平差的基本单元，把共线条件方程当作平差的基础方程。借由各个光束在空中的旋转和平移，使模型之间公共点的光线达成最佳交会，并使整个区域归入已知的控制点地面坐标系中。因此，需要构建全区域统一的误差方程式，整体求解全区域内每张像片的 6 个外方位元素，以及所有待求点的地面坐标，如图 4-36 所示。

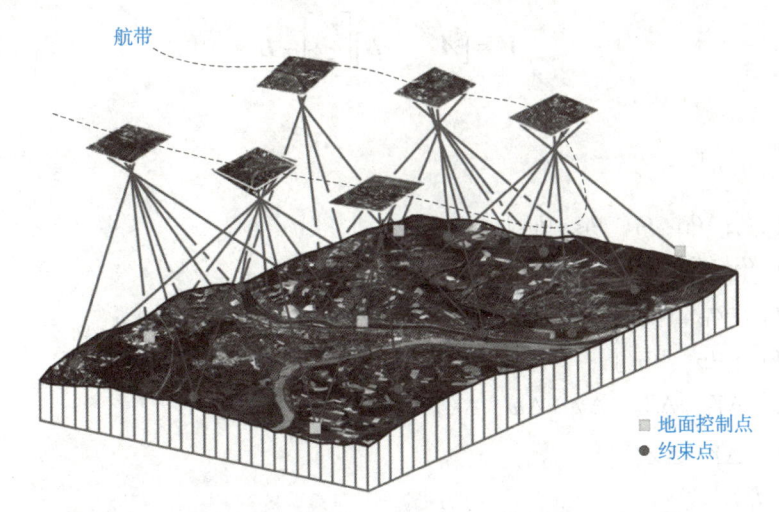

图 4-36 光束法区域网空中三角测量示意图（来自网络）

光束法区域网空中三角测量的主要内容包括以下几个方面：
（1）获取每张像片外方位元素和待定点坐标的近似数值；
（2）从每张像片上控制点、待定点的像点坐标出发，依照共线条件列出误差方程式；
（3）逐点法化构建改化法方程式，按照循环分块的求解办法，先求出其中的一类未知量，通常会先求得每张像片的外方位元素；
（4）依据空间前方交会求出待定点的地面坐标，对于相邻像片的公共点，应取其平均值作为最终结果。

在某些特定情形下，上述第（3）步也能够先消去每幅影像外方位元素的未知量而建立只包含坐标未知量的改化法方程式，直接求解待定点的地面坐标。

2. 误差方程式与法方程式的建立

与单张像片空间后方交会相同，光束法平差依旧将共线条件方程式作为基本的数学模型，像点坐标观测值属于未知数的非线性函数，依旧需要进行线性化。与单张像片空间后方交会有所不同的是，针对待定点的地面坐标（X，Y，Z）也要实施偏微分。所以，在线性化的过程中需要提供每张像片外方位元素的近似值和待定坐标的近似值，之后逐渐趋近以求出最优解。在已知内方位元素的情况下，将像点坐标视作观测值，其误差方程式能够表示为

$$\left.\begin{array}{l} v_x = a_{11}\Delta X_S + a_{12}\Delta Y_S + a_{13}\Delta Z_S + a_{14}\Delta\varphi + a_{15}\Delta\omega + a_{16}\Delta\kappa - a_{11}\Delta X - a_{12}\Delta Y - a_{13}\Delta Z - l_x \\ v_y = a_{21}\Delta X_S + a_{22}\Delta Y_S + a_{23}\Delta Z_S + a_{24}\Delta\varphi + a_{25}\Delta\omega + a_{26}\Delta\kappa - a_{21}\Delta X - a_{22}\Delta Y - a_{23}\Delta Z - l_y \end{array}\right\} \quad (4-8)$$

式中，v_x、v_y 为观测值 x、y 的改正数；ΔX_S、ΔY_S、ΔZ_S、$\Delta\varphi$、$\Delta\omega$、$\Delta\kappa$ 为外方位元素的改正数；a_{ij} 为误差方程的系数项；$l_x = x - (x)$，$l_y = y - (y)$，(x)、(y) 为把未知数的近似值代入共线条件式计算得到的像点坐标的近似值，当每一像点的 l_x、l_y 小于某一限差时，迭代计算结束。

式（4-8）写成矩阵形式为

$$V = \begin{bmatrix} A & B \end{bmatrix} \begin{bmatrix} t \\ X \end{bmatrix} - L \tag{4-9}$$

式中：

$V = \begin{pmatrix} v_x & v_y \end{pmatrix}^T$

$A = \begin{bmatrix} a_{11} & a_{12} & a_{13} & a_{14} & a_{15} & a_{16} \\ a_{21} & a_{22} & a_{23} & a_{24} & a_{25} & a_{26} \end{bmatrix}$

$B = \begin{bmatrix} -a_{11} & -a_{12} & -a_{13} \\ -a_{21} & -a_{22} & -a_{23} \end{bmatrix}$

$t = (\Delta X_S \quad \Delta Y_S \quad \Delta Z_S \quad \Delta \varphi \quad \Delta \omega \quad \Delta \kappa)$

$X = (\Delta X \quad \Delta Y \quad \Delta Z)^T$

$L = (l_x \quad l_y)^T$

对每个像点，可列出一组形如式（4-9）的误差方程式，其相应的法方程式为

$$\begin{bmatrix} A^T A & A^T B \\ B^T A & B^T B \end{bmatrix} \begin{bmatrix} t \\ X \end{bmatrix} = \begin{bmatrix} A^T L \\ B^T L \end{bmatrix} \tag{4-10}$$

用新的矩阵符号表示为

$$\begin{bmatrix} N_{11} & N_{12} \\ N_{21} & N_{22} \end{bmatrix} \begin{bmatrix} t \\ X \end{bmatrix} = \begin{bmatrix} M_1 \\ M_2 \end{bmatrix} \tag{4-11}$$

一般情况下，待定点坐标的未知数个数要远大于像片外方位元素 t 的个数，对式（4-11）消去未知数 X，可得未知数 t 的解为

$$t = (N_{11} - N_{12} N_{22}^{-1} N_{21})^{-1} \cdot (M_1 - N_{12} N_{22}^{-1} M_2) \tag{4-12}$$

通过式（4-12）求出每张像片的外方位元素后，再运用双像空间前方交会公式求出全部待定点的地面坐标，也能够利用多像片前方交会来获取待定点的地面坐标。

若是每幅影像的外方位元素是已知的，依据式（4-13）则能够列出空间前方交会点的误差方程为

$$\left. \begin{array}{l} v_x = -a_{11} \Delta X - a_{12} \Delta Y - a_{13} \Delta Z - l_x \\ v_y = -a_{21} \Delta X - a_{22} \Delta Y - a_{23} \Delta Z - l_y \end{array} \right\} \tag{4-13}$$

倘若有一个待定点跨越了多张像片，那么能够列出类似式（4-13）的 $2n$（n 为所跨像片张数）个误差方程式，把所有待定点的误差方程组成法方程式，求解出每个待定点的地面坐标近似值的改正数，将其与近似值相加就能得到该点的地面坐标。

3. 像片外方位元素和地面点近似值的获取

进行光束法平差，第一步需要明确外方位元素和待定点的近似值。光束法是以共线方程作为数学模型，接着进行线性化处理，并依照最小二乘法展开平差计算。在计算过程中需要以近似值为基础，进而构建法方程，并且逐次迭代逐渐接近最佳解。初始值的提供极

为重要，初始值越接近最优值，求解的收敛速度就越快，而不合理的初始值不但会影响计算的收敛速度，甚至有可能无法得到正确的解，致使结果发散不收敛，所以，在进行光束法平差之前选择合理的初始值是非常重要的。通常，确定像片外方位元素和地面点坐标近似值的方法有以下几种：

（1）借助航带法的测量成果。航带法空中三角测量，从理论上讲不是特别严密，精度也相对较低，但是其加密的结果用作光束法的初始值是最为理想的。具体的操作方式是：开展航带法空三测量，获取全测区每个像对所需测图控制点的地面摄影测量坐标，然后通过航带法求出各地面点坐标进行后方交会，计算出所有像片的外方位元素。这些数值作为光束法平差时未知数的初始值，对计算十分有利，这是确定光束法初始值的最佳方法。

（2）利用已有的旧地图。这种方法是将航摄像片和旧地图进行对照，找出在像片上和旧地图上都存在的明显地物的位置，在旧地图上读取点位坐标，再依据像片上像点的点位坐标确定摄站点的近似值。一般认为航摄近似竖直摄影，三个角元素本身就是小角，所以先设定为零。这种方法需要人工操作，工作量大且繁杂，即便生成数字地图也很不方便，因此很少被运用。

4.4.4 数字影像匹配技术

1. 数字影像匹配

数字摄影测量通过影像匹配取代了传统的人工观测，以此来达到确定同名点的目的（图4-37）。所以，怎样迅速确定同名点成了摄影测量三维立体模型的关键技术之一。最初的影像匹配是借助相关技术来实现的，其后又发展出了多种多样的影像匹配方法。

图4-37 影像匹配代替了人工观测（来自网络）

2. 影像相关原理

因为最初的影像匹配运用了相关技术，所以常常有人把影像匹配称为影像相关。如图4-38所示，影像相关是利用相关函数，对目标区与搜索区两块影像的相似性进行评估，从而确定同名点。也就是先取出以待定点为中心的小区域中的影像信号，接着取出其在搜索区影像中相应的影像信号，计算两者的相关函数，把相关函数最大值所对应的相应区域中心当作同名点，即把影像信号分布最为相似的区域作为同名区域，同名区域的中心点就是同名点。这便是自动化立体量测的基本原理。

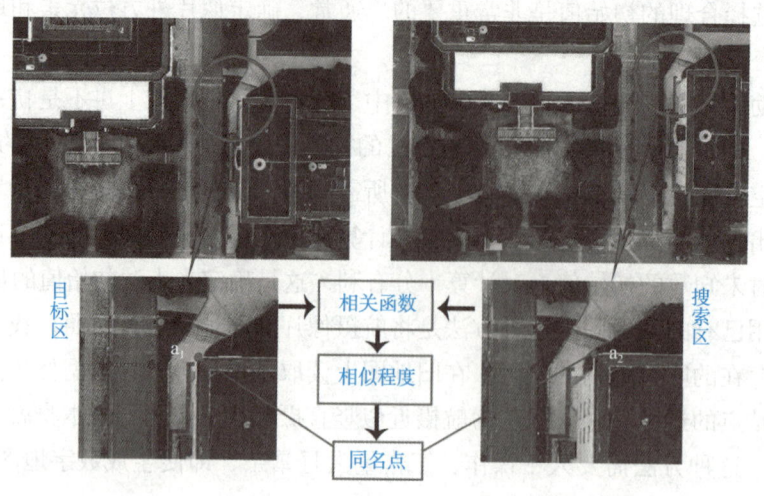

图 4-38　影像相关原理

3. 影像匹配方法

影像匹配的本质是在两幅或多幅影像中识别同名点的过程（图 4-39），是计算机视觉及数字摄影测量的核心问题，也是图像融合、目标识别、目标变化检测等问题中的一个重要前期环节。实际上，影像相关仅仅是影像匹配方法中的一种。

同名点的确定是以匹配测度作为基础的，所以定义匹配测度是影像匹配最为首要的任务。依据不同的理论或不同的思想能够定义各种各样的匹配测度，从而形成各种影像匹配方法及相应的实现算法。总体来说，匹配方法分为基于灰度的影像匹配和基于特征的影像匹配两类。基于灰度的影像匹配将小区域内的灰度分布作为匹配的基础，而基于特征的影像匹配又可以分为基于物方的影像匹配和基于像方的影像匹配。

（a）　　　　　　　　　　　　（b）

图 4-39　影像上的同名点识别（来自网络）

4. 几种典型的影像匹配算法

常见的基于像方灰度的影像匹配算法包含相关函数法、协方差函数法、相关系数法、差平方和法、差绝对值和法和最小二乘法（LSM）等；基于物方特征的影像匹配算法有铅垂线轨迹法（Vertical Line Locus，VLL）；基于像方特征的影像匹配法有跨接影像匹配法、金字塔多级影像匹配法、SIFT 影像匹配法等。接下来介绍三种典型的影像匹配算法。

（1）最小二乘法（LSM）。20世纪80年代，德国Ackermann教授提出了一种最小二乘法。影像匹配中判断影像相似度的度量很多，其中包括"灰度差的平方和最小"。若将灰度差记为余差v，则可写为

$$\Sigma vv = \min \tag{4-14}$$

所以，灰度差的平方和最小与最小二乘法的原则是相符的。然而在通常状况下，它并未考虑到影像灰度存在系统误差的情形，只是认为影像灰度仅存在偶然误差或随机噪声，即

$$n_1 + g_1(x, y) = n_2 + g_2(x, y) \tag{4-15}$$

或

$$v = g_1(x, y) - g_2(x, y) \tag{4-16}$$

实际上，一幅影像灰度误差同时包含着偶然误差和系统误差。系统误差主要是由辐射畸变和几何畸变构成的，如图4-40所示。其中，辐射畸变涵盖了照明和被摄影物体辐射面的方向问题、大气与摄影机物镜导致的衰减情况、摄影处理条件的差别，以及影像数字化过程中产生的误差等。几何畸变包含因摄影机方位不同而产生的影像的透视畸变、影像倾斜拍摄、地形起伏等引发的各类畸变。

图4-40 影像辐射畸变与几何畸变

如果在影像匹配中引入这些辐射畸变和几何畸变的变形参数，同时，按$\Sigma vv = \min$的原则求解变形参数，以达到提高影像匹配的精度，就构成了最小二乘法。

依据所考量的畸变因素的差别，最小二乘法通常能够划分为三类：只考虑影像相对移位的一维最小二乘匹配、只考虑辐射畸变的最小二乘影像匹配，以及同时兼顾几何畸变和辐射畸变的最小二乘影像匹配。与此同时，两个二维影像之间的几何变形不仅存在相对移位，还存在图形变化——仿射变换，如图4-41所示。

在影像匹配中如果同时引入几何畸变和辐射畸变的变形参数，按最小二乘法的原则求解这些参数，可以使精度达到1/10甚至1/100像素的高精度（图4-42）。

（2）铅垂线轨迹法（VLL）。铅垂线轨迹法来源于解析测图仪。如图4-43所示，假设在物方有一条铅垂线，则它在影像上的投影也是一条直线，其与地面交点A在影像上的构像必定位于相应的"投影差"上。利用VLL搜索相应的像点a_1与a_2，从而可以确定A点的高程。

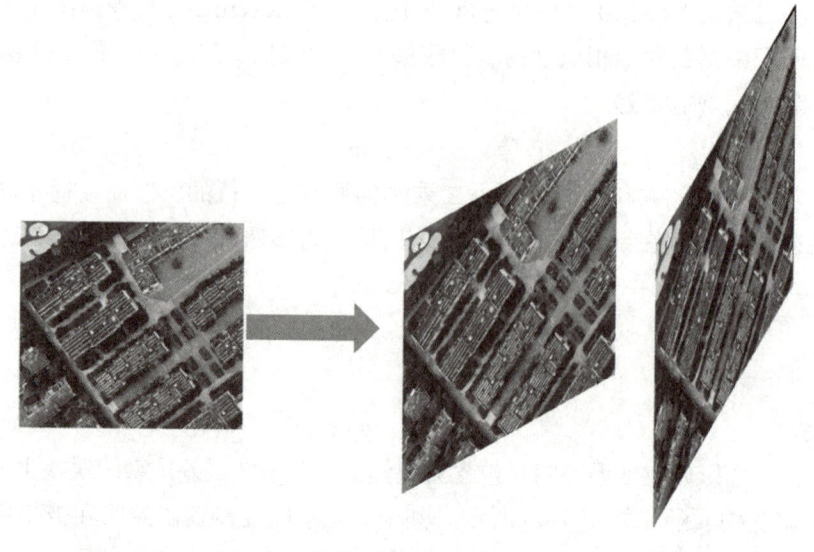

图 4-41　影像几何变形中的仿射变换

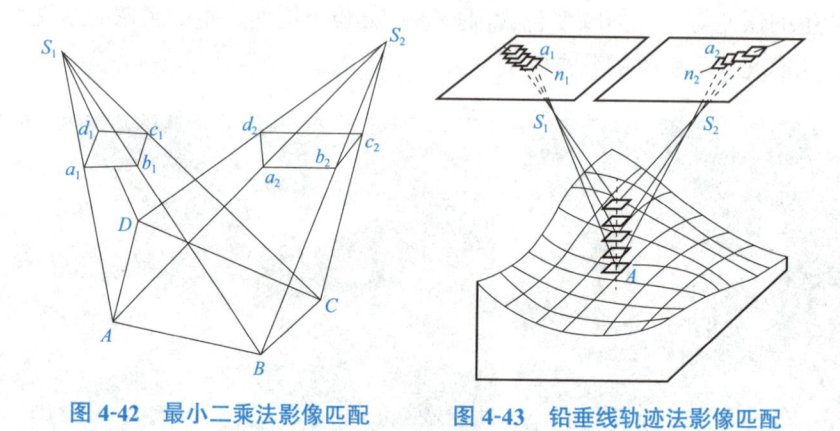

图 4-42　最小二乘法影像匹配　　图 4-43　铅垂线轨迹法影像匹配

（3）SIFT 影像匹配法。SIFT 即尺度不变特征变换。如图 4-44 所示，基于 SIFT 影像匹配可分三步：第一步，构建图像的多尺度空间，于不同尺度下检测出同一个特征点，明确特征点的位置并且确定其所在的尺度，去除掉一些对比度较低的点及边缘点；第二步，由特征点的邻域梯度信息生成相应的特征向量，一般取 8×8 的窗口，用梯度位置和方向的三维直方图来描述图像局部特征；第三步，利用两幅影像特征向量的欧式距离判断特征点的相似性，同时剔除匹配错误的点。

图 4-44　SIFT 影像匹配（来自网络）

4.5 正射影像

4.5.1 正射影像的基本知识

伴随计算机技术与数字图像处理技术的进步，摄影测量从模拟摄影测量发展至当下的数字摄影测量，数字正射影像（Digital Orthophoto Map，DOM）成为数字摄影测量的主要成果之一。当下，数量越发增多的数字正射影像被运用在国民建筑的各个领域，发挥着日益重要的作用。本节重点阐述数字正射影像的概念、特点及生产流程等内容。

1. 概念

数字正射影像是借助数字高程模型（DEM）针对数字化航空摄影影像或高分辨率遥感影像，通过对逐像元进行投影差改正、镶嵌，再依照国家基本比例尺地形图幅进行裁切而生成的数字正射影像数据集，其同时具备地图的几何精度和影像的特征，是一种图像。数字正射影像凭借逼真的影像、丰富的色彩，客观地展现地表现状，拥有传统影像图和数字线划地图无法比拟的长处。

数字正射影像的地面分辨率是指数字正射影像图上最小单位（一个像素）所代表的实地距离。正射影像分辨率的大小与摄影时的比例尺和像片扫描分辨率存在关联。正射影像分辨率的高低与摄影时的比例尺大小成正比关系，扫描分辨率的高低和正射影像分辨率的高低同样成正比关系。例如，一张 23 cm×23 cm 的像幅、航摄比例尺为 1/10 000 的原始航片，假定扫描分辨率是 21 μm，则它在 x 方向上的像素数是 $23×10^2/0.000\ 021=10\ 952$，其影像地面分辨率是 $23×10\ 000/10\ 952 = 0.21$（m）。数字正射影像的地面分辨率的计算公式为

$$数字正射影像的地面分辨率 = 原始航片的航摄比例尺分母 × 扫描分辨率$$

每幅正射影像的精度永远是其制作时的成图精度。例如，一幅按 1/5 000 成图要求制作的 0.5 m 分辨率的正射影像，如果将它按 1/2 000 出图，它的精度仍是制作成图时要求的 1/5 000 的精度。因此，数字正射影像的地面分辨率越高，它所能达到的出图比例尺就越大，当然它的文件数据量也会成倍增长。

如今，生产正射影像的数据来源主要有两类：其一是数字航空摄影所拍摄的航片（图 4-45）；其二是高分辨率的遥感影像（图 4-46）。生产正射影像图的方式主要有全数字摄影测量系统和单片微分纠正两种，但是它们的基本原理颇为相似，都是依靠 DEM 和原始影像来生成正射影像。在生产过程中，往往会依据设备状况、地形状况和影像状况将这两种方法结合起来使用。

2. 数字正射影像的制作方法

（1）全数字摄影测量法。在数字摄影测量工作站中，对数字影像完成内定向、相对定

图 4-45　数字航拍制作的 DOM 　　　　　图 4-46　高分辨率遥感影像制作的 DOM

向、绝对定向后，构建出 DEM，依照反解法进行单片数字微分纠正，把单片正射影像进行镶嵌，然后按照图幅进行裁切从而得到一幅数字正射影像图，并且进行地名注记、公里格网及图廓整饰等操作。具体生产流程如图 4-47 所示。

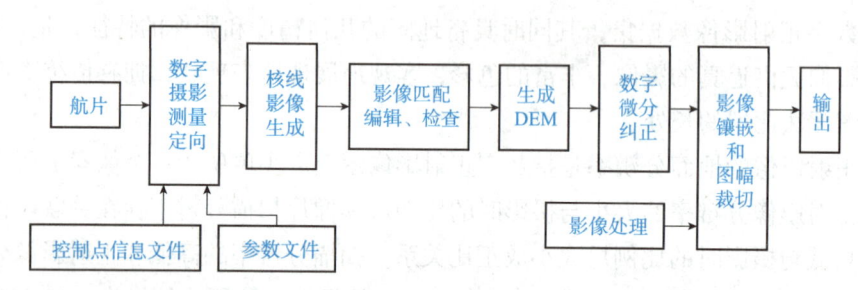

图 4-47　数字摄影测量工作站制作数字正射影像具体流程图

国内主要的数字摄影测量工作站有 VintuoZo 系统数字摄影测量工作站、JX-4 DPW 系统和 MapMatrix 系统。其中，VintuoZo 系统能够通过对 DEM 的检测及编辑来提升 DOM 的精度，还能够在像片之间、图幅之间进行灰度接边，以此确保影像色调的一致性，另外，还具备单片数字微分纠正的模块。而 JX-4 DPW 是一套基于 Windows NT 的数字摄影测量系统，由于其对 DEM 的编辑采用的是单点编辑，并且该系统还具有针对 DOM 的零立体检查的功能，所以，生产 DOM 的精度较高。MapMatrix 系统在生产 DOM 的过程中强化了匀光匀色的功能，还开发了专门用于生产和编辑 DOM 的 EPT（易拼图）软件。

（2）单片数字微分纠正。倘若一个区域内已经有 DEM 数据及像片控制成果，则可以直接运用该成果数据来制作 DOM。首先对航摄负像进行影像扫描，其次依据控制点坐标进行数字影像内定向，最后凭借 DEM 成果展开数字微分纠正。

（3）正射影像图扫描。若是已有通过光学投影制作的正射影像图，直接对光学正射影像图进行影像扫描数字化，再经过几何纠正就能够获取数字正射影像数据。几何纠正就是直接针对扫描图像的变形进行数字模拟。扫描图像的总体变形能够看作是平移、缩放、旋转、仿真、偏扭、弯曲等基本变形的综合作用结果。能够用一个恰当的多项式来表达纠正前后同名像点之间的坐标关系式。

3. 数字正射影像的特点

（1）数字正射影像图和我们平常所接触的地图相同，不存在变形情况，它是地面信息在影像图上真实且客观的呈现。

（2）数字正射影像既具备地图的几何精度，又具有影像特征，所包含的信息远比普通地形图丰富，而且更具有可读性。

（3）DOM 是数字化的，所以在计算机上能够进行局部开发放大，具备良好的判读性能、测量性能和管理性能。

（4）数字正射影像具有精度高、信息丰富、直观真实、制作周期短等特性。DOM 在生产时人工干预较少，大部分依靠计算机自动操作来完成，因而能够快速成图。而数字线划地图则必须进行人工判读和解译，生产周期长，耗费时间和精力。

（5）DOM 能够作为独立的背景层，与地名注名、图廓线公里格、公里格网及其他要素层相结合，制作各类专题图。

（6）DOM 能够作为背景控制信息，用于评估其他数据的精度、现实性和完整性。与一般像片相比，数字正射影像拥有众多优点，两者的对比情况见表 4-1。

表 4-1　数字正射影像与一般像片的区别

比较项目 类别	数字正射影像	一般像片
投影方式	正射投影	中心投影
比例尺	固定	随机变化
坐标系统	存在	无
倾斜误差	无	有
投影差	地面上不存在	有
影像拼接	容易且精确	困难且粗略
与矢量叠加	可以	不可以

4. 数字正射影像的应用

数字正射影像属于一种新型的数字测绘产品，是具有广阔应用前景的基础地理信息数据。它通过逼真的影像、丰富的色彩，能够客观地反映地表现状，与数字线划地图相比，具有地面信息丰富、地物直观、工作效率高、成图周期短的特点，并且数字正射影像图的数据也便于应用。

（1）数字正射影像在测绘生产中的应用。数字正射影像图既拥有地物注记、图面可测量性等常规地形图的特性，又具有丰富、直观的影像信息。利用正射影像图勾绘地物图形来进行地形生产，就是曾经广泛应用的像片图测图，这种技术如今仍具有生命力。当下很多省份的 1∶10 000 地形图、2007 年开始的全国第二次土地调查等，都是采用数字线划地图（DLG）叠加数字正射影像来进行外业调绘。数字正射影像图还能够用于修测地形图。由于制作原因，正射影像上的建筑物依然存在投影差，但对于低层建筑或小比例尺地形图而言，投影差能够忽略不计。鉴于地形图生产周期长、更新速度慢，而正射影像生产周期短，利用正射影像快速修测小比例尺地形图是一种简便、有利的方法。

（2）GIS三线图的采集与更新。随着GIS应用越发广泛，所发挥的作用日益增大，对基础的地形数据，尤其是三线（道路、铁路、河流）数据的需求不断增加，这就对三线图的精度、现势性，以及今后的更新与维护提出了更高的要求。然而，利用传统的修测方法很难保障其精度，仅对三线数据进行实测更新，在经济上又存在较大的浪费，所以，利用数字正射影像对三线数据进行更新无疑是经济实用的方法。通过将数字正射影像与已有的三线数据叠加，在影像上直接提取数据，就能完成三线数据的更新与维护。

（3）数字正射影像图在土地变化方面的运用。数字正射影像图的像幅范围大、信息量丰富、获取便捷、更新迅速，能够及时为土地决策部门提供所需的信息。通过系列数字正射影像图的定期（如三年期、五年期、十年期、二十年期、五十年期）对比，能够了解现代城市的建设发展历程，体现城市、环境及土地利用等方面的发展变化，得到相应的土地利用类型分类图，还能够对这些分类图进行数据叠合等处理，获取土地利用的动态变化信息。正射影像资料具有宏观、快速、动态、综合的优势，数字正射影像图资料能够为编制国土规划和地区经济规划提供国土资源（自然资源和社会资源）、环境和自然灾害调查与分析评价的资料等。

（4）数字正射影像图在城市规划中的应用。在城市规划设计、建设和管理过程中，数字正射影像图提供了大量的信息，以直观、翔实的影像反映出许多实地勘察中的盲点，利用数字正射影像能够更真实、直观地了解城市的地形地貌及环境状况。同时，利用数字正射影像图作为规划底图，能够使规划内容与周边环境的关系更加清晰，在旧区改造、历史古建筑保护、城市重点区域和地区标志性建筑的规划设计中能够发挥十分重要的作用。

在城市规划建设方面，可以利用数字正射影像图进行范围的标定，并且能够及时提供坐标并计算出相应的面积，直观地反映该区域的现状及相关情况。通过数字正射影像图标定区域后，能够在正射影像图上进行设计区域规划建设的效果图和虚拟三维地图，在规划设计时就能知晓未来该区域的情况，切实体现所示区域性规划的效果。此外，与地理信息处理软件和规划设计、建筑设计的综合应用能够精确地设计出未来城市的风貌。

（5）利用数字正射影像制作三维景观模型。作为模型化的城市现状的表现形式，城市景观模型对于总体规划设计思想的形成，以及把握城市建设和发展的方向具有重要意义。传统的城市景观模型是用纸板或其他材料制作的非数字式模型，若要做得逼真，就会耗费大量的时间和金钱。用数字正射影像制作三维景观具有极为广阔的发展前景，能够为城市规划的成功决策提供最基础、最直观的技术支持，电子沙盘景观更加真实，携带更加方便，更新也更加容易。此外，三维景观会为公安部门、消防部门的警力部署，电力部门的线路架设及交通部门的管理调度提供巨大的支持和再现。

5. 数字正射影像的精度控制及成图质量要求

（1）精度控制。

①DEM检查。在制作DOM时会存在接边情况。接边不但涉及几何精度方面的问题，

还涉及不同影像间的色调差异问题，所以需要检查 DEM 是否接边。在确保接边没有错误的情况下对 DEM 进行镶嵌，同时，保证测区外围接边图幅的 DEM 数据完整，以防止 DOM 外扩尺寸不符合规范要求。

②与已有矢量图套合开展目视检查。例如，在 MapMatrix 中参照 DLG 和 DOM，通过目测法检查影像与矢量的套合情况。这样，能够发觉影像局部存在的位移变形，如影像上山头与等高线不吻合、桥梁和高架路出现偏移等状况。

③野外检测。可以将明显地物点的外业实测坐标和数字正射影像上同名像点坐标进行对比。

（2）成图质量要求。数字正射影像图的成图质量要求涵盖：整幅图色彩均衡，色调统一；图像清晰，色彩自然，层次分明，通过目视能够明显区分不同地物；目视没有明显的曝光不足和曝光过度等现象，并且不存在明显的噪点，从数学角度看色彩直方图较为均衡；没有地物出现拉花现象、扭曲变形错位等情况；每个像素对应实际地面具有相同的空间分辨率；每幅图的图幅范围（对应地表的范围）均是按照要求起始和终止的；每幅图上的像素对应的地理坐标与实际地面的地理坐标误差都在限差范围内，表现在几何精度符合规定范围；每幅图和相邻图幅在地理坐标和像素颜色上都是零误差接边的。

4.5.2 像片纠正

1. 像片纠正的概念

将竖直摄影的航摄像片经由投影变换，消除因像片倾斜而导致的像点位移，并对地形起伏引起的像点位移进行限制或消除，获取相当于航摄像机物镜主光轴在铅垂位置摄影的水平像片，同时，对规定的成图比例尺进行改变，这样的作业过程被称为像片纠正，其实质是将中心投影的像片转变为具有正射投影性质的像片。当像片水平且地面为水平状态时，航摄像片就相当于该地区比例尺为 $1:M(=f/H)$ 的平面（正射影像）图。像片纠正的对象主要是单张像片。

像片纠正的方法经历了从模拟纠正到数字纠正的转变。伴随计算机技术和数字图像处理技术的进步，数字摄影测量已替代模拟和解析摄影测量，成为摄影测量发展的主流，同样地，模拟纠正也已被数字纠正所取代。当下对于像片的纠正大多采用基于计算机技术的数字纠正，所以，本节主要对数字纠正进行介绍，其他方法仅做简要说明。

2. 像片纠正的分类

像片纠正的方法可分为光学纠正法和数字纠正法两大类，其中，光学纠正法依照所摄地区的地形条件又可分为光学机械纠正法（适用于平坦地区）和光学微分纠正法（适用于山地）。光学纠正法通常需要运用专业的仪器——光学纠正仪，而数字纠正法仅需在计算机上借助相关软件就能完成。当下，数字纠正法是像片纠正的主要手段。

（1）光学机械纠正法。通过光学机械纠正法对航摄影像予以纠正，属于摄影测量的传统方式，此方法主要针对平坦地区，通常使用光学纠正仪来进行正射纠正。

光学机械纠正法的原理如图 4-48 所示，P、S 和 T 分别表示摄影时的像片平面、投影中心和水平地面，摄影航高为 H，水平地面 T 上的 A、B、C、D 四点，在像片平面 P 上的构像为 a、b、c、d。

在室内，利用光学投影仪器建立起与摄影光束相似的投影光束，再按一定的比例，如 H/M，安置水平的承影面 E，并用灯光从上面照明负像，使影像通过投影物镜投射到承影面 E 上得到 a_0、b_0、c_0、d_0，它们与像片平面 P 上的 a、b、c、d 互为投影关系，而且组成的几何图形与水平地面点 A、B、C、D 组成的几何图形相似。如果在承影面 E 上放置相纸，经曝光和摄影处理后，得到所摄地区比例尺为 1：M 的部分正射影像图，将某一地区的纠正像片一次性进行纠正并加以拼接镶嵌，便能得到整幅的像片图，称为像片平面图或正射影像图。在光学纠正仪上实施纠正操作时，必须满足几何条件和光学条件。几何条件是指承影面上的影像和水平地面上相应点构成的图像保持几何相似。而光学条件是在满足几何条件、建立起透视对应关系之后，确保在承影面上获取全面清晰的影像，也就是要符合光学共轭条件。

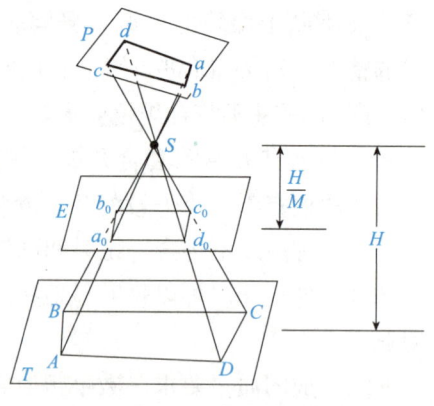

图 4-48　投影变换

光学纠正仪的具体操作流程如下：首先在像片需要纠正的范围内，至少选取 4 个已知的控制点；其次将这些控制点按照图比例尺刺在图底上；最后进行纠正，通过人工平移、旋转图底，以及操作光学纠正仪使图 4-49 中的底点与承影面上的点（像点投影在承影面上的点）完全重合，即完成纠正。

从理论上来说，只有在真正平坦地面拍摄的航摄像片才适宜进行纠正，但在实际作业中，只要任一点在规定比例尺的底图上产生的投影差 Δh 不超过 ± 0.4 mm，就能够采用光学机械纠正方法。在一张纠正像片的作业区域内，如果所有像点的投影差都不超过这个数值，这样的地区就被称为平坦地区。在这类地区，只要把倾斜误差设法消除，即便忽略投影差的影响（实际上是将其限制在某一微小范围内），依旧能够保证成图精度。对于投影差超出限差且属于丘陵的地区，可以运用分带纠正的方式，即依照像片使用范围内的高差，将其划分成不同高度的若干个带。针对不同高度的带，分别采用不同的纠正比例尺，分别进行纠正，让每一带的所有点在底图上的投影差都不超过规定的 ± 0.4 mm。而对于山地的航摄像片则采用光学微分纠正法。

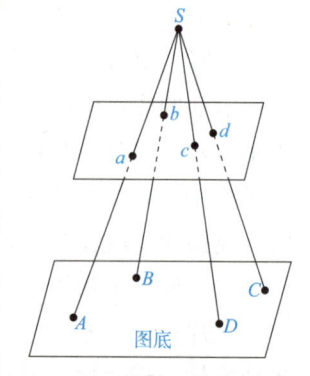

图 4-49　对点纠正

（2）光学微分纠正法。对于所有点在底图上的投影差超过规定的 ± 0.4 mm 且属于山地的航摄像片，可以进行一定程度的近似处理，也就是使用一小块面积作为一个纠正单元来进行纠正。最为常见的小面积呈现为线状面积，也就是一个纠正单元，也叫作缝隙，其宽度为 0.1～1.0 mm 级别，长度也仅有几毫米，使用这样一个呈线状面积的小块沿着扫描方向连续移动，这种纠正方法被称为光学微分纠正法，也称为正射投影技术（图 4-50）。对于山地影像，在正射投影仪上，把影像分解成小面元的集合，以小面元作为纠正单元，按照小面元的断面高程来控制纠正元素，通过投影变换来实现纠正。

光学微分纠正需要在专门的正射投影仪上展开，存在直接微分纠正和间接微分纠正两种方式：直接投影方式（中心投影关系）是指像片平面与纠正基准面处于满足相似光束像片纠正的几何条件和光学条件的位置，投影摄像光线采用恢复了像片的内、外方位元素的中心投影光线；而在间接投影方式中，像片平面与纠正承影面的位置是任意的，通常采取两平面相互平行，并且垂直于纠正单元基准面的投影摄像光线，图点与像点之间的关系通过函数关系来表达。

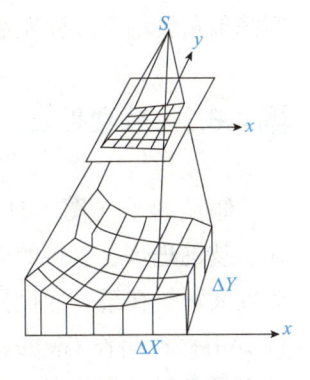

图 4-50　光学微分纠正

4.6　倾斜摄影

4.6.1　倾斜摄影的概念

倾斜摄影测量技术最早可以追溯到第一次世界大战，近十几年发展较为迅速。摄影时同时获取垂直与倾斜的摄影像片，从多个不同的视角同步采集地物的影像，不但能够真实地展现地物的几何特征，高精度地获取地物的纹理信息，而且还能够生成逼真的三维纹理城市模型，也就是实景三维模型，极大地减少了传统三维模型数据采集在经济和时间方面的代价。同时，倾斜摄影测量还可以真正实现裸眼观察三维模型及立体量测，摆脱了传统摄影测量对立体眼镜的依赖。

自然资源部于 2019 年的全国国土测绘工作座谈会中透露，实景三维中国建设会成为"十四五"期间基础测绘重点关注的方向。重庆市历时三年完成了全市域多源多尺度实景三维建设。实景三维已经广泛应用于应急指挥、国土安全、城市管理和房产税收等行业。

4.6.2　倾斜摄影的测量原理

传统的摄影测量主要采用垂直摄影，仅对地形地物顶部区域有较好的信息获取能力，而对侧面纹理和其三维几何结构等信息获取十分有限。倾斜摄影的出现弥补了传统垂直摄影的信息盲区，不仅能够对地物侧面提供大量的信息描述，基于倾斜摄影构建的真三维模型，还为我们呈现了一个更符合大众视觉体验的虚拟世界。

倾斜摄影测量的基本原理：在飞行平台上装载多台传感器，同步从垂直及倾斜等不同方向对地面目标进行影像采集，从而获取目标地物完整且准确的纹理信息，其核心在于借助传感器获取目标区域全方面的影像或点云信息。简单来说，倾斜摄影测量就是除了获取垂直摄影外，还获取倾斜摄影，而倾斜摄影是相机主光轴有一定倾斜角时拍摄的影像，按照倾斜角大小可以分为垂直视角、轻度倾斜、高度倾斜和水平视角等。

4.6.3 软硬件发展历程

倾斜摄影（图 4-51）测量的发展离不开科技的进步，直接的表现就是软硬件的快速发展。早在第一次世界大战期间，就有飞行员用一种叫作 Graflex 的相机拍摄倾斜航空影像进行战场侦察。早期的倾斜相机受材质的影响都比较笨重，从而限制了其应用；1904 年将八镜头相机搭载在飞艇上用于航空摄影；1926 年研制的九镜头相机用于测量南极；20 世纪 30 年代 Fairchild T-3A5 相机系统创新性地采用了一个垂直相机和四个倾斜相机组成的马耳他十字结构（Maltese Cross），这也是现在主流倾斜摄影测量相机设备结构。

图 4-51 倾斜摄影（来自网络）

现在主流的两套国外倾斜摄影相机如下：

（1）徕卡 RCD30 Oblique 倾斜相机具有 8 000 万像素，其主要特点是可随意切换成三视模式或五视模式。三视模式时，镜头倾斜角为 45°；五视模式时，镜头倾斜角为 35°，下视影像与倾斜影像间均有重叠。

（2）微软 UltraCam Osprey 倾斜相机有 4 个下视镜头和 6 个倾斜镜头，其下视全区域视场角在旁向和航向分别为 69° 和 48°；倾斜旁向视场角可达 115.4°，航向视场角可达 107°；倾斜左、右视域均与下视域具有一定的重叠。

以下为两款国产的倾斜摄影相机设备：

（1）四维远见 SWDC-5 倾斜相机由 1 个下视镜头和 4 个倾斜镜头组成，共有 1 亿个像素。其特点是相机焦距可选，倾斜角（如 45°）可定制，最短曝光时间为 0.8 s。

（2）中测新图 TOPDC-5 倾斜相机也是由 1 个下视镜头和 4 个倾斜镜头组成，共 8 000 万个像素，其特点与 SWDC-5 相近，但最短曝光时间稍微长一些（3.5 s）。

目前，还有一些小型的倾斜相机可搭载在无人机上，包括红鹏的小金牛倾斜相机、大势智慧双鱼倾斜相机、中海达 Q5 倾斜相机等。在倾斜摄影测量数据处理软件方面，主要有美国的 Smart3D（Context Capture）、3D MAX、PhotoScan，法国的街景工厂（Street Factory），瑞士的 Pix4D，以及中国的 DP-Modeler 等。

4.6.4 倾斜摄影测量技术流程

倾斜摄影测量技术流程与传统摄影测量技术流程有很大的相似之处，同样包括航摄设计、空域申请、摄影、像控点布设及测量、空三加密等。根据倾斜相机的不同，较为成熟的倾斜摄影测量数据获取方案分为三种：第一种是大型航空器或直升机 + 大型机载倾斜相机；第二种是直升机或轻型机 + 中型倾斜相机；第三种是无人机 + 轻型倾斜相机。其中，第三种方式已成为倾斜摄影测量的主流。

倾斜摄影测量技术处理的不同之处在于，由于所需成果的不同导致产品加工程序有所差异。总之，倾斜摄影测量需要三维重建、三维一体化模型、单体化建模等程序。数据处理通常要考虑两个方面：一方面是倾斜摄影测量数据处理软件；另一方面是支持软件所需的硬件设备条件。通常，倾斜摄影测量对计算机性能要求比传统摄影测量高。下面以 Smart3D 软件为例说明倾斜摄影测量数据处理程序。

Smart3D 实景建模大师的两大模块是 Smart3D 实景建模大师主控台与 Smart3D 实景建模大师引擎端。它们都遵循主从模式，实景建模大师主控台是 Smart3D 实景建模大师的主要模块，可以通过图形用户接口向软件定义输入数据、设置处理过程、提交过程任务、监控这些任务的处理过程与处理结果可视化等。自动建模数据处理流程包括新建工程、数据导入、控制点影像关联、提交空三任务、提交重建任务和成果提交 6 个步骤。在倾斜摄影测量流程中，单体化建模相对要复杂一些，需要加入实景模型数据进行单体处理，这里暂不展开讨论。

4.6.5 倾斜摄影成果及应用

倾斜摄影成果比较直观，如图 4-52 所示是某村庄整体模型实例。倾斜摄影三维模型可用于展现建筑物单体效果、群体效果、环境景观效果，以及不规则建筑物等实景三维效果。同时，这些成果可继续深加工成所需的 4D 产品。在应急指挥、模拟飞行、不动产登记、户籍管理、空间规划、交通导航、水利建设和景区管理等各个领域具有广泛应用。

图 4-52 倾斜摄影的应用实例

倾斜摄影测量近年来发展较为迅猛，将在以下几个方面进一步发展：空地数据联合配准；纹理单一影像匹配；"半自动交互式精修重建工具"开发；提高不规则模型还原度，优化关键环节，提高处理效率等。相信不久的将来随着软硬件技术的进步，倾斜摄影测量应用越来越普及，将服务于更多行业与领域，而应用领域的创新将是倾斜摄影测量市场不断发展壮大的关键所在。

本章小结

本章节中，学习了中心投影成像、中心投影与正射投影的区别，理解了投影中各类点、线、面要素的含义及它们之间的几何关系，进而通过点、线、面之间的变化规律理解像点位移、航摄像片的内外方位元素；通过探究像片的内外方位元素之间的数学关系认识其计算路径，从而理解立体像对的概念，并理解立体像对定向、空间后-前方交会求解地面点坐标、相对定向与绝对定向的原理与算法；此时，空中三角测量的概念与分类、光束法区域空中三角测量、数字影像匹配的算法原理理解起来就不难了，顺理成章就能正确认识正射影像与倾斜摄影的原理、特点，分辨它们的区别，并能适当思考它们各自的适用场景。

【课后练习】

一、简答题

1. 什么是中心投影？
2. 方位元素在常见摄影测量坐标系转换中起什么作用？
3. 双像解析测量通过像点获得对应地面点坐标的视线途径有哪些？
4. 航带法区域网空中三角测量的重点及难点有哪些？
5. 空中三角测量有哪些新发展？给传统摄影测量作业带来了哪些变革？
6. 影响匹配对数字摄影测量有什么重要作用？

二、思考与实践

1. 利用细竹签、A4纸、热熔胶等工具，制作图4-1～图4-5中任意一图的模型，加深对投影和中心投影的理解。
2. 准备2～3组倾斜摄影像片，每组像片5～8张（需为同一建筑物不同角度的像片），根据像片尝试手绘或利用计算机软件模拟该建筑物的原貌。通过实验体会如何通过影像匹配从摄影像片得到被测对象的原貌信息。

第 5 章　无人机航空摄影测量

学习目标

1. 知识与能力

（1）了解无人机航测在土地利用规划、国土空间规划、地质勘查、环境保护、消防应急等领域的应用；

（2）掌握无人机航拍流程；

（3）掌握航拍技巧、地形图绘制、外业数据采集等基本技能；

（4）掌握常用型号无人机的各项功能与技术参数；

（5）能够规划航拍路线，高效、安全地执行飞行任务；

（6）能够平稳操控无人机航拍；

（7）能够处理无人机常见的问题。

2. 素质与养成

（1）树立科学技术发展自信；

（2）培养发现问题、分析问题和解决问题的能力；

（3）培养谦虚谨慎、安全第一的职业态度。

5.1　无人机航空摄影测量的基础

随着社会的发展，航测的应用领域不断扩展。在环境保护方面，航测可以帮助人们监测和评估土地利用变化、森林覆盖率、湿地保护等情况；在公共安全方面，航测可以用于灾害预警、应急救援、犯罪监测等领域；在城市管理方面，航测可以帮助国土空间管理、土地调查、城市监测等领域提高工作效率和精度。

总之，航测作为一种重要的技术手段，在各个领域都发挥着重要的作用。随着技术的不断进步和应用需求的不断增加，航测的定义和目的将继续扩展和深化，为人类社会的发展提供更加全面和精准的服务。

5.1.1 航空摄影测量

根据摄影时摄影机所处位置的不同，摄影测量学由地面摄影测量、航空摄影测量和航天摄影测量三种测量方式组成。其中，地面摄影测量用于小范围的地形测量和工程测量等，其方法是将摄影机安置在地面上，对目标进行摄影（图5-1）。航空摄影测量是将摄影机安装在飞机上，对地面进行摄影，航空摄影测量是摄影测量最主要的方式（图5-2）。航天摄影测量又称为遥感技术，多用于资源调查、环境保护、灾害监测、农业、林业、气象、地质调查、地形测绘和军事侦察等大面积测量领域，测量方式相对前两个技术要求更高，它是把传感器安装在人造卫星、航天飞机上，对地面进行遥感测量（图5-3）。

图 5-1　地面摄影测量（来自网络）

图 5-2　航空摄影测量（来自网络）

航测最初主要集中在航空摄影和地形测量上，其目的是获取高分辨率的图像和精确的地形数据。然而，随着卫星遥感、无人机等新型技术的发展，航测的范畴已经扩展到包括从空间对地球表面进行观测和测量的技术。这使航测的应用范围更加广泛，不仅局限于传统的地理信息产业，还涉及环境保护、公共安全、社会治理等领域。

图 5-3　航天摄影测量（来自网络）

　　航空摄影测量又称为航测，是一种利用航空器对地球表面进行观测、测量和摄影的技术。它通过从高空获取地面信息，为地理信息系统及各类工程应用提供精确的数据，广泛应用于地理信息产业、城市规划建设、农业、矿业等领域。随着科技的发展，航测技术不断提高，其定义和目的也在不断扩展。

　　为了实现航测的目的，需要使用各种硬件设备和软件系统。硬件设备主要包括航空相机、无人机、卫星等观测平台，以及各种传感器和测量仪器。软件系统则包括数据处理和分析软件，用于对获取的数据进行加工、处理、分析和可视化。在航测技术的发展历程中，技术的进步和创新始终是推动其发展的关键因素。

　　航测的硬件设备是航测基础中的重要组成部分，其性能和精度直接影响航测数据的获取、处理和应用。随着科技的不断发展，航测硬件设备的种类和性能也在不断升级和完善。目前，常见的航测硬件设备包括无人机、卫星、航空相机和北斗基站等，这些设备在航测中发挥着不同的作用。例如：无人机和卫星可以进行大面积的航测，获取高分辨率的影像数据；航空相机则可以拍摄地面物体的详细像片，帮助人们获取更准确的信息；北斗卫星定位系统则可以提供精确的位置信息，帮助确定航测数据的地理坐标。在实际应用中，需要根据不同的需求选择合适的硬件设备，并进行相应的数据处理和分析。同时，还需要注意硬件设备的维护和保养，以保证其性能和精度。

5.1.2　无人机航空摄影测量

　　随着科技的不断进步，无人机技术的崛起为航空摄影测量提供了新的可能性。据统计，截至 2022 年，全球无人机市场规模已经超过 100 亿美元，预计未来几年还将以两位数的增长率持续增长。中国作为无人机制造和应用的大国，在无人机航空摄影测量领域也有着显著的发展。例如，大疆创新（DJI）等国内知名无人机企业已经在国际市场上占据了一席之地，其产品广泛应用于农业、建筑、环境监测、应急救援等多个领域。

无人机航空摄影测量简称无人机航测，是无人机对地球表面进行观测、测量和摄影的技术。具体来说，就是通过无人机搭载数码相机获取目标区域的影像数据，经处理获得高分辨率数字影像的技术，应用领域非常广泛。例如，在建筑领域，可以利用无人机获取建筑物的外立面和内部结构的高清图像，为建筑设计和维护提供数据支持。在城市规划领域，无人机可以通过高清晰度的摄影技术获取城市建筑、道路等设施的高精度三维模型，为城市规划师提供决策依据。在农业领域，无人机可以用于监测作物的生长情况、估算作物产量等，提高农业生产效率，帮助农民提高作物产量和降低生产成本。在环境监测领域，无人机可以快速获取地表信息，可以利用无人机对森林、湖泊、河流等进行实时监测和评估，为环境保护提供数据支持。此外，无人机还广泛应用于建筑、考古、灾害救援等领域。无人机航测的拍摄技术包括航拍设备选择、飞行平台搭建、飞行控制等方面。其中，航拍设备是关键，需要根据拍摄需求选择合适的相机、镜头、快门速度等参数。同时，还需要根据拍摄场景选择合适的飞行平台和飞行控制方式。为了保证拍摄质量，还需要进行充分的测试和调试。无人机航空摄影测量的测量技术是实现高精度测量的关键。现阶段无人机航测基本依靠多旋翼无人机完成，多旋翼无人机航测是使用无人机低空飞行并进行拍摄，以此获取高清晰影像数据，并结合无人机定位信息、相机姿态信息，获得地形、地面物体等三维坐标值，实现地理信息的快速获取，再通过软件生成三维点云与模型。它涉及多种技术和算法，如相机标定、图像处理、三维建模等。其中，相机标定是为了获取相机的内部参数和畸变系数，提高测量精度。

无人机测绘是无人机摄影测量的应用之一，其过程与无人机摄影测量相同，最终成果包括正射影像图和倾斜模型等。无人机摄影测量是将三维的物理世界转变为二维影像，再由二维影像获取三维空间数据的技术（图5-4）。图像处理是为了提取地物的特征信息，进行图像分割、边缘检测等操作。三维建模则是为了将二维图像信息转换为三维空间信息，建立地物的三维模型。无人机航测的实践流程包括航拍任务规划、现场勘查、航拍实施、数据处理和成果交付等步骤。其中，航拍任务规划需要根据客户需求和项目要求制订详细的航拍计划。现场勘查是为了了解拍摄现场的环境和条件，确保航拍安全和效果。航拍实施需要按照计划进行飞行和拍摄，并实时监控飞行轨迹和相机状态。数据处理包括图像处理、三维建模等操作，成果交付则是将最终的测量成果交付给客户。

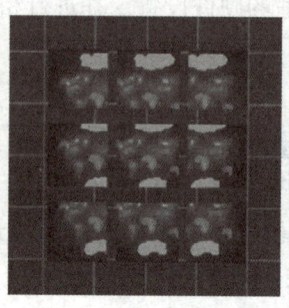

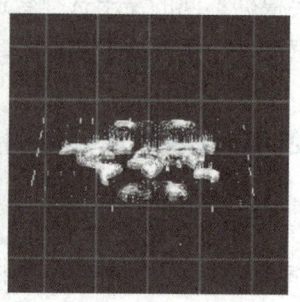

图 5-4 摄影测量技术

相较于传统摄影测量，无人机航测结合了航空器、卫星技术、遥感技术、计算机技术等，实现了高精度定位、高精度拍摄、高效率作业。无人机摄影测量的优点包括以下几个方面。

1. 安全稳定

随着科学技术的发展，无人机摄影测量的过程不需要机上工作人员，不受航高和地形地貌的限制，可以适用于多气候、多场景，提供稳定的图像和高精度定位，满足数字化地形测量的需求。无人机系统能够根据工作要求进行航线规划，实现自主飞行，并在飞行过程中实时传输拍摄画面，提供 POS 数据。

2. 成本低，灵活度大

无人机起飞和降落通常无固定场地的需求，空域操作便捷。加上无人机体型小、升空时间短，可以到达人工探测难以到达的地区。

3. 快速高效

无人机能够及时对目标区域进行大范围、高精度测量，并快速转化为高清图像数据信息，实现实时二维影像和实时三维建模，大幅提升效率。飞行结束后，还能在电子地图上复盘飞行路径，及时补拍漏拍或未达标的区域。

4. 影像分辨率高

无人机搭载高精度数码相机，实现多角度拍摄，获取高分辨率影像，而且影像采集数据速率较快。

5. 方便直观

利用无人机采集影像数据可以实现二维影像和三维建模，成本低、数据采集准确、操作灵活方便。整个过程可以减少人工干预，提高工作效率，丰富的地理信息产品为客户提供直观的模型与数字产品。

总之，随着技术的不断进步和应用需求的不断增长，基于无人机的航空摄影测量的未来发展前景非常广阔，无人机航空摄影测量的应用领域将进一步获得拓展。随着 5G 技术的普及和应用，无人机将能够实现更高速的数据传输和更高效的远程控制。同时，随着人工智能技术的不断发展，无人机将能够实现更智能的自主飞行和更自动化的数据处理。

5.1.3 无人机航测发展前景

20 世纪 90 年代初，无人机技术已经初具雏形，开始应用于摄影测量领域。最初应用于军事侦察、边境巡逻等领域，随着现代社会科学技术的不断革新与发展，无人机摄影测量技术得到了非常迅速的普及和发展，真正的无人机航空摄影测量技术是在 21 世纪初才开始得到广泛应用的。在航测技术的发展历程中，技术的进步和创新始终是推动其发展的关键因素。从早期的航空摄影技术，到现代的高光谱遥感、激光雷达和深度学习等先进技术的应用，航测技术经历了巨大的变革。早期的航空摄影主要依赖于胶片相机，其数据获取和处理过程烦琐且成本高。随着数字技术的兴起，航测逐渐向数字化、自动化方向发展。高光谱遥感技术的出现，使地物识别和分类更加精确，激光雷达则提供了高精度的三维地形数据，进一步提升了航测的精度和可靠性。随着技术的不断进步，无人机航测的精度和稳定性得到了显著提高，其在各个领域的应用也日益广泛。现今，无人机摄影测量已经成为遥感领域的一个重要组成部分，逐渐渗透到各个行业。

现阶段无人机航测的技术挑战主要包括如何提高测量精度、如何实现更智能的自主飞行和更自动化的数据处理等。针对这些挑战，需要不断研究和开发新的技术和算法，以提高无人机的性能和测量精度。

未来基于航空摄影测量的发展，无人机航测将更多地实现数字摄影测量工作的半自动甚至全自动的处理方式，数码航空相机影像获取的成本和影像存储的成本将大大降低。

5.1.4 无人机航测流程

无人机航测工作是一个需要多方协作的过程，主要流程包括三个方面，即外业数据采集、内业数据处理和数字线划地图的生成。

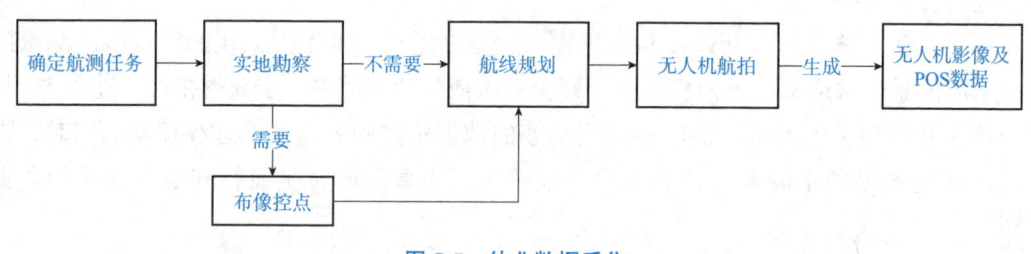

1. 外业数据采集

无人机外业数据采集是指使用无人机作为搭载平台，通过无人机搭载的各种传感器来获取地表或地下等实体数据信息的过程。外业数据采集首先要确定航测的任务，根据任务划定测量区域。其次，对测量区域现场进行勘察，包括飞行空域、起降场地、空中管制等方面的考察。最后根据飞行航线、作业高度、飞行时间等进行航线规划。完成上述流程后，方可使用无人机进行飞行作业，如图5-5所示。

图5-5 外业数据采集

2. 内业数据处理

内业数据处理是指工作人员运用计算机软件，对获取的无人机影像及POS数据进行空中三角数据计算，并生成不同类型的数据集，包括常见的空三数据、DOM数据、DSM数据及三维模型等，如图5-6所示。

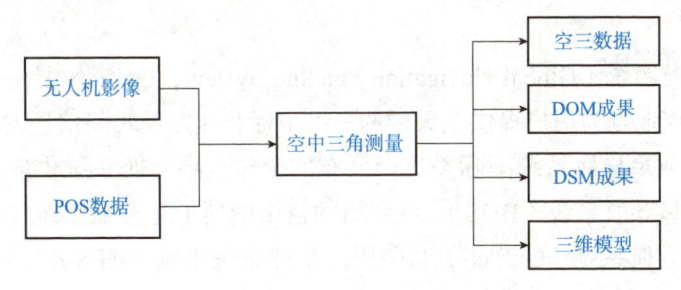

图 5-6　内业数据处理

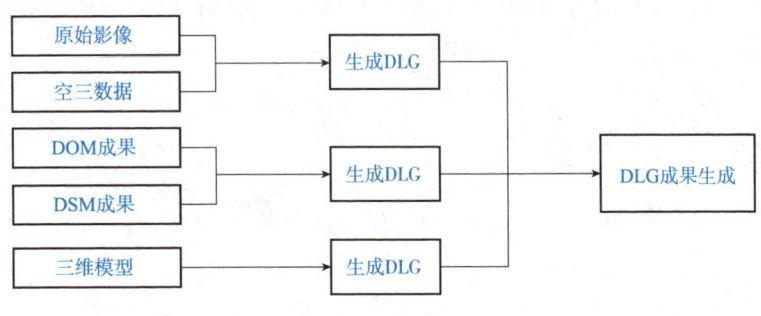

3. 数字线划地图的生成

数字线划地图（DLG）是以点、线、面的形式或以地图特定图形符号的形式，表达地形要素的地理信息矢量数据集。数字线划地图是在一定坐标系内具有确定的坐标和属性的地面要素的离散数据。在数字测图中，最为常见的产品就是数字线划地图，外业测绘最终成果也就是 DLG，数字线划地图是我国基础地理信息数字成果的主要组成部分。数字线划地图的生成可以有多种类型，包括原始影像和空三数据可生成 DLG、DOM 成果和 DSM 成果可生成 DLG，常见的三维模型同样是 DLG 成果的一种类型，如图 5-7 所示。

图 5-7　数字线划地图的生成

5.1.5　导航定位系统与坐标系

无人机在飞行控制及数据采集过程中需要精准定位，精准定位需要有一个基准即特定的坐标系统，以此来确保无人机的位置及坐标信息一致。除此之外，无人机在飞行过程中，始终需要导航系统的引导与支持，卫星导航与坐标系的选取，是最终数据能否正确生成的关键因素。

1. 全球卫星导航系统

数字线划地图的生成需要在获取照片的同时记录影像的精确位置信息，以此来获得所生成模型的三维地理信息。无人机进行航拍时，通过搭载全球卫星导航系统就可获得位置信息，将拍摄过程中的拍摄点影像的对应拍摄位置信息写入照片中，这样就可获得照片的空间位置信息。

全球卫星导航系统（Global Navigation Satellite System，GNSS）是一个能在地球表面或近地空间的任何地点为用户提供全天候的三维坐标和速度及时间信息的空基无线电导航定位系统。全球卫星导航系统国际委员会公布的全球卫星导航系统供应商有四个，分别为中国的北斗卫星导航系统（BDS）、俄罗斯的格洛纳斯卫星导航系统（GLONASS）、欧盟的伽利略卫星导航系统（Galileo）和美国的全球定位系统（GPS）。其中，北斗卫星导航系统（BDS）是我国自主建设、独立运行的卫星导航系统。我国的北斗卫星导航系统着眼于国家安全和经济社会发展需要，是较为成熟的全球卫星导航系统，是为全球用户提供全天候、全天时、高精度的定位、导航和授时服务的国家重要空间基础设施。格洛纳斯卫星导航系统最早开发于苏联时期，后由俄罗斯继续该计划，俄罗斯于1993年开始独自建立本国的全球卫星导航系统。伽利略卫星导航系统是由欧盟研制和建立的全球卫星导航系统，其提供的信息及服务种类多于GPS。美国国防部研制的GPS是一种全方位、全天候、全时段、高精度的卫星导航系统，能为全球用户提供低成本、高精度的三维位置、速度和精确定时等导航信息。全球卫星导航系统通过导航卫星向定位物体发射信号，只要用单程信号传播速度和传播时间相乘，就计算出该物体与卫星之间的距离。当四颗以上卫星向同一个物体发射信号时，就能计算出该物体与四个卫星之间的距离（图5-8、图5-9），再分别以各卫星为中心，以它们各自到该物体的半径画圆，就能在圆唯一的交点处，确定该物体的坐标。

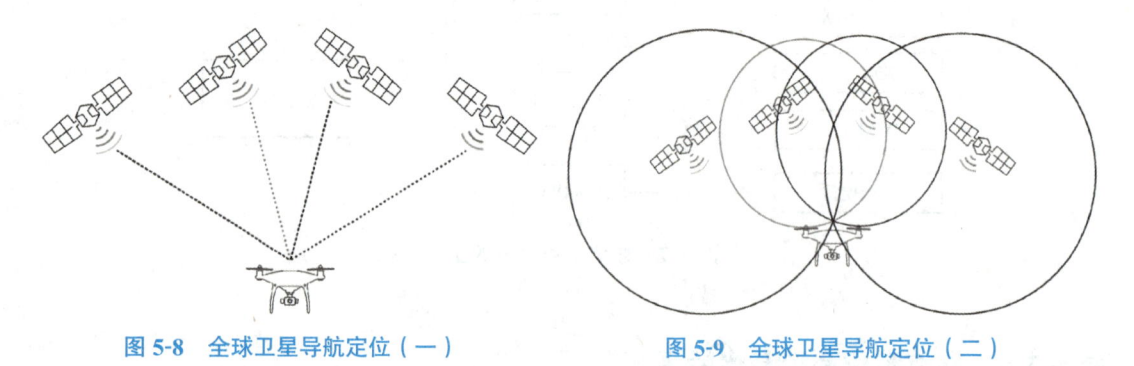

图5-8　全球卫星导航定位（一）　　　　图5-9　全球卫星导航定位（二）

GNSS测量大大缩短了观测时间，除此之外，还能够提供物体的三维坐标，并且操作简便。GNSS系统能够实现全天候工作，并且根据不同领域有不同的多功能运用。

2. 大地坐标系

大地坐标系是大地测量中以参考椭球面为基准面建立起来的坐标系。大地坐标系与地理坐标系有着完全不同的表示方式，地理坐标系是以东、北、高程来表示位置的，而大地坐标系是以经度、纬度和高程来表示的。大地坐标系是一个三维空间坐标系，以度为单位，而不是米，因此，不能直接测量长度和面积。常见的大地坐标系有世界坐标系（WGS-84）、国家大地坐标系（CGCS2000）、北京54坐标系和西安80坐标系。

（1）世界坐标系。世界坐标系（World Geodetic System 1984）简称为WGS-84，是为

GPS 全球定位系统使用而建立的坐标系统。世界坐标系的原点为地球质心，其地心空间直角坐标系的 Z 轴指向 BIH（国际时间服务机构）1984.0 定义的协议地球极（CTP）方向，X 轴则指向 CTP 赤道和 BIH 1984.0 的零子午面的交点，Y 轴与 Z 轴、X 轴垂直构成右手坐标系（图 5-10）。世界坐标系 WGS-84 采用的椭球是国际大地测量与地球物理联合会第 17 届大会大地测量常数推荐值，长半轴 a=6 378 137±2（m），扁率 f=1/298.257 223 563。

一般来说，GPS 中提供的坐标（B，L，H）就是 WGS-84 的坐标，其中，B 为纬度（过地面点的法线与赤道之间的夹角），L 为经度（过地面点的子午面与起始子午面之间的夹角），H 为大地高（地面点沿椭球法线至椭球面的距离），即到 WGS-84 椭球面的高度（图 5-11）。

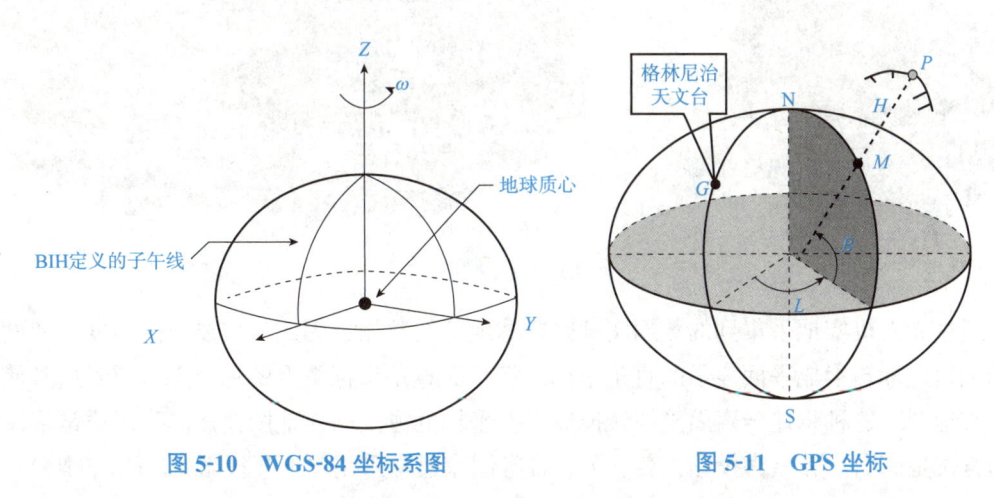

图 5-10　WGS-84 坐标系图　　　　图 5-11　GPS 坐标

（2）国家大地坐标系。我国当前使用的坐标系是 2000 国家大地坐标系（China Geodetic Coordinate System 2000），简称为 CGCS2000，是我国当前最新的国家大地坐标系。我国在 2008 年 7 月 1 日全面启用了 2000 国家大地坐标系，由国家原测绘局授权组织实施，我国北斗卫星采用的就是 CGCS2000 坐标系，目前，国内测绘均要求输出 CGCS2000 成果。2000 国家大地坐标系的原点为包括海洋和大气的整个地球的质量中心，是全球地心坐标系在中国的具体体现。2000 国家大地坐标系的 Z 轴指向 BIH 1984.0 定义的协议极地方向（BIH 国际时间局），X 轴指向 BIH 1984.0 定义的零子午面与协议赤道的交点，Y 轴按右手坐标系确定。2000 国家大地坐标系采用的地球椭球参数中，长半轴参数 a=6 378 137 m，扁率 f=1/298.257 222 101。

WGS-84 坐标系与 CGCS2000 坐标系关于坐标系原点、尺度、定向及定向演变的定义都是相同的，两者参数基本相同，椭球常数中唯有扁率 f 有微小差异。WGS-84 坐标系是观测历元的动态坐标系，多用于导航，强调实时性和动态性。CGCS2000 坐标系是 2000 历元的瞬时坐标系，多用于生产活动，强调统一性和稳定性。通过坐标系定义和实现上的比较，认为 CGCS2000 和 WGS-84 是相容的、一致的，同一点坐标偏差一般在厘米级或分米级，但实际偏差是指 CGCS2000 与 WGS-84 参考框架的理论差异，而不是用户坐标之间的差异。

3. 投影坐标系

投影坐标系是从地球的近似椭球体投影得到的，它使用基于 X、Y 值的坐标系统来描述地球上某个点所处的位置。投影坐标系基于大地坐标系框架，将其投影到某一指定平面，投影坐标系下测量得到的是以米为单位的平面坐标。投影坐标系由投影方式和大地坐标系确定，常用的投影方式有高斯—克吕格投影、墨卡托投影（UTM 投影）和兰伯特投影等。利用投影坐标可直接测量长度或面积，测绘成果应用都需要做投影（图 5-12）。

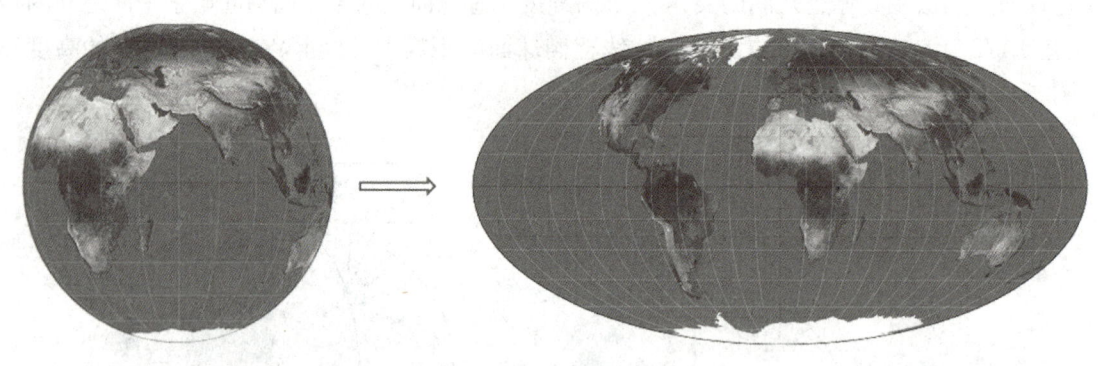

图 5-12 投影

通过无人机实地采集到的数据实则是椭球地球的数据，因此，需要将用经度和纬度表示的大地坐标转换成平面表示的直角坐标，将平面直角坐标系上的每个点对应到通常使用的二维地图。这种将地球表面坐标转换成平面坐标的方法叫作地图投影。我国通常采用的投影方法是高斯—克吕格投影，英、美、日等国家通常采用墨卡托投影（UTM 投影）。

（1）高斯—克吕格投影。在高斯—克吕格投影时，通常假想有一个椭圆柱面横套在地球椭球体外面并与中央子午线相切，椭圆柱的中心轴通过椭球体中心，然后用一定投影方法，将中央子午线两侧各一定经差范围内的地区投影到椭圆柱面上，再将此柱面展开即成为投影面。高斯—克吕格投影的优点是其投影在长度和面积上产生的形变非常小，中央经线（中央子午线）无变形，但从中央经线向投影带边缘形变逐渐增加，离中央子午线越远，变形越大（图 5-13）。

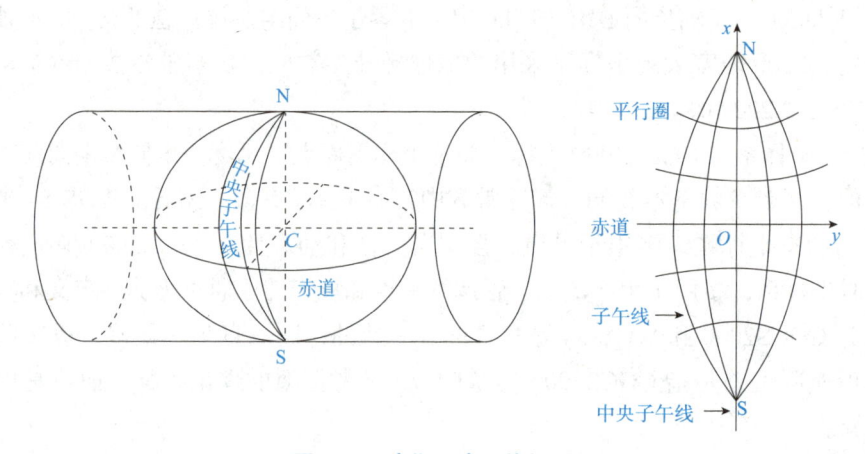

图 5-13 高斯—克吕格投影

为限制投影中的长度变形，高斯—克吕格投影按一定经差将地球椭圆面划分成若干投影带，通常从本初子午线起，以 6° 为一带，将地球分为 60 个带，再按照等角方式将地球上的每个点和经纬线投影到圆柱面上，然后展开成世界地图。但此方法会随着纬度的增加产生越来越严重的形变，为了避免此类问题，减少畸变，则可以采取 3° 带进行投影。以 6° 带投影为例，从 0° 子午线算起，以经度差 6° 为一带，第一带中央子午线经度为东经 3°；而对于 3° 带而言，从东经 1°30′ 开始，每 3° 为一个投影带，第一带中央子午线经度为东经 3°（图 5-14）。

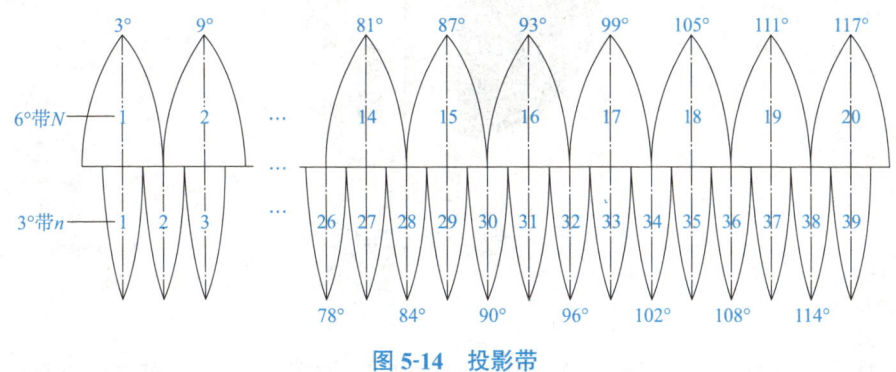

图 5-14　投影带

采用分带投影的方法可以使投影边缘的变形不致过大。因地图比例尺差别较大，各种大、中比例尺地形图采用了不同的高斯—克吕格投影带。大于 1∶1 万的地形图采用 3° 带；1∶2.5 万至 1∶50 万的地形图采用 6° 带。高斯—克吕格投影分带投影使各带坐标成独立系统，系统以中央经线投影为纵轴（x），以赤道为零起算，赤道以北为正，以南为负，赤道投影为横轴（y），两轴交点为各带的坐标原点。因我国地理位置位于北半球，则纵坐标均为正值。在此坐标轴中，若横轴以中央经线为零起算，则中央经线以东为正，以西为负，此时横坐标出现负值，使用不便，故规定将坐标轴西移 500 km 当作起始轴，凡是带内的横坐标值，均加 500 km。除此之外，还应在坐标前面冠以带号，此坐标称为国家统一坐标。例如，有一点 y=21 623 456.789 m，则该点位于 21 带内，位于中央子午线以东，其相对中央子午线的横坐标是：首先去掉带号，然后减去 500 000 m，最后得到 y=123 456.789 m。

无人机在进行内业数据处理时，如果是 3° 带，则会在名称上声明是某坐标框架下的 3° 带。例如，CGCS2000/3-degree Gauss-Kruger zone38（EPSG：4526）。如果不做声明，则默认是 6° 带，例如，CGCS2000/Gauss-Kruger zone18（EPSG：4496）。

（2）墨卡托投影。墨卡托投影是正轴等角圆柱投影，简称为 UTM 投影。墨卡托投影假想有一个与地轴方向一致的圆柱切或割于地球，然后再假想地球中心有一盏灯，把球面上的图形投影到圆柱体上，之后把圆柱体展开，即可得到达墨卡托投影（图 5-15）。利用该方法获得投影后，经线是一组竖直的等距离平行直线，纬线是垂直于经线的一组平行直线。墨卡托投影的地图上基准纬线处无变形，但从基准纬线处向两极变形逐渐增大，长度和面积变形明显。因为它具有各个方向均等扩大的特性，所以，该投影保持了方向和相互位置关系的正确。在地图上保持方向和角度的正确是墨卡托投影的优点，墨卡托投影地图常用作航海图和航空图。

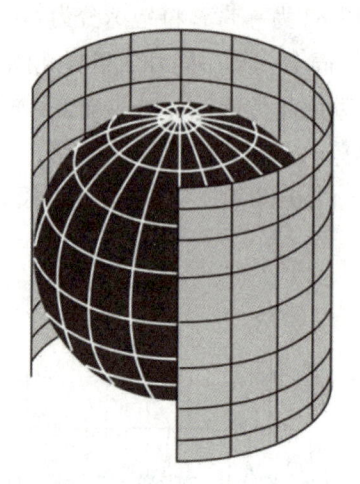

图 5-15　墨卡托投影（来自网络）

4. 高程系统

大地高程是地面点沿参考椭球面法线到参考椭球面的距离，又称椭球高、大地高，大地高程一般用符号 H 表示。大地高程是一个几何量，无物理意义。若网中有一点或多点具有精确的 WGS-84 大地坐标系的大地高程，则各 GPS 点的 WGS-84 大地高程可在 GPS 网平差后获得。无人机或 RTK 设备通过 GNSS 进行相对定位获得三维基线向量时，求得的是以 WGS-84 椭球面为基准的高精度大地高程。

我国高程系统采用的是以大地水准面为基准的正常高程系统。地面点沿铅垂线到似大地水准面的距离称为正常高程，正常高程系统是以似大地水准面定义的高程系统。正常高程是以大地水准面为基准的高程，即地面点到大地水准面的铅垂距离，称为绝对高程或海拔，简称高程（图 5-16）。

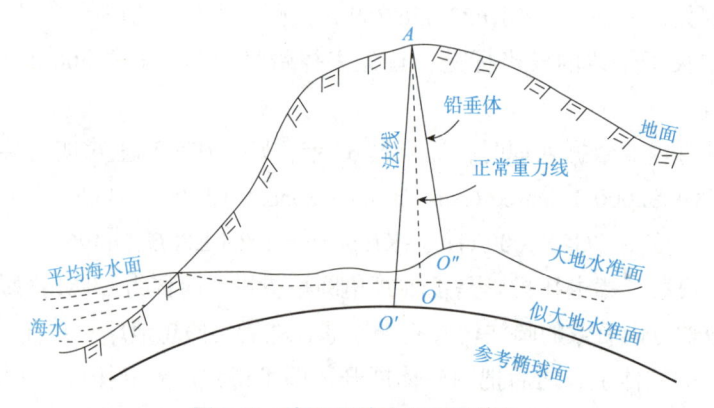

图 5-16　高程系统（来自网络）

在地球重力作业下，假设静止的海面向陆地延伸，形成一个封闭的面。由于地球内部质量不均匀，所以地球表面各点的重力线方向并非都指向球心一点，这样，就使处处和重力线方向相垂直的大地水准面，形成了一个不规则的曲面，因而世界各国有各自确立的平均海平面，即大地水准面。我国 1987 年规定将青岛验潮站 1952—1979 年的潮汐观测资料为计算依据，所测定的黄海平均海平面作为全国高程的起算面，根据该高程起算面建立起来的高程系统，称为 1985 国家高程基准。我国各地面点的海拔，均指由黄海平均海平面起算的高度。

在无人机进行航测时，GPS 定位可通过坐标与点位大地高程直接得出，在一个区域内联测国家水准点和三角点，精确确定高程异常 ξ，则可以得出正常高程 h。高程异常 ξ 是似大地水准面与参考椭球面之间的高差，如果大地水准面高出参考椭球面，则为正值；如果大地水准面低于参考椭球面，则为负值。高程异常可在国家测绘部门存有的高程异常图中查取。高程异常计算公式如下：

$$\xi = H - h$$

式中，H 是大地高程，h 是正常高程。

在地理学和测量学中，大地高程和正常高程都非常重要，它们是描述地球表面形态和高度变化的基础。常用海拔高除了 1985 海拔高外，还有 EGM96 海拔高。EGM96 水准模型是美国推出的一种适用于全球范围的高程重力大地模型，是基于地球重力场的模型，通过对地球表面上的重力场数据进行建模和插值，计算出各个地理坐标点的高程数值。EGM96 基准提供了一个全球统一的高程参考标准，使不同地区的高程数据可以进行比较和整合，并提供全球的高程异常值改正文件。

5.1.6 差分定位技术

差分定位技术采用载波相位动态实时差分技术，可以将以往静态、快速静态、动态测量等需要事后进行解算才能获得厘米级精度的测量，转变为可以实现在野外实时得到厘米级定位精度的测量，是一种新的卫星定位测量方法，它的出现为工程放样、地形测图、各种控制测量带来了新的测量原理和方法，极大地提高了作业效率。在应用方面，载波相位差分技术（Real Time Kinematic，RTK）广泛应用于地理信息系统、航空航天、智能交通、农业、环保等众多领域。例如，在地理信息系统中，它可以用于地形测绘、城市规划、资源调查等方面；在航空航天领域，它可以用于卫星轨道确定、飞行器导航等方面；在智能交通领域，它可以用于车辆定位、交通监控等方面。

1. 载波相位差分技术（RTK）

载波相位差分技术又称实时动态差分技术，是实时处理两个测量站载波相位观测量的差分方法，该技术使用接收机接收基准站采集的载波相位，进行求差解算坐标，能够实时得到厘米级定位精度，极大地提高了作业效率，是一种新兴的测量技术。

在航空摄影测量工作中，RTK 为 GNSS 的运用提供了标准与精确的系统支持。GNSS 系统在实际应用过程中会因为各种原因产生定位误差，例如，卫星信号在穿过大气层时会发生折射，在碰到障碍物时则会发生反射，无论是折射还是反射都会导致信号传播时间计算有误，从而造成距离计算错误，继而造成几十米甚至上百米的定位误差（图 5-17）。该问题可以通过 RTK 得到很好的解决。

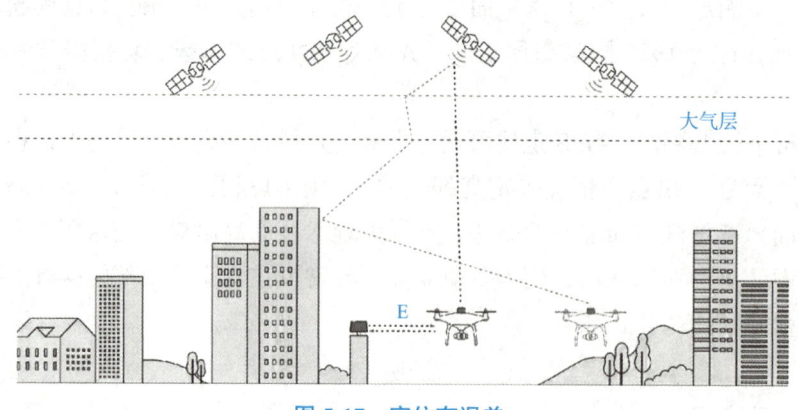

图 5-17　定位有误差
（图片来源于 UTC 教材内容）

差分定位技术的应用首先要建立一个已知精确坐标的基准站，通过导航卫星对基准站进行定位，得到基准站实时定位坐标，然后通过对基准站的精确坐标与实时定位坐标对应项的差值的计算，得出综合定位误差。考虑到对流层和电离层对卫星的影响，确定以基准站为中心 20～40 km 范围，此范围内对流层、电离层运动对卫星定位的影响基本一致，所以，此时只要基准站把综合定位误差发送给该范围内的终端，它们就可以在卫星定位时把定位误差计算进去，从而实现分米级甚至厘米级的高精度定位（图 5-18）。RTK 基准站通过数据链将其观测值和测站点坐标信息同步传送给流动站，流动站通过数据链接收来自基准站的数据的同时采集 GNSS 观测数据，并在系统内进行实时差分处理，给出厘米级定位结果。RTK 测量至少需要两台 GNSS 接收机，其中一台作为基准站，另一台或多台作为移动站，除此之外还需要数据通信链和测量软件的支持。

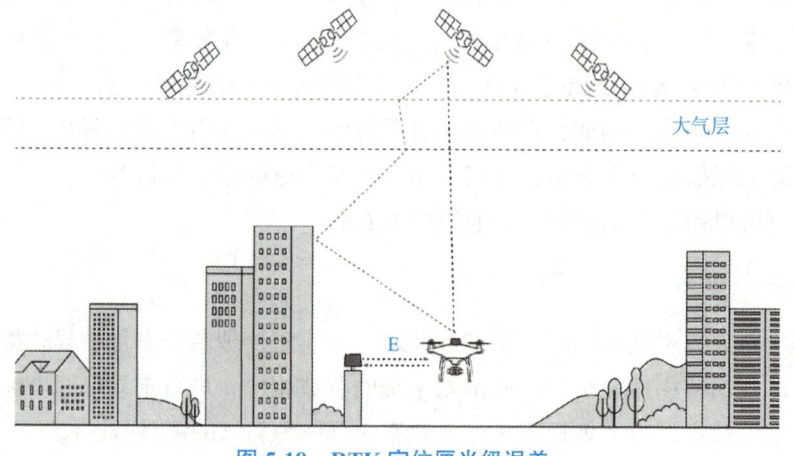

图 5-18　RTK 定位厘米级误差
（图片来源于 UTC 教材内容）

2. 网络 RTK

传统 RTK 需要在每次使用时建立基准站，因此，就会造成过高的人员和时间的消耗。而且 GNSS 误差会随着参考站和移动距离的增加而逐渐失去线性，在较长距离的情况下即使使用差分处理，用户数据依然会出现较大误差。为了解决这个问题，可以基于常规 RTK 和差分 GNSS 技术的定位技术，在一个较大的区域内均匀地布置多个基准站，形成一个基准站网，也称为 CORS 系统，通过互联网平台将综合行为误差实时发送给该范围以内的终端，通过这些基准站对 GPS 用户进行实时改正，终端即可进行实时、快速、精准定位，这样的技术称为网络 RTK。网络 RTK 的主要优势在于它能够提供更高的定位精度和可靠性，尤其是在距离基准站较远的地方。然而，它的工作距离以 10～15 km 为宜，因为随着基准站和流动站距离的增大，定位精度依然会降低。

CORS 系统有的是以城市为单位建立城市 CORS 系统，有的则是以公司为单位建立公司自己的 CORS 系统，如千寻 CORS 系统。其优点在于它可以提供连续、高精度、可靠的位置服务，而且覆盖范围广，可以满足各种需要高精度位置信息的用户需求，如测量、气象、交通、航空、航海等。同时，该 CORS 系统还可以提供多模态的定位服务，如 GPS、GLONASS、Galileo 等，以满足不同用户的需求。

3. PPK

在网络 RTK 作业时，差分信号需要通过数据链传输，受到环境的影响，终端或多或少无法接收到差分信号，这时就可以引入 PPK 技术进行测量。PPK（Post Processed Kinematic）技术是一种获取厘米级定位精度信息的后处理差分技术。相对于 RTK 技术，PPK 技术可以将移动端和基准站端的数据分别记录下来，通过处理软件对事先获取的终端卫星信息及基准站卫星信息进行差值运算，计算出终端的精确位置信息，因此，不受限于基准站与移动站之间的通信链路与协议。为了方便使用，近年来发展了网络 PPK 解算服务，只需要将移动站获取的数据上传，就可以完成差分数据解算。

现阶段，多款无人机均配备 RTK 模块，全面支持网络 RTK、高精度 GNSS 移动站及 PPK 后处理，实现了多功能、全方位的定位服务，实现了高标准的航测精度。

5.1.7 地图比例尺

地图比例尺是地图上的线段长度与实地相应线段经水平投影的长度之比，是地图的三要素之一。比例尺有放大尺和缩小尺两种，地图比例尺属于缩小尺。地图比例尺计算公式为：地图比例尺 = 图上距离 / 实际距离。大比例尺地图内容详细、几何精度高，可用于图上测量。小比例尺地图内容概括性强，不宜进行图上测量。

1. 地图比例尺的使用

地图比例尺表现形式有数字式（又名数字比例尺），用数字的比例式或分数式表示比例尺的大小，如 1：10 000 000 或 1/10 000 000；说明式，在地图上用文字直接写出地图上 1 cm 代表实地距离多少米，如图上 1 cm 相当于地面距离 500 m，或五万分之一；图解式，在地图上画一条线段，并注明地图上 1 cm 所代表的实际距离，图解比例尺更加直观，便于测量（图 5-19）。

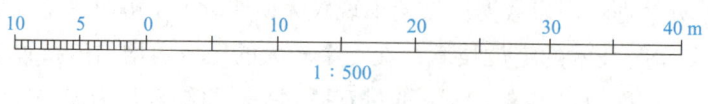

图 5-19　直线比例尺

需要注意的是，在地图上直接量取的长度按比例尺换算之后的距离，实际上只是水平距离，如果在实际运用中区域坡度较大，在换算比例尺的同时还应考虑适当的坡度和弯曲改正数。

2. 地形图的基本比例尺

国家基本比例尺地形图是根据国家颁布的统一测量规范、图式和比例尺系列测绘或编绘而成的地形图，简称国家基本图，国家基本图是编制其他地图的基础。各国的地形图比例尺系列不尽一致，我国规定 1∶500、1∶1 000、1∶2 000、1∶5 000、1∶10 000、1∶25 000、1∶50 000、1∶100 000、1∶250 000、1∶500 000、1∶1 000 000 十一种比例尺地形图为国家基本比例尺地形图。在国家基本图中，比例尺的分母越小，则比例尺越大，图幅所包含的实际面积越小，地图则精度越高，地图中所包含的要素显示也就越详尽。

（1）1∶1 000 000 地形图用于大范围内进行宏观评价和研究地理信息，是国家各部门共同需要的基本地理信息和地形要素的平台，该比例尺地形图综合反映了制图范围内的自然地理和社会经济概况，可以作为各部门进行经济建设总体规划、经济布局、生产布局、国土资源开发利用的计划和管理用图或工作底图，也可以作为国防建设用图，还可以作为更小比例尺普通地图的基本资料和专题地图的地理底图。1∶1 000 000 地形图采用正轴等角圆锥投影，采用编绘方法成图。

（2）1∶500 000 地形图用于较大范围内进行宏观评价和研究地理信息，是国家各部门共同需要的基本地理信息和地形要素的平台，该比例尺地形图综合反映了制图范围内的自然地理和社会经济概况，可以作为各部门进行经济建设总体规划、省域经济布局、生产布局、国土资源开发利用的计划和管理用图或工作底图，也可以作为国防建设用图，还可以作为更小比例尺普通地图的基本资料和专题地图的地理底图。1∶500 000 地形图采用 6°分带高斯—克吕格投影，采用编绘方法成图。

（3）1∶250 000 地形图主要供各部门在较大范围内作总体的区域规划、查勘计划、资源开发利用与自然地理调查，该比例尺地形图比较全面和系统地反映了区域内自然地理条件和经济概况，也可供国防建设使用，还可以作为编制更小比例尺地形图或专题地图的基础资料。1∶250 000 地形图采用 6°分带高斯—克吕格投影，采用编绘方法成图。

（4）1∶100 000、1∶50 000、1∶25 000 地形图主要用于一定范围内较详细研究和评价地形，是我国国民经济各部门和国防建设的基本用图，该比例尺地形图主要供工业、农业、林业、公路、铁路、水利、农垦、地质、气象、环保、文化、卫生、教育、体育、畜牧、石油、煤炭、地震、民航、医药、海关、税务、考古、土地等国民经济各部门勘察、规划、设计、科学研究和教学等使用。1∶100 000、1∶50 000、1∶25 000 地形图也是军队的战术用图，用于军队图上作业、训练、编写兵要、国防工程的规划和设计等军事活动使用，同时，也是编写更小比例尺地形图或专题图的基础资料。1∶100 000 地形图采用 6°分带高斯—克吕格投影，采用航空摄影测量或编绘方法成图。

（5）1∶10 000 地形图主要用于城市、乡镇、农村、矿山建设的规划和设计，林班调查，地籍调查，能够进行小范围内详细研究和评价地形。同时，还能够用于大比例尺的地质测量和普查，水电等工程的勘察、规划和设计，科学研究及国防建设的特殊需要，还可作为编制更小比例尺地形图或专题地图的基础资料。1∶10 000 地形图采用 3°分带高斯—克吕格投影，采用航空摄影测量方法成图。

（6）1∶5 000 地形图主要供各部门勘察、规划、设计、科研等，用于小范围内详细研究和评价地形使用，也可作为编制更小比例尺地形图或专题地图的基础资料。1∶5 000 地形图采用 3°分带高斯—克吕格投影。

（7）1∶2 000、1∶1 000、1∶500 地形图主要可供勘察、规划、设计和施工等小范围内精确研究、评价地形等工作使用。平面控制采用高斯—克吕格投影，按 3°分带计算平面直角坐标。当对控制网有特殊要求时，采用任意经线作为中央子午线的独立坐标系统，投影面为当地的高程参考面。采用正方形或矩形分幅编号，其规格为 50 cm×50 cm 或 40 cm×40 cm。

5.1.8 数字化地图

在科技与信息高速发展的今天，传统的纸质地图及不成系统的零散地图已经无法满足信息数字化发展的需要。数字化地图的获取与生成，能够更好地完善各行业中需要用到的地图数据，帮助各行各业建立区域性甚至全国性的地图数据库和信息数据库。

对于无人机而言，无人机在飞行、定位、导航、侦察等环节都离不开数字化地图的支持。例如，在无人机进行航线规划时，就需要下载及更新数字化地图，确保航线规划能够正常进行，同时，也确保无人机的飞行安全。

数字化地图的种类很多，无人机航测的数据成果主要是测绘 4D 产品，即数字高程模型（DEM）、数字正射影像（DOM）、数字栅格地图（DRG）、数字线划地图（DLG）及复合模式。

1. 数字高程模型

数字高程模型（Digital Elevation Model，DEM）是在一定范围内通过规则或不规则格网点描述地面高程信息的数据集，用于反映区域地貌形态的空间分布，通过有限的地形高程数据实现对地面地形的数字化模拟。DEM 是表示地形起伏的三维有限数字序列，它可以用一系列地面点的平面坐标 X、Y，以及该地面点的高程 Z 组成数据阵列（图 5-20）。DEM 是去除植被、人工建筑等，会随时间推移发生变化的地物之后的高程模型，数字表面模型（DSM）是包含植被、人工建筑物等地物的地表高程模型。DEM 只包含了地形的高程信息，不包含其他地表信息，无人机摄影测量直接生成的是DSM。

数字高程模型是遥感、GIS、虚拟现实等领域，进行三维空间数据处理与地形分析的核心数据，在测绘、水文、气象、地貌、地质、土壤、工程建设、通信、气象、军事等国民经济和国防建设，以及人文和自然科学领域有着广泛的应用，它可以为航线规划、勘察方案比较、工程选址、设计方案优化等提供依据（图5-20）。

图 5-20　卫星图与对应数字高程模型

2. 数字正射影像

数字正射影像（Digital Orthophoto Map，DOM）是以航摄像片或遥感影像为基础，进行辐射校正、微分纠正及镶嵌，按国家基本比例尺地形图图幅裁剪生成的数字正射影像集，是同时具备地图几何精度和影像特征的图像。数字正射影像是对客观物体或目标的真实反映，信息丰富逼真，可以从中获得所研究物体的大量几何信息和物理信息（图5-21）。数字正射影像每个像素均有经纬度坐标几何信息，是正射视角的平行投影，因此看不到建筑物立面。无人机生成的是真数字正射影像（TDOM），通过DSM进行微分纠正，精度更准确、信息更丰富、获取更加直观快速，不仅可以应用在城市和区域规划、土地利用和土壤覆盖图等方面，也可以使用影像图提取历史发展的自然资源和社会最新经济信息，并为灾害防治和建设公共设施规划提供可靠依据，还可以提取和派生出新的地图，是极其重要的基础地理信息产品之一。

图 5-21　数字正射影像

3. 数字栅格地图

数字栅格地图（Digital Raster Graphic，DRG）是根据现有纸质、胶片等地形图经扫描、几何纠正及色彩校正后，形成在内容、几何经度和色彩上与地形图保持一致的栅格数据集，数字栅格地图所呈现的地理内容、外观视觉式样与同比例尺地形图一样（图 5-22）。数字格栅地图还可以由矢量数据格式的数字线划地图转换而成，可作为背景参照图像，并且可以与 DOM、DEM 等数据集成使用。

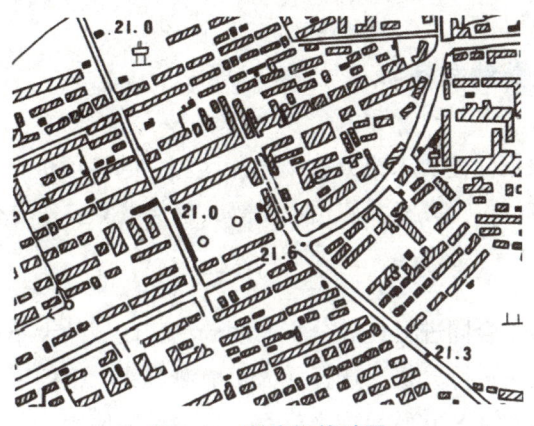

图 5-22 数字栅格地图

4. 数字线划地图

数字线划地图（Digital Line Graphic，DLG）是与现有线划基本一致的各种地图要素的矢量数据集，而且保存各要素间的空间关系和属性信息，DLG 是外业测绘的最终成果（图 5-23）。数字线划地图是通过将影像图进行扫描和几何纠正，并对地图要素进行矢量化形成的一种矢量化数据文件，可以更为方便地放大、查询、检查、叠加、测量等，数字线划地图是基础地理信息系统的核心数字产品。无人机摄影测量一般使用 DOM+DSM，或者通过三维模型等方法进行数字线划地图的生产，测绘成果一般要求的精度都是针对 DLG 而言的，与模型本精度与数字线划地图的测量精度都有关。

图 5-23 数字线划地图

5.2 外业数据采集

摄影测量工作主要分为外业数据采集和内业数据处理。外业数据采集是通过使用无人机采集测区的多视角照片及空间数据。为保证后期内业数据处理阶段照片能够合成成功，在外业数据采集过程中就应该保证照片的质量及足够的重叠率。所以，在外业数据采集阶段，熟练掌握航线规划软件及无人机相机、云台等配件的使用就显得尤为重要。

5.2.1 飞行作业前的准备

航测作业前，应根据任务要求充分收集与测区相关的各项资料和数据，了解测区的各项现状条件，确定相应的飞行方案及使用设备等，确保航测工作安全、高效完成。

1. 航测任务分析

根据无人机航空摄影合同进行任务分析，明确测区区域的大小范围及任务要求。根据测区资料对测区地形地貌进行分析，选择无人机航测方案。根据甲方所提供文件测区及收集到的资料，应转换为 CGCS2000 地理坐标系，以便后期使用。

2. 收集资料，现场踏勘

根据最新的测区资料，了解其自然地理概况、地形地貌及气候情况，重点关注通视条件、道路交通、高层建筑、高压线、水系分布及附近军事设施等影响安全飞行的因素。检查测区网络覆盖及 RTK 信号强度，确定 RTK 可使用性。

3. 申请空域

无人机空域可分为适飞区域、管控区域和禁飞区域。根据航空管制及空域申请要求，提供测区空域范围、航测高度、无人机型号、飞行作业时间、申请单位及负责人等信息，依法申请空域。

4. 航测实施方案

根据资料及现场踏勘情况，结合航测任务要求制订实施方案，包括测绘作业时间、相关人员配备、需要设备器材及相应技术路线等。

5. 任务规划

首先，如果作业范围区域较大，需要根据测区地形及单次作业面积等因素对测区进行划分。如果测区海拔高差大于 1/6 相对高度，一般应考虑航摄分区，每个测区以海拔平均高度作为航摄基准面高度，再根据基准面高度和相对航高来计算绝对航高，由此计算出测区内最高点重叠度（重叠率）及最低点地面分辨率等参数。其次，根据计算出的各项摄影技术指标，进行航线规划。根据测区场地现状及分区情况确定起降位置、航线方向、航线类型及测区边界外扩距离等，使用航线规划软件可以自动生成航线。在进行航线敷设时，应遵循以下原则：
（1）航线尽量选择东西向，或者沿河道、线路、海岸、边界等规划；
（2）测区边缘的首末航线应位于测区边界线上或边界线外，航线应尽量平行于图廓线；
（3）水域、海区航摄时，航线敷设应尽可能避免像主点落水；
（4）敷设构架航线用于荒漠、高山区隐蔽地区等和测图控制作业特别困难的地区。

总之，无人机飞行作业前的准备是一个综合性的过程，涉及物资准备、飞行检查、航线规划、相机选择及设置，以及操作人员准备等多个方面。只有做好充分的准备工作，才能确保飞行的安全和顺利。

5.2.2 航线规划

航线规划是航空摄影测量的重要环节，航线规划是否合理直接影响后期各类数字化地图能否成功生成。在外业工作中，手动飞行难度大、精度低、无法保证拍摄质量，需要通过航线规划软件来完成这项工作。不同的航线规划软件规划方式有所差别，下面以 DJI Pilot App 和 GS RTK App 为例进行阐述。

1. 航线规划的方式

以 GS RTK App 为例，根据航测范围的大小、任务的类型，以及地形地貌的差别，航线规划软件一般自带多种方式的航线规划可以选择（图 5-24）。

图 5-24　航线规划的方式

常用航线规划的方式主要有以下几种：
（1）摄影测量 2D：可选用摄影测量 2D 规划方式进行正射影像采集，摄影测量 2D 采用蛇形航线对测区进行正射影像数据采集。
（2）摄影测量 3D：可选用摄影测量井字航线（图 5-25）或五向航线（图 5-26）规划方式进行三维重建数据采集。井字航线由两条摄影测量 2D 航线垂直排列而成，系统默认云台为 –60°。五向航线包含一组正射航线和四组不同朝向的倾斜航线。

井字航线和五向航线都可进行三维建模，且都可采集测区立面信息，其区别主要有以下几点：

①五向飞行会采集一个正射方向和四个倾斜方向的数据，井字飞行只会采集四个倾斜方向的数据；

②井字飞行机头会掉转，五向飞行每个航线机头都不会掉转；

③井字飞行旁向重叠率以相邻相反航线进行计算，五向飞行旁向重叠率以通朝向航线进行计算；

④井字飞行重叠率不应低于默认值，五向飞行重叠率可适当调低。

图 5-25　井字航线
（图片来源于 UTC 教材内容）

图 5-26　五向航线
（图片来源于 UTC 教材内容）

（3）航带飞行（图 5-27）：对河道、管线、电塔等带状区域进行数据采集。

（4）仿地飞行（图 5-28）：通过导入的 DSM 数据，实现对地的等距拍摄，适用于丘陵、山区等高差较大的区域。

图 5-27　航带飞行
（图片来源于 UTC 教材内容）

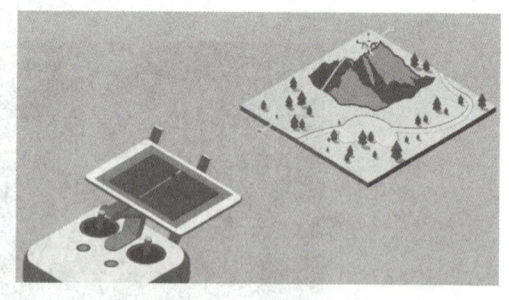

图 5-28　仿地飞行
（图片来源于 UTC 教材内容）

（5）大区分割：可将大面积分割成小区域，支持单机或一控多机分区域作业。

（6）斜面航线：用于斜面立面场景的摄影规划方式。

2. 基础参数

（1）GSD（Ground Sample Distance）。GSD 为地面影像分辨率，相邻像素中心的距离代表的是实际地面距离（图 5-29）。通过 GSD 的计算，可以对航摄影像的空间分辨能力有一个直观的了解。通常情况下，GSD 越小，影像的空间分辨能力越高，可以更清晰地表达地面上的细节。但是，GSD 越小，航摄影像的数据量就越大，数据处理和存储的成本也会增加。因此，在实际应用中需要根据具体需求来选择合适的 GSD。

（2）飞行高度。飞行高度决定地面影像分辨率（GSD），飞行高度越低，分辨率越高。

高度与 GSD 的关系如图 5-30 所示。

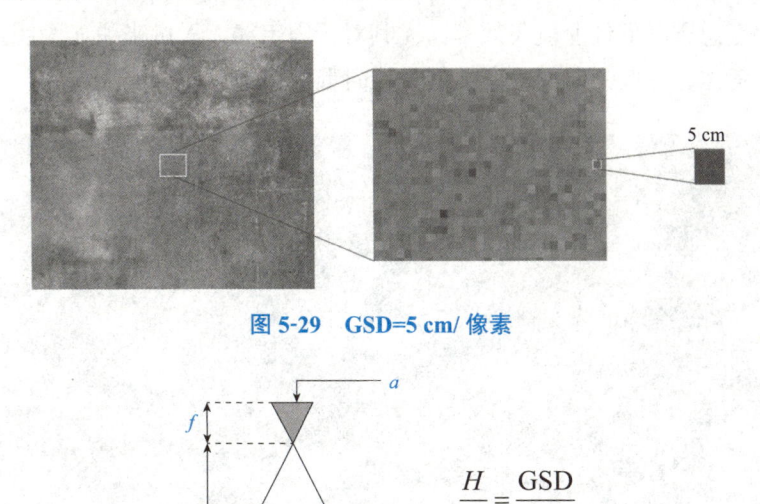

图 5-29　GSD=5 cm/ 像素

$$\frac{H}{f} = \frac{\text{GSD}}{a}$$

图 5-30　高度与 GSD 关系

图中，H 为飞行高度，f 为镜头焦距，a 为像元大小。以大疆 P4R 为例，f=8.8 mm、a=2.41μm，则 H≈36.5×GSD。如果需要 GSD 为 5 cm/ 像素的数据，通过计算可得飞行高度应为 183 m。

任务规划在选取高度时要注意，以 GS RTK App 为例，高度为相对于测区的高度，而不是实际飞行的高度。当起飞点与测区高度不同时，需要调整"任务相对高度"。例如，使用大疆 P4R 采集 GSD 为 2.74 cm/ 像素的数据时，起飞点高于测区 20 m，则需将"任务相对高度"设置为 20 m，实际作业时无人机飞行高度相对起飞点为 80 m。

（3）飞行速度。飞行速度影响采集效率及成像质量。受单次拍照时间影响，最大任务飞行速度受高度和航向重叠率影响。

（4）重叠率。计算机通过识别和匹配拍摄的多张照片，相同特征点进行彼此匹配对齐后进行拼接。特征点为图像中选取的比较具有代表性的点，如角点和边缘，此类点在不同的图像间具有较高的辨识度（图 5-31）。模型重建时需要采集多角度位置的照片进行模型重建，一个特征点的匹配至少需要三张不同的照片，因此，必须保证足够的重叠率。

重叠率包括旁向重叠率和航向重叠率（图 5-32）。提高重叠率可以提高精度，但是与此同时也会增加外业作业的工作量，所以，选择合适的重叠率可在保证精度的同时提高工作效率。

以大疆 P4R 和大疆智图为例，旁向重叠率和航向重叠率都为 50% 时，可以合成模型，但是精度较低。低于此数值，计算机合成时有部分细节会丢失甚至合成失败（图 5-33）。在进行航拍时，为了达到较好的建模效果，一般使无人机覆盖的影像尽量多，这时，所包含的空间和纹理信息也就越多。重叠率是决定模型效果的关键因素之一，在无人机倾斜摄影一般场景中，重叠率大多采用航向重叠率和旁向重叠率分别为 70%、80%。在实际应用时，旁向重叠率和航向重叠率同样高的水平能够保证较好的建模效果，但实际使用中过高的旁向重叠率会急剧降低外业航飞效率，尤其对于固定翼无人机来说尤为明显，所以，基于作业效率的考虑，一般旁向重叠率会低于航向重叠率。

图 5-31　特征点
（图片来源于 UTC 教材内容）

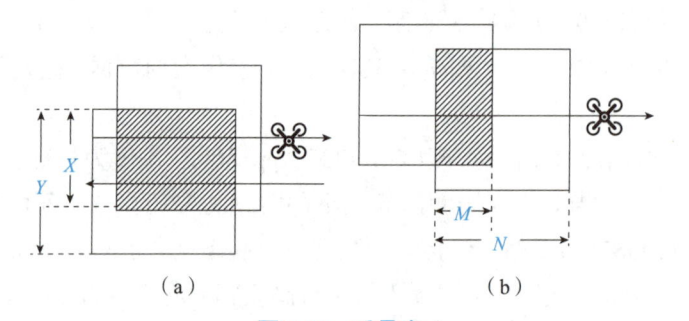

（a）　　　　　　　　　（b）

图 5-32　重叠率
（a）旁向重叠率；（b）航向重叠率
（图片来源于 UTC 教材内容）

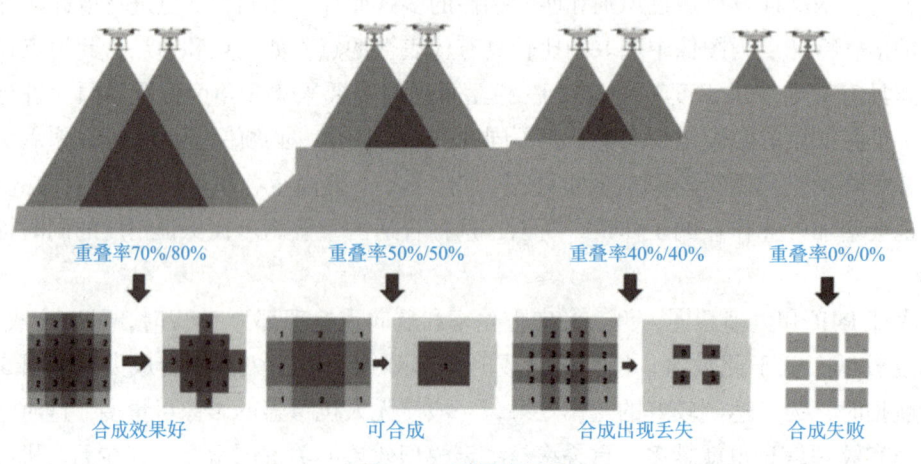

重叠率70%/80%　　重叠率50%/50%　　重叠率40%/40%　　重叠率0%/0%

合成效果好　　　可合成　　　合成出现丢失　　　合成失败

图 5-33　重叠率不足
（图片来源于 UTC 教材内容）

但并不是重叠率越高越好，基于多次航测实践表明，当重叠率超过某个数值后，提高重叠率对模型效果的提升有限。如果同时考虑到模型场景的分辨率，有时重叠率提高反而会降低模型的效果。例如，分辨率如果为 3～5 cm，模型抽稀的建模效果可能略优于原始重叠率的建模效果。

5.2.3 云台相机

在航拍摄影中，光圈、快门和感光度共同决定了照片的最终曝光。光圈相机镜头由几片极薄的金属片组成，中间能通过光线。光圈通过改变孔的大小来控制进入镜头的光线量，数字越小，光圈开得越大，通过镜头进入的光量也就越多，画面就越亮，用 F 表示，如 $F4$、$F8$。快门控制光线投射到感光元件的时间，用数字表示，单位是 s，如 1 s、1/10 s、1/50 s 等。快门时间越长，通光量越多，换面也就越亮。感光度又称 ISO 值，是指相机感光元件对光线的敏感程度，数字越大，相机对光线越敏感，画面越亮。

每次拍照时，如果都要对三个参数进行调整，则效率较低。为提高效率、节省时间，通常可选择自动曝光，其他参数相机会自动完成设置，再根据显示设备的画面调整曝光补偿，获得合适曝光。如果画面过亮，则可以选择曝光负补偿，降低画面亮度。无人机在外业飞行时快速一动，会产生运动模糊，使拍摄物体模糊变形。所以，在保证曝光率的前提下，可选择快门优先，减少运动模糊，较快的快门可保留更多细节（图 5-34）。

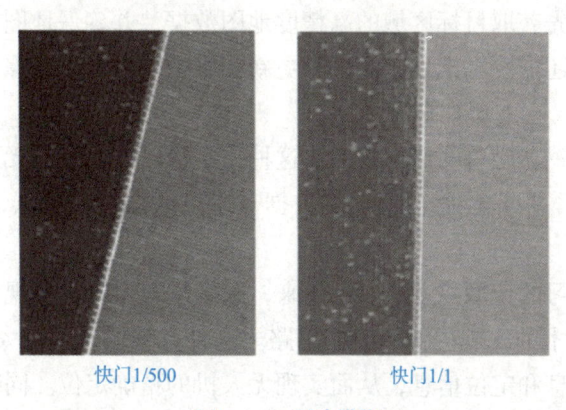

快门1/500　　　　　快门1/1

图 5-34　运动模糊

除了以上参数之外，对航拍会产生影响的还有快门结构、相机焦段等。目前，相机多采用卷帘式快门，常见的数码相机卷帘式快门在运动中拍摄时，会产生果冻效应，引起图像变形。航测相机多采用中心叶片式快门减少果冻效应，提高图像的准确性。不同的无人机配备相机型号不同，因此，焦段也不尽相同。采用不同焦段的镜头，可以在不同高度获取相同的 GSD 数据的影像（图 5-35）。

5.2.4 免像控技术

免像控技术是一种无人机航测技术，其主要特点是在无人机采集图像的过程中，无须布设任何地面控制点，即可实现后期成图，且成图精度能够达到一定的标准。这种技术可以大大减轻外业人员的工作量，提高航测效率。

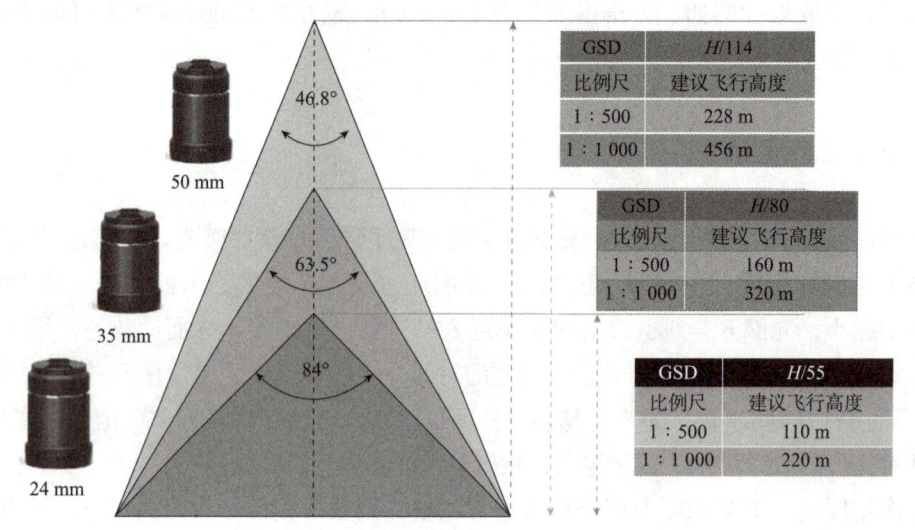

GSD	H/114
比例尺	建议飞行高度
1∶500	228 m
1∶1 000	456 m

GSD	H/80
比例尺	建议飞行高度
1∶500	160 m
1∶1 000	320 m

GSD	H/55
比例尺	建议飞行高度
1∶500	110 m
1∶1 000	220 m

图 5-35　相机不同焦段对应 GSD

（图片来源于 UTC 教材内容）

免像控技术的实现主要依赖于以下几种方法：

（1）利用已有的高精度地图数据，通过与航测数据进行匹配，实现无人机的精确定位。这种方法需要预先获取目标区域的高精度地图数据，并确保地图数据与航测数据之间的匹配精度。同时，还需要考虑地图数据的更新和维护问题，以确保地图数据的准确性和时效性。

（2）基于多源传感器融合的定位技术。这种技术可以综合利用无人机上搭载的多种传感器（如 GPS、IMU、视觉传感器等）的数据，通过数据融合算法，实现无人机的精确定位。

（3）基于深度学习的免像控方法。近年来，深度学习在计算机视觉领域取得了显著的进展，也为免像控技术的实现提供了新的思路。这种方法通过训练大量的航测图像数据，学习图像中的特征信息和定位信息，从而实现无人机的精确定位。同时，还需要考虑深度学习模型的优化和加速问题，以提高模型的训练速度和定位精度。

（4）基于 SLAM（Simultaneous Localization and Mapping）技术的免像控方法。SLAM 技术是一种可同时实现定位和地图构建的技术，可以通过无人机在飞行过程中实时构建环境地图，并利用地图数据进行精确定位。

然而，免像控技术并非完美无缺，它在实际应用中也存在一些挑战和限制。例如，在某些特殊地形（如山川、峡谷、河流等）中，由于地形复杂，无人机可能难以获取足够的有效数据来实现精确定位。此外，免像控技术对于数据处理和算法的要求也较高，需要具备一定的技术实力和数据资源。免像控技术是一种具有广阔应用前景的无人机航测技术，它可以在很大程度上减轻外业人员的工作量，提高航测效率。随着技术的不断进步和应用场景的不断拓展，免像控技术将在未来发挥更加重要的作用。

5.2.5 飞行作业执行

为了保证航测任务安全、顺利地完成,航拍准备工作应充分、完善、细致。为了应对航拍过程中可能发生的突发情况,首先,应制订详尽的无人机航拍应急方案、应急处理流程及方式尽可能详细。为了保证飞行安全与成果质量,应关注测区天气,制订周全的飞行计划。其次,无人机的硬件配备、软件检查也必不可少,还应确保电池性能正常、电量充足,能够完成飞行任务等。总之,计划及各方面准备得越周全,航测效率才会越高,测绘成果质量才会越高。

1. 现场准备

飞行任务执行前提前查看天气预报,并于飞行当天提前到达测区,观察当日的天气。根据天气预报并结合当天场地的风向、风力和日照等情况,决定无人机的起飞位置、起飞时间及高度、返航降落位置等。起飞点应选择空旷无遮挡的测区中部位置,以获得更好的视野及网络信号和通信信号。应避免在高层建筑中间或有树木遮挡的地点起飞,确保无人机能够精确定位返航点,减少碰撞建筑及树木的风险。除此之外,还应避免在楼顶或桥梁等由钢筋混凝土构成的表面起飞,造成指南针受干扰。如果必须要在钢筋混凝土构筑表面起飞,可尝试把无人机架高,悬空起飞,减少磁场干扰。

2. 无人机准备

无人机准备包括硬件准备和软件准备。硬件方面应首先检查无人机装配,各部件是否完好,遥控器、备用螺旋桨、micro SD 卡等是否准备就绪。为避免发生遗漏,可根据任务制作硬件检查清单,方便出发前硬件配备核对及任务结束后硬件装箱核对。不同的无人机航拍系统不同,检测流程也会有所差异,但是都应包含一些基本内容的检测,如固定翼无人机都应检测空速、油门响应和相机参数等。

无人机通电前,应装好螺旋桨,同一台无人机有两套螺旋桨,应注意安装的方向,并确保卡紧。电源开启前还应卸下云台卡扣,并把飞行器放置在开阔平坦的地面上,保证相机与地面有足够的间隙。开启时先开启遥控器电源,再开启无人机电源。一般来说,遥控器在出厂时就已经和飞行器内部的接收机完成对频,通电后即可使用,但如果更换遥控器,需要重新对频才可使用。开机后,应检查飞行器状态指示灯,对应无人机说明书,确保无人机工作在正常状态,如果出现警告或异常,应及时排除故障方可飞行(图 5-36)。

出发前首先应对无人机固件进行更新,避免执行任务期间进行更新,浪费航拍时间或测区信号弱无法更新导致任务取消。其次应查询测区网络 RTK 信息覆盖范围,如果测区没有网络 RTK 覆盖,可通过 DRTK-2 搭建地面基准站,为无人机提供差分数据。

遥控器模式错误会导致严重事故。遥控器遥感模式分为美国手、中国手和日本手,大多数无人机出产默认为美国手,但在飞行前一定要再次确认,避免事故的发生。如果遥控器模式错误,则需要在遥控器设置中重新选取正确的遥感模式。

正常状态		
红 绿 黄	红绿黄连续闪烁	系统自检
黄 绿	黄绿交替闪烁	预热
绿 绿	绿灯慢闪	P模式，使用GNSS或RTK定位
绿	绿灯双闪	P模式，使用视觉定位
黄	黄灯慢闪	A模式，无GNSS及视觉定位
绿	绿灯快闪	刹车

图 5-36　大疆 P4R 飞行器状态指示灯及对应说明

3. 执行任务

航线规划完成后，无人机可以根据设计的航线自主飞行，地面操控人员需手握遥控器做好应急操控准备。如果出现意外紧急情况，操控手需要将无人机的自主飞行模式切换到手控飞行模式，通过遥控器操控无人机进行应急降落。在执行任务前应注意以下几个方面：

（1）避免将航线的起止点规划在大面积水域的上空。

（2）如果在地形高低起伏大于飞行高度 20% 的区域进行作业，则有可能建图失败，此时，应适当增加飞行高度及增大重叠率。

（3）如果测区中有较高建筑，则应提高飞行高度或减慢飞行速度以获取更高的重叠率。

（4）避免在光线条件不佳的情况下作业，如日落和日出时。

4. 返航降落

无人机完成飞行任务后，会根据设置到返航点完成航拍。

5. 成果初检

无人机降落后，可取出 micro SD 卡在计算机上初步查看照片质量。如果出现模糊、遮挡或曝光不正常等明显的照片质量问题，则应立即重新拍摄。采集完成后，可将照片导入软件查看有无漏拍。如果有漏拍，可能是 SD 卡读写速度过慢或 SD 卡已满，应当处理后及时补拍。

5.3 内业数据处理

无人机内业数据处理是指对无人机采集的数据进行后续处理和分析的过程。这个过程通常包括数据传输、数据预处理、数据处理、数据存储和数据输出等步骤。无人机内业数据处理的原理可以根据具体应用场景的不同而有所差异，具体的处理方法和算法也会因应用的特点而有所变化。

5.3.1 常用软件

无人机内业处理软件是用于处理和分析无人机采集数据的软件。这些软件通常包括图像处理、数据提取和三维建模等功能，可以帮助用户将原始的无人机数据转化为有价值的信息。以下是一些常见的无人机内业处理软件。

（1）Pix4Dmapper。Pix4Dmapper 是一款功能强大的无人机数据处理软件，可以进行自动空中三角测量，生成高精度三维模型、数字表面模型（DSM）和数字高程模型（DEM）等。该软件支持多种无人机和相机格式，可以快速处理大量数据，并提供易于使用的界面和强大的分析工具。

（2）Agisoft Metashape。Agisoft Metashape（前称 PhotoScan）是一款专业的无人机数据处理和三维重建软件。它可以从无人机拍摄的照片中生成高质量的三维模型，支持多种传感器和相机类型，包括 RGB、多光谱和激光雷达等。该软件还提供了丰富的测量和分析工具，可以满足各种应用需求。

（3）DJI Terra。DJI Terra 是大疆推出的一款无人机数据处理软件，支持大疆的无人机和相机产品。它可以快速导入和处理无人机拍摄的照片，生成高精度的三维模型和数字表面模型，并提供多种分析和可视化工具，如地形分析和体积测量等。

（4）DroneDeploy。DroneDeploy 是一款简单、易用的无人机数据处理软件，它可以帮助用户快速创建和管理无人机任务，并生成高质量的三维模型和数字表面模型。该软件还支持多种无人机和相机类型，并提供了实时飞行跟踪和数据分析功能。

（5）ContextCapture。ContextCapture 软件能够利用无人机、飞机或地面摄影测量系统采集的图像和点云数据，生成高精度三维模型。其核心功能包括图像处理和数据分析，能够将大量图像数据转化为高质量的三维模型，广泛应用于土地测量、城市规划和建筑设计等领域。

以上是一些常见的无人机内业处理软件，它们各有特点和优势，用户可根据自己的需求选择合适的软件进行处理和分析。

5.3.2 正射影像数据处理

正射影像图具有地形图的几何精度和影像特征，它是以航摄像片或遥感影像为基础，经扫描处理，以及逐像元进行辐射改正、微分纠正和镶嵌等一系列处理后，按地形图范围裁剪成的影像数据。正射影像信息量大，内容丰富、真实，能够将地形要素的信息以符号、线画、注记、公里格网、图廓整饰等形式添加到该影像平面上，形成以栅格数据形式存储的影像数据库。

因处理软件不同、算法不同，正射影像图的生成方式，以及精度和质量也不同。无论采用哪种方式生成正射影像图，其基本流程都包括原始资料准备与数据导入、空中三角测量、数字高程模型或数字表面模型的编辑、影像正射纠正、影像镶嵌和正射影像裁切输出等。不同的软件优化了上述不同部分的流程，现阶段数据处理流程都变得较为简单。

1. 原始资料准备与数据导入

原始资料主要包括航摄影像、影像位置及姿态参数、相机参数、控制点资料。这些资料应该按照数据处理软件的要求格式及组织形式，整理并放在规定的目录位置待用。数据准备完成后，打开数据处理软件，新建工程后，即可导入影像等数据。

2. 空中三角测量

影像数据导入后，开始控制点数据在影像上的刺点工作。完成控制点刺点工作后即可进行空中三角测量解算。很多数据处理软件在没有控制点的情况下，可以直接进行空中三角测量解算，只是空中三角测量解算后的影像位置坐标是自由往下的相对坐标值。

3. 数字高程模型或数字表面模型编辑

空中三角测量解算后，数据处理软件根据影像匹配和同名像点识别，自动解算出海量点云，在海量点云优化的基础上构建需要的TIN网，并通过TIN网生成DSM，DSM通过滤波、编辑等处理得到数字高程模型。如果作业区域有合适的数字高程模型，也可以直接导入使用，前提是保证制作数字高程模型时的地形地貌具有时效性。

4. 影像正射纠正

数据处理软件根据数字高程模型和数字表面模型数据，通过软件自己的数字微分纠正算法，对原始影像进行正射纠正。

5. 影像镶嵌

数据处理软件根据自己的算法自动生成最优影像镶嵌线，并完成影像的镶嵌拼接处理。最优镶嵌线的目的是通过镶嵌线可以选出每张影像通过数字微分纠正后精度最好的部分。

6. 正射影像裁切输出

数据处理软件根据用户设置的参数，自动完成正射影像的裁切输出。

5.3.3 倾斜模型数据处理

倾斜摄影测量技术是指通过无人机搭载多个相机，从前、后、左、右、垂直五个方向对地物进行拍摄，获取具有地物全方位信息的数据。倾斜摄影模型数据处理能够准确反映地物的真实面貌，客观展现物体的形状、表面纹理、颜色，以及物体在三维空间中的位置和方向，是一种高效、准确、全面的地物信息采集和处理技术。倾斜影像数据处理流程包含原始资料准备与数据导入、空中三角测量、点云生成及优化和 TIN 网构建、纹理映射、三维模型输出等基本流程。倾斜影像数据处理软件一般称为三维建模软件，目前，利用三维建模软件，通过优化算法使倾斜影像数据处理流程变得易上手操作。

1. 原始资料准备与数据导入

原始资料主要包括倾斜航摄影像、影像位置及姿态参数、相机参数和控制点资料等。这些资料应该按照三维建模软件的要求格式及组织形式，整理并放在规定的目录位置待用。数据准备完成后，打开实景三维软件，新建工程后，即可导入倾斜影像等数据。

2. 空中三角测量

倾斜影像等数据导入后，开始控制点数据在影像上的刺点工作。完成控制点刺点工作后即可进行多视倾斜影像的空中三角测量解算。三维建模软件在没有控制点的情况下可以直接进行空中三角测量解算，只是空中三角测量解算后的倾斜影像位置坐标值是自由网下的相对坐标值。

3. 点云生成及优化和 TIN 网构建

空中三角测量解算后，三维建模软件自动解算出海量点云。海量点云数量太多有利于后期使用，需要按照一定算法进行优化，利用优化后的点云构建 TIN 网。

4. 纹理映射

三维建模软件根据 TIN 网，自动选择最合适的纹理图像进行三维模型的表面贴图。

5. 三维模型输出

三维建模软件根据用户设置的参数，自动完成三维模型的输出。

5.4 常见问题

无人机在进行外业航拍和内业处理时，经常会遇到各种各样的问题。本节就常见的问题进行分析和处理，使航拍过程能够更加顺利、高效地进行。

1. 在进行外业作业时，飞行器无法起飞

原因一，指南针异常。在外业作业飞行器开机后，把飞行器放在室外空旷且无干扰区域，远离磁铁、停车场、钢筋建筑物等强磁场区域，校准时勿随身携带手机。按照飞行器说明书进行校准，以 DJI P4R 为例，在状态栏中选择指南针校准，飞行器状态灯为黄色常亮时可开始校准流程。首先，水平旋转飞行器 360°，飞行器状态灯变成绿灯常亮后，使飞行器机头朝下旋转 360°，完成校准。若校准完成飞行器状态灯依然显示红黄交替闪烁，则表示飞行器仍受磁场干扰，此时应更换校准场地。

原因二，遥控器遥感模式错误。在状态栏中选择重新更换遥感模式为美国手。

原因三，电池电芯压差过大或损坏。更换电池。

原因四，螺旋桨叶片装反。重新安装叶片并检查是否符合要求。

2. 在进行外业作业时，飞行器自动返航

原因一，信号干扰。GPS 信号弱或遥控超范围，等待信号恢复继续执行或自动返航。

原因二，电池电量过低并设置了低电量自动返航。应返航并更换电池。

3. 在进行外业作业起飞时，发生侧倾

原因一，加速度计、陀螺仪、电动机安装角度、电动机转速、遥控器、螺旋桨其中一个或几个发生故障。检查加速度计、陀螺仪、电动机安装角度、电动机转速、遥控器、螺旋桨的转向，逐一排除问题。

原因二，起飞时风速过大。应使飞行器暂停飞行，等待风速变小后再起飞或更换飞行时间。

4. 在进行外业作业时，起飞等待时间长、飞行中突然掉电

冬季飞行时，锂电池活性降低，放电性能随之降低。飞行前，使电池温度保持在 16 ℃ 以上，可在关机状态下长按电池电量开关 4 s，启动电池加热功能，也可以先将飞行器开启电源后电池自动加热。

5. 外业成果质量低，照片模糊

原因一，相机快门速度设置过低出现运动模糊。保证曝光，提高相机快门速度。

原因二，镜头对焦错误。相机选择自动对焦模式 AF。

6. 二维、三维重建失败

原因一，使用软件版本过低。升级软件到最新版本。

原因二，重叠率过低。在航拍区域如果存在地势高低起伏较大的情况，应增加重叠率后重新采集影像。

原因三，原照片质量过低或已损坏。存在花斑或模糊不清的照片应移除。

原因四，内存过小、显存过小或磁盘可用空间过小。应检查计算机内存、显存和磁盘可用空间是否符合软件运行要求。

原因五，全部使用倾斜摄影影像进行二维重建。二维重建需采集正射影像照片。

7. 高程误差较大

原因一，高程检查点与成果输出的高程系统不一致。使用统一的高程系统。

原因二，没有进行高程优化。正射影像采集应打开高程优化。

原因三，像控点高程出错。检查像控点高程是否在同一平面上。

本章小结

本章内容主要阐述了无人机航空摄影测量的基础，包括其发展历程与航测流程。对于航空摄影测量的基础，本章介绍了无人机配备的导航定位系统、使用的坐标系和比例尺等。无人机的定位系统是航测准确与否的关键，本章重点介绍了差分定位系统，包括实时差分定位、网络差分定位及后处理差分定位。外业数据采集是获取影像数据的关键阶段，我们介绍了相应的准备工作、航线规划的分类与选择，以及无人机在实施外业采集时的参数设置，然后介绍了作业执行的流程。内业处理部分主要介绍了常用软件，阐述了正射影像和倾斜摄影的数据处理流程。对于无人机常见的硬件和软件问题，也在本章最后做了具体分析与处理。

【课后练习】

一、简答题

1. 简述传统数字摄影测量和倾斜摄影测量的区别。
2. 简述无人机航空摄影测量的作业流程。
3. 如何规划航拍航线？

二、思考与实践

1. 无人机在进行外业影像采集过程中会遇到哪些问题与困难？如何处理这些问题与困难？
2. 使用无人机对某一区域进行影像数据采集，并保证影像成果的质量。

第 6 章
06 航空气象

学习目标

1. 知识与能力

（1）了解大气的性质与特性；
（2）了解大气的分层与特点；
（3）熟悉大气气象要素；
（4）熟悉大气运动状况；
（5）熟悉大气现象；
（6）掌握大气运动状况与大气现象对无人机的影响；
（7）能够判断自然环境是否适宜无人机外业作业。

2. 素质与养成

（1）善于观察，培养处理突发情况的能力；
（2）培养谦虚谨慎的品质，培养团队协作能力，保证任务安全、高效地完成。

6.1 大气性质

无人机在大气中飞行时，依靠大气产生升力。天空中的风、云、雨、雪、雾、电闪雷鸣等，一切大气的物理现象都会对无人机的飞行产生影响。本章节在介绍气象基本知识的同时要让大家了解气象，在无人机作业前了解天气状况及飞行介质，使无人机外业测量能够安全、高效地完成。

6.1.1 大气的组成

大气是自然环境的重要组成部分，是人类及一切生物赖以生存的基础。根据国际标准化组织（ISO）的定义，大气是指地球环境周围所有空气的总和。

大气是由干洁空气、水汽和多种悬浮颗粒物质所组成的混合物，并可分为不可变气体成分、可变气体成分和不定气体成分三种类型。不可变气体成分使气体成分之间维持固定的比例，基本上不随时间、空间而变化，不可变气体成分主要包括氮、氧、氩三种气体，以及微量的惰性气体氖、氦、氪、氙等。可变气体成分的比例随时间、地点和人们的生产、生活活动的影响而变化，其成分主要包括水蒸气、二氧化碳和臭氧，其中水蒸气的变化幅度最大，二氧化碳和臭氧所占比例最小。不定气体成分是指由自然界的火山爆发、森林火灾等灾难所引起的尘埃、硫氧化物和氮氧化物等成分，或者由人类社会生产等人为因素而使大气中增加或增多的成分。不定气体成分还包括微粒杂质和新的污染物，如尘埃、烟粒、花粉、孢子、细菌等固体和液体的气溶胶粒子。含不可变气体成分和可变气体成分的大气，人们认为是纯洁清净的大气，包括干洁大气和水蒸气。干洁大气主要成分见表 6-1。

表 6-1 干洁大气主要成分

气体	体积分数 / ×10⁻⁶
氮	780 900
氧	209 400
氩	9 300
二氧化碳	315
氖	18
甲烷	1.0 ～ 1.2
氦	1
一氧化碳	0.5
氢	0.5
氙	0.08

6.1.2 大气的分层及特点

大气分层是指按照大气在垂直方向的各种特性，将大气分成若干层次。按大气温度随高度分布的特征，可把大气分成对流层、平流层、中间层、热成层和散逸层（图 6-1）。

1. 对流层

大气的最底层是对流层，其厚度随纬度和季节而变化。对流层的厚度在中纬度地区为 10 ～ 12 km，在赤道附近为 16 ～ 18 km，在两极附近为 8 ～ 9 km。对流层的特点是气温随高度升高而递减，每上升 100 m，气温下降 0.65 ℃。在垂直方向上形成强烈的对流，对流层也正是因此而得名，其主要原因是贴近地面的空气受地面发射出来热量的影响而膨胀上升，上面冷空气下降。排入大气的绝大部分污染物，以及主要天气过程，如雨、雪、雹的形成均出现在对流层，对流层密度大，大气总质量的 3/4 以上集中在对流层。

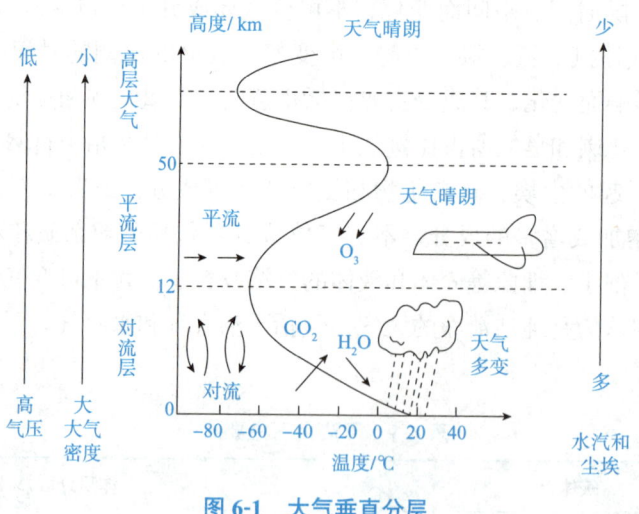

图 6-1 大气垂直分层

2. 平流层

从对流层顶到约 50 km 的大气层为平流层。在平流层下层 30～35 km 以下又称同温层，温度随高度降低变化较小，气温趋于稳定；而在 30～35 km 以上，温度随高度升高而升高。平流层具有三个特点：一是空气比下层稀薄得多，水汽、尘埃的含量甚微，很少出现天气现象；二是空气没有对流运动，平流运动占显著优势；三是在高 15～35 km，有厚度约为 20 km 的一层臭氧层，因为臭氧具有吸收太阳光短波紫外线的能力，所以使平流层的温度升高。

3. 中间层

在平流层之上离地表 50～80 km 的区域称为中间层，中间层下冷上热，出现强烈的对流运动，又称为高空对流层或上对流层，由于该层空气稀薄，空气的对流运动不能与对流层相比。中间层的顶部气温降至 −113～−83 ℃，这一层空气更为稀薄，气温随高度增高而迅速降低，因为该层臭氧含量极少，不能大量吸收太阳光短波紫外线，而氮、氧能吸收的短波辐射又大部分被上层大气所吸收，故气温随高度升高而递减。

4. 热成层

从中间层之上到 800 km 的大气层称为热成层。这一层在太阳辐射的作用下，大部分气体分子发生电离，而且有较高密度的带电粒子，是电离层的主要分布层，因此，热成层可以反射无线电波，对无线通信具有重大意义。热成层温度随高度升高而迅速升高，层内温度很高，昼夜变化很大，可达到几百摄氏度。

5. 散逸层

热成层以上的大气层称为散逸层，散逸层是地球大气的最外层。散逸层由于空气受地心引力极小，气体及微粒可以从这一层飞出地球引力场进入太空。该层空气极为稀薄，其密度与太空密度大致相同，因而又常称为外大气层。

6.1.3 大气气象要素

常见的气温、气压、风、湿度、云、降水，以及各种天气现象都属于大气气象要素。大气气象要素是指表明大气物理状态、物理现象的各项要素。本节主要讲解气压、气温和大气湿度三大气象要素。在无人机的正常运行过程中，气温、气压和大气湿度的变化都会对无人机性能和仪表指示造成一定的影响，这种影响主要通过对空气密度的影响而实现。

1. 气压

气压是大气压强的简称，是作用在单位面积上的大气压力，即在数值上等于单位面积上向上延伸到大气上界的垂直空气柱所受到的重力。一个标准大气压等于 760 mm 高的水银柱的重力，它相当于 1 cm^2 面积上承受 1.033 6 kg 重的大气压力，国际上统一规定用"百帕"作为气压单位。

气压的大小与海拔高度、大气温度、大气密度等有关，一般随高度升高按指数规律递减。气压有年变化和日变化，一年之中，冬季气压高，夏季气压低；一天之中，9:00～10:00 气压最高，15:00～16:00 气压最低。在低压环流形势下，大多为阴雨天气，风的变化比较明显。在高压环流形势下，多为晴天，天气比较稳定。在高压控制下，空气干燥，天晴风小。

气压是影响无人机飞行稳定性和高度的重要因素之一。当气压变化时，将会对无人机高度的稳定性造成影响，可能会导致无人机高度不稳定、高度偏移等问题。在高海拔地区，气压差异越大，对无人机飞行带来的影响也就越大。海拔升高，气压降低，伴随着降低的大气压力，起飞和着陆距离会增加，爬升率会减小。气压式高度表是无人机主要的航行仪表，它可以根据气压随高度变化的原理，表示飞机绝对高度的高低。但如果飞机按气压式高度表指示高度定高飞行，在飞向低压区时，飞机的实际高度将逐渐降低，容易出现无人机碰撞事故。

2. 气温

气象学上把表示空气冷热程度的物理量称为空气温度，简称气温，国际上标准气温度量单位是摄氏度（℃）。在一定的容积内，一定质量的空气，其温度的高低只与气体分子运动的平均动能有关，这一动能与绝对温度成正比。因此，空气冷热的程度，实质上是空气分子平均动能的表现。当空气获得热量时，其分子运动的平均速度增大，平均动能增加，气温也就升高；反之，当空气失去热量时，其分子运动的平均速度减小，平均动能随之减少，气温也就降低。

气温的高低不同、竖向的温差变化，都会对无人机产生影响。在无人机测绘工作的 200～400 m 高度范围内，会出现 1.2～2.4 ℃的温差。气温对无人机硬件的影响主要体现在以下几个方面：

（1）20～30 ℃是无人机使用的锂聚合物电池最佳工作温度。由于电池对温度的变化较为敏感，电池容量损失会随着温度的降低而加快，甚至会导致电池损坏。

（2）无人机的电动机散热受高温影响。风冷却控制温度是现阶段小微型无人机多使用的方法。然而，风冷对主板和电池的温度调节能力是有限的，当飞行环境气温高于 35 ℃时，应该注意适当减少作业时间，避免主板和电池过热而影响无人机正常飞行。

（3）为减轻自重，无人机的部分部件均为塑料材质，在高温的烘烤下容易老化，甚至变软、变形，引发安全事故。

（4）飞机机体的影响。空气的相对湿度、空气的温差影响飞机金属件，易造成腐蚀。

气温除了对无人机的硬件有明显影响外，在无人机进行外业作业的过程中，气温也要作为无人机飞行当天不可忽略的气象要素。气温对无人机飞行的影响主要体现在：气温升高，所有飞机的升限都要减小；气温低时，空气密度大，飞机发动机的推力增大，最大平飞速度增加。

3. 大气湿度

大气湿度是指空气中的潮湿程度，它表示当时大气中水汽含量距离大气饱和的程度，一般用相对湿度百分比来表示大气湿度的程度。在一定气温下，大气中相对湿度越小，水汽蒸发也就越快；反之，大气中相对湿度越大，水汽蒸发也就越慢。大气湿度常用水汽压、饱和水汽压、相对湿度和露点温度等物理量表示。

大气压力是大气中各种气体压力的总和。水汽和其他气体一样，也有压力。大气中的水汽所产生的压力称为水汽压，单位和气压一样，也用 hPa 表示。在温度一定的情况下，单位体积空气中的水汽含量有一定限度，如果水汽含量达到此限度，空气就呈饱和状态，这时的空气，称为饱和空气。饱和空气的水汽压（E）称为饱和水汽压，也叫作最大水汽压，因为超过这个限度，水汽就要开始凝结。实验和理论都可证明，饱和水汽压随温度的升高而增大。在不同的温度条件下，饱和水汽压的数值是不同的。

相对湿度是空气中的实际水汽压与同温度下的饱和水汽压的比值。相对湿度直接反映空气距离饱和的程度。当其接近 100% 时，表明当时空气接近饱和。当水汽压不变时，气温升高，饱和水汽压增大，相对湿度会减小。

在空气中水汽含量、气压一定时，使空气冷却达到饱和时的温度，称为露点温度，简称露点（T_d）。水汽含量越多，露点越高，所以，露点也是反映空气中水汽含量多少的物理量。在实际大气中，空气经常处于未饱和状态，露点温度常比气温低（$T_d<T$）。因此，根据 T 和 T_d 的差值，可以大致判断出空气中水汽距离饱和的程度。

湿度对无人机硬件有很大影响。湿度过高会导致无人机电子元件中的金属氧化，严重影响电子元件的工作效率，甚至造成电子元件损坏。湿度过高还会导致无人机机身构造中的金属腐蚀，造成机身结构的损坏，严重影响无人机的飞行安全。除此之外，湿度过高且温度较低，还会导致飞机机体表面某些部位聚集冰层，形成积冰。无人机积冰会对飞行有严重影响，螺旋桨积冰会减小动力和降低空速，同时增加电池消耗，螺旋桨积冰还会破坏螺旋桨平衡，造成严重的振动，引发安全事故。

6.2 大气运动状况

大气运动是指不同地区、不同高度之间的大气进行热量、动量及水分的互相交换，在交换过程中，不同性质的空气得以相互交流，并以此形成各种天气现象和天气变化的总称。大气运动包括水平运动和垂直运动两种形式。

6.2.1 风的形成

风是由空气流动引起的一种自然现象，是由太阳辐射热引起的。

首先，太阳光照射在地球表面上，地表的空气因地表温度升高而受热膨胀变轻，因此往上升，这样一来就形成了风。

其次，当地面温度不均匀时，热空气上升后，低温的冷空气横向流入，上升的空气因逐渐冷却变重而降落，由于地表温度较高又会加热空气使之上升。这种不均匀性导致了空气从温度较低的区域流向温度较高的区域，形成了自然风。

最后，集结的水蒸气结成水时，体积缩小，周围水蒸气前来补充，就形成风。地球上的风与水源有关系，风由水与水蒸气的胀缩而产生，风由大海吹向陆地，或由陆地吹向大海。在夏天，地面上温度高，空气、水蒸气膨胀上升，要由海面比重大的空气、水蒸气补充地面空气空间；海面温度低，空气收缩，要由地面上温度高、膨胀上升的空气、水蒸气补充海面空气空间。在冬天，海面温度高，海面空气上升，地面温度低，空气比重大，沿地面补充海面空间，就形成了风。

地球在自转过程中，对空气水平运动产生了影响，会导致风向的偏转，如此也会形成风。

如此可见，形成风的原因是多样的，也有可能是多种原因共同作用形成的。

6.2.2 风向与风速

风可以看作一个矢量，既有大小又有方向，即风速和风向。

1. 风速

风速是指空气相对于地球某一固定地点的运动速率。一般来讲，风的强度用风速表示，风速越大，风力等级越高，风的破坏性也就越大。风速没有等级，风力才有等级，风速是风力等级划分的依据。蒲福风级是国际通用的风力等级，一般分十三级。蒲福风级按强弱，将风力划分为 0～12 级，即目前世界气象组织所建议的分级。后来，随着人类测风仪器的进步，量度到自然界的风实际上大大超出了 12 级，于是，就把风级扩展到 17 级，即共 18 个等级，见表 6-2。1996 年 4 月 10 日，澳大利亚西部巴罗岛的一个气象站在热带风暴"奥利维亚"肆虐期间，记录下了除飓风外最强的地面风，瞬时速度为 408 km/h。

表 6-2　蒲福风级表

风级	风的名称	风速/(m·s⁻¹)	风速/(km·h⁻¹)	陆地上的状况	海面现象
0	无风	0～0.2	小于1	静，烟直上	平静如镜
1	软风	0.3～1.5	1～5	烟能表示风向，但风向标不能转动	微浪
2	轻风	1.6～3.3	6～11	人面感觉有风，树叶有微响，风向标能转动	小浪
3	微风	3.4～5.4	12～19	树叶及微枝摆动不息，旗帜展开	小浪
4	和风	5.5～7.9	20～28	吹起地面灰尘、纸张和地上的树叶，树的小枝微动	轻浪
5	清劲风	8.0～10.7	29～38	有叶的小树枝摇摆，内陆水面有小波	中浪
6	强风	10.8～13.8	39～49	大树枝摆动，电线呼呼有声，举伞困难	大浪
7	疾风	13.9～17.1	50～61	全树摇动，迎风步行感觉不便	巨浪
8	大风	17.2～20.7	62～74	微枝折毁，人向前行感觉阻力甚大	猛浪
9	烈风	20.8～24.4	75～88	建筑物有损坏（烟囱顶部及屋顶瓦片移动）	狂涛
10	狂风	24.5～28.4	89～102	陆上少见，见时可使树木拔起，将建筑物损坏严重	狂涛
11	暴风	28.5～32.6	103～117	陆上很少，有则必有重大损毁	暴潮
12	台风	32.7～36.9	118～133	陆上绝少，其摧毁力极大	暴潮
13	台风	37.0～41.4	134～149	陆上绝少，其摧毁力极大	海啸
14	强台风	41.5～46.1	150～166	陆上绝少，其摧毁力极大	海啸
15	强台风	46.2～50.9	167～183	陆上绝少，其摧毁力极大	海啸
16	超强台风	51.0～56.0	184～202	陆上绝少，范围较大，强度较强，摧毁力极大	大海啸
17	超强台风	≥56.1	≥203	陆上绝少，范围最大，强度最强，摧毁力超级大	大海啸

注：本表所列风速是指平地上离地 10 m 处的风速值

2. 风向

风向是指风的来向，风向的测量单位用方位来表示。在气象观测中，陆地上一般把风的方向分为较细的 16 方位，而海上多用 36 个方位表示。常用的风向方位图是用角度表示风向，把圆周分成 360°，北风（N）为 0°（即 360°），东风（E）为 90°，南风（S）为 180°，西风（W）为 270°（图 6-2）。

6.2.3　对流冲击力

对流冲击力是使原来静止的空气产生垂直运动的作用力。实际大气中，对流冲击力的形成有热力和动力两种原因，它们产生的对流分别称为热力对流和动力对流。

热力对流冲击力是由地面热力性质差异引起的。城市、山岩地、沙地地区比水面、林区、农村白天在太阳辐射作用下升温快，其上部空气受热后温度高于周围空气，因而体积膨胀，密度减小，使浮力大于重力而产生上升运动。这种作用在天气越晴朗，太阳辐射越强时越明显。在夜晚时情况正好相反，山岩地、沙地等地面降温快，其上部空气冷却收缩便下沉，天气越晴朗作用越明显。

空气在遇到山坡迎风面的抬升，气流辐合、辐散时造成的空气升降运动等属于动力对流冲击力，动力对流冲击力是由于空气运动时受到机械抬升作用而引起的。无人机在温暖的天气飞行在较低高度，有时会遇上湍流空气。因为低高度飞越不同地表时，上升气流很可能发生在路面和荒地上空，下降气流经常发生在水体或类似成片树林的广阔植被区域之上。为了避免这些湍流环境，无人机的作业可以考虑上升在更高的高度，甚至是飞在积云层之上。

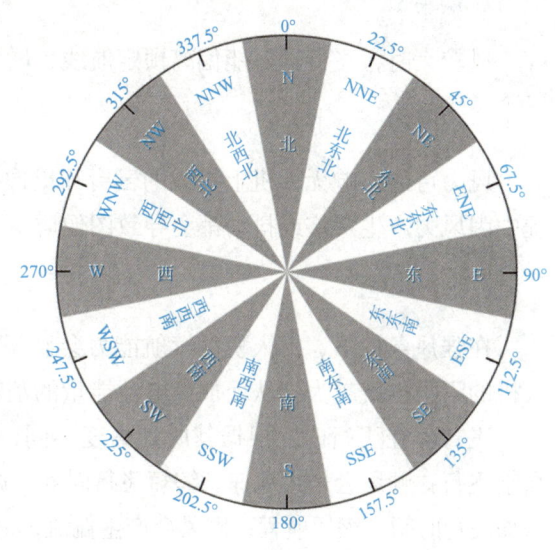

图 6-2 风向方位图

对流气流在大陆直接和一大片水体相邻的区域特别明显，如海洋、大的湖泊。在白天，陆地比水受热更快，所以，陆地之上的空气变得更热、密度更低。它上升且被更冷的来自水面上的稠密空气取代。风从海洋吹向陆地，产生海风。相反，在夜间风从陆地吹向海洋，产生陆风。对流冲击力对飞行的影响体现在以下几个方面：

（1）飞机在较低高度飞行，受上升气流或下沉气流影响导致颠簸。

（2）上升气流很可能发生在路面或荒地上空。

（3）下降气流经常发生在水体或稠密植被区域之上。

（4）接近地面的对流气流会影响飞行员控制飞机的能力。例如，比较常见的情况是当无人机在全无植被的地形飞行时，上升气流会对无人机产生漂浮效应，导致无人机飞过预期的着陆点；相反，无人机在一大片水或稠密植被的地区之上飞行时，会产生下沉效应，导致无人机着陆在不到预期的着陆点。

6.2.4 风与无人机的关系

无人机在作业飞行过程中受到风力和气象条件的影响尤为明显。风力是无人机飞行过程中不可忽视的因素，强弱不一的风力会对飞行器的安全飞行和作业效率产生影响。风对无人机的影响主要体现在以下几个方面。

1. 稳定性下降

风可能导致无人机在飞行过程中失去稳定性。微风时，使其难以保持稳定的飞行姿态；强风时，甚至可能出现飞行器失控的情况。

2. 偏离航线

风较大时，飞行器可能偏离预定航线，增加碰撞的风险。

3. 成果质量下降

风力可能影响无人机上搭载的云台和摄像头，使其功能异常。另外，在飞行器飞行过程中因风力产生漂移或抖动都会导致图像质量下降。

4. 电池续航

在强风条件下，无人机的续航能力会显著下降，飞行距离受到限制。风速越大，对无人机的阻力也就越大，从而加速电池能量的消耗，缩短飞行时间。

飞行器在飞行时，根据其所处高度不同，具体风向不同，会呈现出不同的飞行状况。高空飞行：顺风会增大地速、缩短飞行时间、减少燃油消耗、增加航程；逆风会减小地速、增加飞行时间、缩短航程；侧风会产生偏流，需要进行适当修正以保持正确航向。飞行器低空飞行时，逆风会增大空速、减小接地速度、缩短着陆距离，故逆风起飞和着陆；顺风会减小空速、增大接地速度、增加着陆距离；侧风会产生偏流，对着陆和起飞产生不利影响。

总之，在无人机飞行中，风力是一个不可忽视的因素。外业测量需要选择合适的飞行时间，根据当天气象调整飞行高度和速度，合理使用稳定装置和抗风设备、自动返航功能等，安全起见应建立应急预案。无人机操作人员在操作飞行器前，应认真阅读设备使用手册，合理调整飞行计划和安排，以确保飞行任务顺利、高效地完成。

6.3 大气现象对无人机的影响

6.3.1 降水

降水是指地面从大气中获得的水汽凝结物，自然界中发生的雨、雪、露、霜、雹等现象等都属于降水的范畴。降水受地理位置、大气环流、天气系统条件等因素综合影响，属于水循环过程的基本环节。

无人机航拍外业应避免有降水时进行作业。例如，在雨天进行航拍任务，会导致飞行器无刷电动机进水，形成短路，甚至有炸机的危险发生。所以，不能防水的无人机在雨天无法进行航拍飞行作业（图6-3）。市面上虽然存在无人机的无刷电动机进行防水处理，但也无法确保电路板的绝对安全，飞行器电路板也会遭受到不可逆转的损害。同时，无人机处于潮湿的环境中，电动机和螺栓的表面会形成一层水膜，水膜溶解空气中所含有的二氧化碳、硫化氢、氧化氮及可溶性盐类而成为电解质溶液膜，金属电动机和螺栓会在这层溶液膜的作用下发生腐蚀。如果飞行器表面受到腐蚀的损伤，飞行器机械强度就会下降，这样一来就会影响飞机性能，使其不能安全、可靠地工作。

总之，无特殊情况时应尽量避免无人机在降水天气进行室外作业。

图 6-3　飞行器炸机

6.3.2　雾

雾是由悬浮近地面空气中微小水滴或冰晶组成的天气现象，是近地面层空气中水汽凝结（或凝华）的产物。在水汽充足、微风及大气稳定的情况下，相对湿度达百分百时，空气中的水汽便会凝结成细微的水滴悬浮于空中，使地面水平的能见度下降，这种天气现象称为雾。雾与云的不同之处在于，云生成于大气的高层，而雾接近地表。夜间温度降低，低层常常出现逆温，会使早晨有雾和烟幕。雾是液态的，所以，无人机在有雾时作业会导致无人机电子元件中的金属氧化，造成电子元件损坏。此外，雾中的高湿度可能会使无人机镜头形成水珠，因此会影响无人机的航空摄影效果，导致照片不清晰，需要进行补拍甚至重拍（图 6-4）。

图 6-4　无人机雾天飞行

雾对无人机飞行最大的影响是能见度降低。能见度较低时，如果无人机操作员进行视距飞行，会有一定的碰撞风险。大气能见度一般可以直接目测，也可以通过激光能见度自动测量仪等测量。能见度划分标准见表 6-3。

表 6-3 能见度划分标准

等级	视程	雾情
1	能见度 20～30 km	能见度极好,视野清晰
2	能见度 15～25 km	能见度好,视野较清晰
3	能见度 10～20 km	能见度一般
4	能见度 5～15 km	能见度较差,视野不清晰
5	能见度 1～10 km	轻雾,能见度差,视野不清晰
6	能见度 0.3～1 km	大雾,能见度很差
7	能见度小于 0.3 km	重雾,能见度极差
8	能见度小于 0.1 km	浓雾,能见度极差
9	能见度不足 100 m	能见度为零

综上所述,虽然无人机在雾天理论上是可以飞行的,但由于能见度较低、湿度较大,通常不建议在雾天飞行。如果必须在雾天飞行,应采取适当的预防措施,并确保飞行在安全条件下进行。

6.3.3 云

大气中的水蒸气遇冷液化成的小水滴或凝华成的小冰晶形成了云,云是混合组成的漂浮在空中的可见聚合物。在常规气象观测中要测定云状、云高和云量。

在飞行过程中,云经常会给飞行作业带来一定的影响。主要包括:云中能见度差,目视飞行时进云,易发生错觉,偏离正常航线或丢失飞机状态;低云由于云高过低,影响建立目视参考,故使飞机在下降着陆时造成困难;积雨云中飞行时,可能遭遇雷击或雹击,导致飞机受损;云中飞行可能发生飞机积冰;在云中飞行可能遭遇颠簸等。

6.3.4 雷暴

大气中的层结处于不稳定状况时,容易产生强烈的对流,云与云、云与地面之间的电位差达到一定程度后就要发生放电,因此,形成了雷暴。雷暴常出现在春夏之交或炎热的夏天。雷暴发生时,有时雷声隆隆、耀眼的闪电划破天空,常伴有大风、阵性降雨或冰雹。当雷暴发展为强雷暴时,则形成灾害性天气,此时常引起雷击,从而引发火险等灾害。

雷暴是公认的引发飞行安全事故的主要原因之一。若飞行器在雷雨区内飞行,导航和通信设备会严重受扰甚至被破坏,飞行器会遇到严重颠簸,使飞行高度在几秒内升降几十米到几百米。情况严重时,飞行仪表失真,飞机操纵困难甚至失控。飞行器在雷雨区域飞行时,还容易遭受雷击,直接坠毁。

雷暴还会产生下击暴流,它是一种局部性强下沉气流,产生的雷暴大风可达 18 m/s

以上。强烈的下降气流和雷暴大风会伴随下击暴流产生,对飞行器的起降有极大的危害,如果飞行器在起飞阶段遇到下击暴流,大概率会导致飞行事故的发生。

雷暴对飞行安全造成极大危害,应在外业作业前提前查看天气预报,观测飞行当天天气,尽早发现避开雷暴地区。

6.3.5 大气稳定度

大气稳定度是指整层空气的稳定程度,有时也称为大气垂直稳定度。大气稳定度也指空中某大气团由于与周围空气存在密度、温度和流速等的强度差而产生的浮力,使其产生加速度而上升或下降的程度。大气中某一高度的一团空气,受到某种外力的作用后,产生向上或向下的运动时,可以出现三种情况:第一种为稳定状态,移动后逐渐减速,并又返回原来高度的趋势;第二种为不稳定状态,移动后加速向上或向下运动;第三种为中性平衡状态,如将它推到某一高度后,既不加速,也不减速,而是在当前位置停下来。

温度、湿度和大气稳定度在水平分布上比较均匀的大范围空气团叫作气团。气团的垂直高度可达几千米到几十千米,从地面伸展到对流顶层,水平范围内几十千米到几千千米。按照不同的划分标准,气团的分类也不同。按气团的热力性质不同,可分为冷气团和暖气团;按气团的湿度特征差异不同,可分为干气团和湿气团;按气团的发源地不同,可分为北冰洋气团、极地气团、热带气团和赤道气团。

当冷气团遇到暖气团,在气象学上它们交会时会产生带状的界面,称为"锋面"。锋面就是温度、湿度等物理性质不同的冷气团和暖气团的交界面,或者叫作过渡带。锋面带短的有数百千米,长的有几千千米,由下而上逐渐随高度变宽,并呈现倾斜状态,冷空气位于下方,暖空气位于上方(图6-5)。

图6-5 自然界锋面天气

锋面可以分为冷锋、暖锋和静止锋。冷锋是指冷气团主动向暖气团一侧移动的锋面。云和降水主要出现在地面锋线后且较窄,多大雨;锋线一过,云消雨散,天空通常很快放晴;风速增加,出现大风。暖锋是指暖气团主动向冷气团一侧移动的锋面。暖锋过境时,温暖湿润,气温上升,气压下降,天气多转云雨天气。暖锋比冷锋移动速度慢,可能出现连续性的降水和雾(表6-4)。

表 6-4 冷锋、暖锋对比

类型	冷锋	暖锋
气团运动	冷气团向暖气团推移	暖气团向冷气团推移
过境时天气	降温，阴天，刮风下雨	多为连续性降水
过境后天气	温度、湿度下降，气压升高，天气转晴	温度、湿度上升，气压下降，天气转晴
降水强度	时间短，强度大	时间长，强度小
降水位置	锋后	锋前
锋面符号		
锋面图示		

静止锋是指冷暖气团势均力敌，锋面很少移动。气团运动过程中，如遇地形阻挡，也可能形成静止锋。在我国华南、天山、云贵高原等地区，常有因冷气团南下时，遇山脉阻挡而形成的静止锋。春季、初夏和秋天的连阴雨天气和梅雨天气，就是受静止锋影响而造成的。但也有无明显降雨的静止锋，如昆明准静止锋。昆明准静止锋，当南下冷空气被山脉所阻而呈现准静止状态，锋上暖空气比较干燥且滑升缓慢，产生不了大规模云系和降水，而锋下冷气团变性含水汽较多，沿山坡滑升，再加上湍流、混合作用容易形成层积云或不厚的雨层云，并常伴有连续性降水。昆明准静止锋并非真正的"静止"，而是常在某一位置附近摆动，还具有日间北退、夜间南进的现象，当静止锋弱时，这一现象更为明显。

静止锋在较为稳定的天气形势下，可利用其特点进行复杂气象的无人机飞行训练。

本章小结

本章结合无人机的外业数据采集过程，全面、系统地介绍了与无人机飞行有关的大气性质、大气运动状况及大气现象。为了使驾驶员能够识别安全飞行环境的要素，本章重点列举了无人机飞行环境的常见大气状况，避免恶劣天气带来的事故发生。

【课后练习】

一、名词解释

大气气象要素、对流冲击力、大气稳定度、静止锋。

二、简答题

1. 简述大气的分层及特点。
2. 无人机外业采集作业受哪些大气要素的影响，这些要素如何影响无人机？
3. 哪些大气现象下无人机不适宜进行外业作业？

第 7 章 无人机航测安全与航空法规

学习目标

1. 知识与能力

（1）了解无人机航测法规体系；
（2）熟悉无人机航测安全操作规范；
（3）掌握无人机航测安全技术的基本原理和应用；
（4）掌握无人机航测安全的重要性，能够识别并评估作业风险；
（5）能够制定无人机航测事故预防策略；
（6）能够应对突发事件。

2. 素质与养成

（1）培养安全意识，在航测过程中始终将安全放在首位，严格遵守安全操作规程；
（2）培养守法意识，树立法治意识，无人机航测必须遵守国家法律法规，自觉维护国家安全和公共利益；
（3）培养安全第一、谨慎细致、实事求是的职业态度。

7.1 无人机航测安全概述

随着无人机技术的快速发展，无人机航测在各个领域都得到了广泛应用，如地质勘察、环境监测和城市规划等。然而，伴随着无人机的广泛应用，其安全问题也逐渐凸显。本节将重点介绍无人机航测安全的重要性及其风险类型，旨在提高人们对无人机航测的安全意识，减少安全事故的发生。

7.1.1 无人机航测安全的重要性

无人机航测安全的重要性不容忽视，它直接关系到航测任务能否顺利完成、数据的准确性和可靠性，以及人员和设备的安全。

（1）无人机航测安全是保障测绘任务顺利完成的基础。在航测过程中，往往涉及高空、复杂环境等高风险作业场景，无人机的失控、坠落等安全事故，不仅可能导致设备损坏，还可能对人员安全构成严重威胁。无人机作为数据采集的重要工具，必须稳定、可靠地完成飞行任务。如果航测过程中出现安全问题，如无人机失控、坠毁等，不仅会中断测绘工作，还可能造成设备损失和人员伤亡，给测绘工作带来极大的影响。因此，确保无人机航测安全是保障测绘任务顺利完成的首要条件。

（2）无人机航测安全对于数据质量具有至关重要的影响。航测的主要目的是获取高质量的地理空间数据，这些数据对于城市规划、环境监测和灾害评估等领域具有重要意义。如果无人机在航测过程中因为安全问题导致数据采集不完整、损坏或失真，将直接影响测绘成果的质量和可靠性，那么这些数据将无法准确反映实际情况，严重影响后续的分析和决策。因此，无人机航测安全是保障数据质量的关键环节。

（3）无人机航测安全关系人员和设备的安全。在航测过程中，飞行员和地面操作人员需要密切协作，确保无人机的飞行安全和数据的准确获取。如果忽视安全问题，就可能会导致人员伤亡或设备损坏，给个人和组织带来不可估量的损失。

（4）无人机航测安全也是法律法规的要求。无人机作为一种飞行器，其飞行和使用受到相关法律法规的严格监管。在航测过程中，必须严格遵守各项飞行规定和操作规范，以确保合法性和安全性。违反相关规定不仅可能面临法律责任，还可能会影响行业的健康发展。

为了保障无人机航测的安全性，需要从多个方面入手。一方面，要加强无人机设备的维护和保养，确保设备性能稳定、可靠；另一方面，要加强飞行人员的培训和管理，提高飞行人员的安全意识和操作技能，规范无人机的飞行和使用行为，确保无人机航测活动合法、安全、有序进行，同时，还需要建立完善的安全管理制度和应急预案，以应对可能出现的各种安全风险。

7.1.2 无人机航测安全的风险类型

无人机航测技术在现代测绘领域发挥着越来越重要的作用，但与之相伴的是一系列安全风险。这些风险涵盖了环境、设备、人为操作和数据安全等方面，需要全面且细致地进行分析和应对。

1. 飞行环境风险

无人机航测任务通常在复杂多变的环境中进行，如山区、城市和湖泊等。这些环境可能带来诸多不利因素，如地形起伏、气流紊乱和电磁干扰等。为降低此类风险，需要对飞行环境进行充分评估，选择合适的飞行时间和航线，确保无人机能够稳定飞行并获取准确数据。同时，需要配备先进的导航和避障系统，提高无人机在复杂环境中的适应能力。

2. 设备故障风险

无人机航测设备包括飞行平台、传感器和控制系统等，任何一个环节的故障都有可能影响飞行的安全性和数据质量。因此，需要定期对无人机进行维护和检查，确保其处于良好的工作状态。同时，应备有必要的备用设备和零件，以便在设备出现故障时能够及时更换。

3. 人为操作风险

人为操作失误是导致无人机航测安全事故的常见原因之一。为了提高飞行的安全性，需要加强飞行人员的培训和考核，确保其具备扎实的飞行技能和丰富的操作经验。此外，还应建立完善的操作规程和应急预案，指导飞行人员在遇到突发情况时能够迅速作出正确判断和处理。

4. 数据安全风险

无人机航测采集的数据涉及地理信息和城市规划等敏感信息，一旦泄露或被滥用，将可能带来严重后果，甚至承担刑事责任。因此，需要加强数据安全管理，采用加密技术保护数据传输和存储过程，建立数据备份和恢复机制以防止数据丢失。同时，应严格控制数据访问权限，确保只有授权人员能够访问和处理相关数据。

无人机航测安全风险的应对需要从多个方面入手，包括飞行环境评估、设备维护和检查、飞行人员培训和考核，以及数据安全管理等。只有综合考虑并采取有效措施，才能确保无人机航测的安全、可靠，为现代测绘领域的发展提供有力保障。

7.2 无人机航测安全技术概述

无人机航测作为现代测绘领域的关键技术手段，其安全性无疑是测绘工作成败的关键因素。随着无人机技术的持续进步，众多安全技术应运而生，为无人机航测提供了强有力的技术支撑。本节将对无人机航测安全技术进行简要概述，重点介绍无人机防撞技术与障碍物感知系统、无人机信号增强与通信稳定性技术，以及飞行控制系统的安全性与稳定性。

7.2.1 无人机防撞技术与障碍物感知系统

无人机防撞技术是确保无人机在飞行过程中避免与障碍物发生碰撞的关键保障。随着无人机应用领域的不断拓宽，飞行环境越发复杂多变，防撞技术的研发和应用变得尤为重要。

目前，无人机防撞技术主要依赖于先进的传感器和算法，这些传感器，如雷达、激光雷达、视觉传感器等，能够实时捕捉无人机周围的环境信息，包括障碍物的位置、距离和速度等关键参数。算法则对这些数据进行处理和分析，精准判断无人机与障碍物之间的相对位置和运动状态，进而计算出避免碰撞的最佳飞行路径。

障碍物感知系统是防撞技术的重要组成部分，通过集成多种传感器，实现了对无人机周围环境全面、细致的感知。例如，视觉传感器能够捕捉周围环境的图像信息，通过图像识别和处理技术，识别出障碍物并判断其大小和形状；而雷达传感器则能够探测到远距离的障碍物，为无人机提供更为全面、深入的环境信息。这些传感器数据经过融合和处理后，为无人机提供了详尽、准确的障碍物信息，从而实现自动避障功能。

在实际应用中，无人机防撞技术与障碍物感知系统需要不断优化和完善。一方面，需要提高传感器的精度和可靠性，确保能够准确感知周围环境；另一方面，需要优化算法，提高处理速度和准确性，以应对复杂、多变的飞行环境。此外，还需要加强与其他技术的融合，如导航技术和定位技术等，以提高防撞技术的整体性能。

7.2.2 无人机信号增强与通信稳定性技术

在无人机航测作业中，信号传输的稳定性对数据的实时性和准确性至关重要。因此，无人机信号增强与通信稳定性技术成了确保航测任务顺利完成的核心环节。

无人机信号增强技术主要通过多种手段来提升信号的传输能力。首先，优化天线设计是关键，采用高性能、多频段的天线可以显著增强信号的接收范围和灵敏度。其次，提升发射功率也是一个有效的办法，这能够确保信号在更远的距离内保持稳定传输。此外，利用先进的信号增强算法对信号进行预处理和优化，能够进一步提高信号的抗干扰能力和传输质量，使其在复杂环境中依然能够保持清晰、稳定。

通信稳定性技术则侧重于保障无人机与地面控制站之间的通信连接稳固、可靠。这包括采用先进的通信设备、优化通信协议，以及加强通信链路保护等多方面措施。具体而言，选用高速率、低延迟的通信设备能够大幅度提升数据的传输效率，减少传输延迟。同时，通过优化通信协议，可以减少数据传输过程中的错误和丢包现象，确保数据的完整性和准确性。此外，加强通信链路保护也至关重要，能够在遇到干扰或障碍时迅速恢复通信连接，确保无人机与地面控制站之间的通信始终畅通无阻。

在实际应用中，还需要综合考虑多种因素来优化无人机信号增强与通信稳定性技术。首先，需要根据不同的应用场景选择合适的通信频段和通信方式，以应对不同的环境和需求。其次，需要针对可能遇到的干扰和障碍进行有针对性的优化设计，提高通信系统的抗干扰能力和适应性。最后，通过实际测试和调整，可以不断完善和优化通信系统，确保其稳定性和可靠性达到最佳状态。

未来，随着5G、物联网等新一代通信技术的快速发展，无人机航测通信技术也将迎来新的发展机遇。这些新技术将为无人机提供更加高效、稳定、安全的通信解决方案，推动无人机航测技术在更多领域得到广泛应用。

7.2.3 飞行控制系统的安全性与稳定性

飞行控制系统作为无人机的中枢神经，其安全性与稳定性对于无人机的飞行性能和整体安全至关重要。深入研发和优化飞行控制系统，是确保无人机航测任务顺利、安全进行的核心举措。

飞行控制系统的安全性体现在多个层面。首先，硬件层面的安全性是基石，它涉及选用经过严格筛选的高品质硬件组件，进行科学、合理的电路布局，以及实施有效的防护设计，以抵御外部环境对硬件的潜在损害。其次，软件层面的安全性也不容忽视，包括采用经过验证的、稳定可靠的操作系统，编写严谨、安全的程序代码，以及定期进行软件漏洞扫描和修复，确保软件系统的稳健运行。最后，系统冗余设计也是提升安全性的关键措施，通过在关键部位和功能上设置备份和冗余，即使部分组件或功能出现故障，整个系统仍能维持基本功能，避免飞行中断或失控。

飞行控制系统的稳定性是保障无人机飞行精度的关键。它涉及对无人机姿态、速度、位置等飞行状态的精确控制和调节。为了实现这一目标，飞行控制系统通常集成先进的控制算法和传感器技术。例如，采用 PID 控制算法和卡尔曼滤波器等高级技术，能够实时感知无人机的飞行状态，并据此作出精准的控制调整，确保无人机在各种飞行环境下都能保持稳定。

在实际应用中，飞行控制系统的安全性与稳定性是一个持续改进和优化的过程。其包括根据具体应用场景调整控制参数，优化控制算法以适应不同的飞行需求，提高传感器的精度和响应速度，以及加强系统的测试和验证工作，确保在实际飞行中能够稳定、可靠地运行。

随着人工智能技术的不断发展，飞行控制系统的智能化水平将进一步提升。未来的飞行控制系统将具备更强的自主决策和学习能力，能够更智能地应对复杂的飞行环境和任务需求，从而提高无人机航测的安全性和效率。

7.3 无人机航测安全操作规范

无人机航测安全操作规范，是确保无人机航测工作顺利进行的重要保障。在实际操作中，严格遵守这些规范不仅有助于降低安全风险，还能显著提升航测数据的精准性和可信度。本节将全面、细致地介绍无人机飞行前的安全检查与准备工作、无人机飞行中的实时监控与安全管理举措，以及无人机飞行后的安全检查与报告流程，从而为无人机航测操作提供全方位、多角度的安全指导。

7.3.1 无人机飞行前的安全检查与准备工作

无人机飞行前的安全检查与准备工作是无人机航测任务不可或缺的重要环节，它涵盖了无人机的硬件状态、软件配置、环境评估，以及详尽的飞行计划等多个维度。

1. 环境安全检查

环境安全检查是确保无人机航测飞行安全的首要任务。通过认真选择起飞场地、全面评估天气状况，以及严格遵守飞行限制区域规定，可以有效提升飞行任务的安全性和成功率。

（1）场地选择：起飞场地的选择至关重要，应优先考虑开阔、平坦且远离障碍物的区域。认真观察周围环境，确保没有电线、电塔、高楼等潜在风险源。这些障碍物不仅可能影响无人机的飞行轨迹，还可能引发碰撞事故。同时，场地应远离人员密集区，防止意外接触。选定场地后，还应进行实地勘察，确保场地条件符合飞行要求，并清除一切可能影响飞行的杂物。

（2）天气状况：天气对无人机飞行的影响至关重要。飞行前需要仔细查阅天气预报，确保风力、降雨、雷电等气象条件适宜飞行。应特别关注风向、风速和能见度等关键参数，它们直接影响无人机的稳定性和操控性。在恶劣天气条件下，应果断取消或推迟飞行任务，确保安全性。

（3）飞行限制区域：严格遵守飞行限制区域规定是飞行安全的重要保障。无人机系统驾驶员需要提前了解禁飞区和限飞区的具体范围及规定，这些区域通常涉及军事设施、机场、重要政治场所等敏感区域，以及城市中心、人口密集区等限制飞行区域。无人机系统驾驶员应使用专业的飞行规划软件或工具，结合当地航空管理部门的指导，确保飞行路线避开这些限制区域。在飞行过程中，无人机系统驾驶员应保持对飞行限制区域的持续关注，及时调整飞行计划，避免违规飞行。

2. 无人机机身及附件检查

（1）外观检查：细致检查无人机的机身是飞行前准备工作中不可或缺的一环。机身的完整性直接关系无人机在空中飞行的稳定性和安全性。任何裂纹、划痕或其他物理损伤都可能成为潜在的安全隐患，对无人机的结构强度和飞行性能构成威胁。因此，需要对无人机机身进行全面检查，确保没有任何损伤。同时，螺旋桨的完好性也是重点检查的对象。螺旋桨作为无人机飞行时产生升力的关键部件，其状态良好与否直接影响无人机飞行的稳定性和控制性。需要仔细观察每个螺旋桨的叶片，确保没有弯曲、断裂或磨损的情况。一旦发现任何问题，应及时更换新的螺旋桨，以确保无人机能够安全、稳定地飞行。

（2）电池检查：电池作为无人机飞行的动力来源，其状态的好坏直接关系飞行的持久性和安全性。在飞行前，应首先确认电池的电量是否充足。通常，为了确保飞行的连续性和安全性，电池应在飞行前充满电。此外，还需要仔细检查电池的外观，观察是否有鼓包、漏液等异常现象。这些现象往往是电池老化或损坏的征兆，如果不及时处理，可能会引发严重的安全问题。同时，电池的安装也是飞行前必须关注的一环。需要确保电池牢固地安装在无人机上，以防止在飞行过程中因振动或其他原因脱落。如果发现电池安装不牢固，应及时进行调整或更换固定装置，以确保飞行的安全。

（3）传感器及摄像头检查：无人机上的传感器和摄像头是执行航测任务的重要部件，在飞行前必须进行细致的检查。传感器负责收集环境信息，为无人机的飞行控制提供关键数据支持，需要确保传感器清洁无遮挡，以保证其数据采集的准确性和精度。如果传感器被灰尘、泥土等杂物覆盖，可能会影响其正常工作，甚至导致飞行控制失误。此外，还需要确认传感器的工作状态是否正常，是否能够正确感知环境信息。摄像头则负责拍摄航测目标，获取所需要的图像或视频数据，检查时需要检查摄像头的清洁度，以及清晰度、焦距等参数设置，确保拍摄质量满足航测任务的要求。

（4）通信链路检查：无人机与遥控器之间的通信链路是确保飞行控制的关键。在飞行前，需要对通信链路进行全面的检查，包括测试遥控器的控制功能、距离，以及无人机的图像传输功能。这有助于确保遥控器能够准确、稳定地控制无人机的飞行动作，同时，确保无人机能够实时将拍摄的画面传输回遥控器。此外，还需要检查无人机的图传系统是否正常工作，以确保地面控制站能够实时查看无人机的拍摄画面，从而准确判断飞行状态并进行有效监控。

3. 飞行控制系统的检查与校准

（1）飞行控制系统自检。飞行前的控制系统自检是系统确保无人机飞行安全的关键。启动无人机后，飞行控制系统随即启动一系列的自检程序。这些程序不仅会对陀螺仪、加速度计、气压计等传感器的正常与否进行检查，还会验证电动机、电子调速器及舵机等关键部位的响应性。飞行控制系统通过这一系列的检查，确保无人机在飞行中能够维持稳定的姿态和精准的控制。一旦发现异常，飞行控制系统就会立即发出警告，提示进行必要的检修。无人机系统驾驶员必须认真对待每一个警告信息，确保无人机能在最佳状态下起飞，从而避免潜在的安全风险。

（2）指南针校准。指南针是无人机导航系统中不可或缺的一部分，它负责确定无人机的飞行方向。然而，周围环境中的磁场干扰可能会影响指南针的读数，从而导致飞行轨迹的偏差。因此，在每次飞行前，都需要对无人机的指南针进行校准，校准过程中，无人机系统驾驶员需要确保无人机处于水平状态，远离金属和电磁干扰源，并按照飞行控制系统的提示进行操作。让无人机重新感知并适应当前的地球磁场方向，确保飞行轨迹的准确性。完成校准后，飞行控制系统会根据新的校准数据调整指南针读数，从而消除潜在的干扰影响。

（3）返航点设置。返航点设置是无人机飞行安全的重要保障措施之一。在飞行前，无人机系统驾驶员需要精心选择一个开阔、无障碍物且安全的地点作为返航点。这一地点不仅要远离潜在的飞行风险，还要确保无人机在失去控制或电量不足时能够迅速、准确地返回。此外，根据飞行任务的具体需求和无人机的性能特点，无人机系统驾驶员还需要对返航点的距离和高度进行合理规划。通过优化返航点的设置，可以大大提高无人机在紧急情况下的安全性和任务完成率。

4. 飞行任务准备与路线规划

（1）飞行路线规划。飞行路线规划是航测任务中的核心步骤，它直接决定了无人机飞行的效率和安全性。在规划飞行路线时，首先要明确航测任务的具体需求，包括目标区域的边界、所需要的拍摄角度和分辨率等参数。随后，结合无人机的飞行性能、航程及实时天气条件，精心规划飞行路线。在规划过程中，必须严格遵守飞行限制规定，避开禁飞区、军事设施等敏感区域。同时，还需要充分考虑地形因素，如山脉、河流等自然障碍物，确保无人机在飞行过程中能够安全避开。为了进一步提高飞行的效率和准确性，还可以使用专业的飞行规划软件来辅助规划。这些软件可以根据地形、障碍物和飞行限制等信息，自动生成最优的飞行路线，并提供实时的飞行指导和监控。

（2）飞行高度与飞行速度设置。飞行高度与飞行速度设置需要根据任务需求、地形特征，以及当地法规进行综合考量。在航测任务中，通常需要根据拍摄目标的高度和范围，合理设定无人机的飞行高度，以确保能够获取清晰、高质量图像数据。同时，还需要密切关注当地的气象条件，如风速、风向等，以便及时调整飞行高度和飞行速度，确保飞行安全。在设置飞行速度时，要兼顾拍摄质量和飞行效率。过快的飞行速度可能会导致图像模糊或丢失细节，而过慢的飞行速度则可能延长飞行时间，增加任务成本。因此，需要根据无人机的性能和拍摄需求来合理设置飞行速度。此外，还要特别注意遵守当地的飞行法规。在某些地区，可能对无人机的飞行高度和速度有严格的限制，必须确保无人机的飞行符合相关规定，以避免违法飞行带来的风险。

（3）数据存储准备。数据存储是航测任务中至关重要的一环。在飞行前，必须检查数据存储设备的容量和状态，对整个航测任务数据大小进行预测，确保能够存储整个飞行过程的航测数据。这包括拍摄的照片、视频及飞行过程中的实时数据等。在飞行过程中，要实时监控数据存储设备的状态，以确保数据能够实时、完整地写入设备中。如果发现存储设备出现问题或即将满容量，应及时采取措施进行处理，如更换新的存储设备或调整拍摄参数以减少数据量。

5. 应急准备与处置流程

（1）应急工具与设备准备。在无人机航测任务中可能会遇到各种意外情况，如螺旋桨损坏、电池电量耗尽等。因此，需要提前准备必要的应急工具和设备。备用螺旋桨是无人机飞行中必不可少的应急工具。一旦螺旋桨在飞行中损坏，无人机将失去平衡和控制。另外，需要及时更换备用螺旋桨，确保无人机能够继续稳定飞行。电池是无人机的动力来源，其电量充足与否直接关系到无人机的飞行时间和安全性。需要准备充足的备用电池，并在飞行前对电池进行检查和充电，以确保其能够正常供电。

（2）熟悉应急处置流程。熟悉无人机的应急处置流程是确保飞行安全的关键。无人机系统驾驶员需要了解并掌握无人机在失控、电量低、通信中断等紧急情况下的应对措施，以便在突发状况发生时能够迅速作出反应。当无人机出现失控情况时，无人机系统驾驶员需要保持冷静，迅速判断出问题所在，并采取相应的措施进行处置。例如，可以尝试重新建立无人机与遥控器之间的通信链接，恢复对无人机的控制。如果通信链接无法恢复，无人机系统驾驶员应立即启动紧急返航程序，确保无人机能够自主返回起飞点或指定的安全区域。在返航过程中，无人机系统驾驶员应密切关注无人机的飞行状态，确保其能够安全降落。

当无人机电量低时，无人机系统驾驶员应密切关注电量变化，并在电量降至安全阈值前启动返航程序。在返航过程中，无人机系统驾驶员要确保无人机的飞行路径安全无障碍，并随时准备应对可能出现的突发状况。

7.3.2 无人机飞行中的实时监控与安全管理举措

飞行中的实时监控与安全管理是保障无人机航测任务顺利进行不可或缺的一环。在无人机执行航测任务的过程中,必须密切关注无人机的飞行状态、数据采集情况,以及通信链路的稳定性,以便及时发现并处理潜在的安全风险。

1. 飞行状态监控

飞行状态监控是确保无人机飞行安全的基础。实时、准确地监控无人机的飞行状态是确保飞行安全的关键。通过先进的传感器技术和飞行控制系统,可以对无人机的位置、高度、速度、姿态等关键参数进行实时监控。这不仅能够确保无人机按照预定航线飞行,还能在出现突发情况时迅速作出调整,保证飞行稳定性。

(1)位置与轨迹:利用高精度的 GPS 和 GLONASS 等卫星导航系统,可以实时追踪无人机的位置,确保其与预设航线保持一致。同时,通过地面控制站对飞行轨迹进行实时监控,可以及时发现并纠正任何偏离航线的行为。

(2)高度与速度:借助气压传感器、激光雷达和加速度计等技术手段,可以实时掌握无人机的飞行高度和速度。通过飞行控制系统的自动调节,确保无人机始终在安全的高度和速度范围内飞行。

(3)姿态与角度:陀螺仪和加速度计等传感器能够实时反馈无人机的姿态信息。通过飞行控制系统的精确计算和调整,可以确保无人机在飞行过程中保持稳定的方向和角度。

(4)航向与方向:磁罗盘等传感器提供航向信息,帮助无人机保持正确的飞行方向,并与预设航线进行对比,实时纠正偏差。

2. 通信链路监控

通信链路监控在无人机飞行中起着至关重要的作用,它是确保无人机与地面站之间稳定通信的关键环节。在通信受到干扰或信号质量下降时,能及时采取应对措施,如调整飞行路径或返航。

(1)信号强度与稳定性:实时监测通信链路的信号强度,确保数据和控制指令的准确传输。一旦信号强度减弱或出现波动,系统就会立即发出警告,提示无人机系统驾驶员采取措施增强信号或切换至备用通信链路。

(2)传输质量评估:通过对数据传输的误码率、丢包率等指标进行实时监测,可以评估通信链路的质量。一旦传输质量下降,系统将自动调整通信参数或切换至更稳定的通信方式,以确保数据的完整性和准确性。

(3)干扰检测与应对:在复杂电磁环境下,通信链路可能会受到各种干扰。因此,需要具备干扰检测和应对能力,一旦检测到干扰信号,应立即采取措施消除干扰或切换至其他频段,确保通信链路的稳定性。

3. 电池与动力系统监控

电池与动力系统是无人机的核心组成部分,其性能直接关系到无人机的飞行安全。因此，需要对电池和动力系统进行严密监控，确保其始终处于良好状态。

（1）电量与电压监测：通过高精度的电量传感器与电压监测设备，对电池的剩余电量和电压进行实时、精确的监测。这不仅有助于准确预测无人机的续航时间，更能在电量接近安全阈值时，及时发出警告，提醒无人机系统驾驶员启动返航程序或更换电池，从而避免电量耗尽导致的飞行中断或失控风险。

（2）温度监控：无人机在高速飞行时，电池与电动机往往会产生大量热量。布设在关键部位的温度传感器，可以实时监控这些部件的温度变化。一旦发现温度过高，无人机系统驾驶员应立即采取措施，如调整飞行速度、高度或启动散热系统，以防止因过热导致的性能下降或安全隐患。

（3）健康状态评估：定期对电池和电动机进行健康状态评估，是确保其长期稳定运行的关键。通过记录并分析充放电次数、容量衰减等关键指标，可以准确评估电池与电动机的健康状态，从而制订出科学、合理的维护计划。对于老化或损坏的部件，应及时进行更换，确保无人机始终处于最佳状态。

（4）电动机状态监测：电动机的运行状态直接影响无人机的飞行稳定性和航测数据的采集质量。通过实时监测电动机的转速、功率和温度等参数，可以及时发现并解决潜在问题，如转速不稳、功率异常等。这有助于确保无人机在飞行过程中始终保持稳定、高效的运行状态。

（5）螺旋桨效率检测：螺旋桨作为无人机的重要飞行部件，其效率直接影响无人机的飞行性能和航测数据的采集效果。精确检测螺旋桨的转速和推力，可以评估其工作效率，并根据实际情况进行必要的调整或更换，以确保无人机始终保持最佳的飞行性能。

（6）电子速控器状态：电子速控器作为控制电动机转速和响应飞行控制器指令的关键部件，其工作状态直接影响无人机的飞行稳定性。实时监控电子速控器的工作状态，可以确保其准确、迅速地执行控制指令，从而确保无人机的飞行安全。

航测数据的监控和管理同样重要。在数据采集过程中，应确保数据的准确性和完整性，及时发现并处理异常数据。对于重要的航测数据，应进行备份和存储，以防数据丢失或损坏。

7.3.3 无人机飞行后的安全检查与报告流程

无人机飞行后的安全检查与报告流程是确保无人机航测工作完整性的重要环节。在飞行结束后，应对无人机及其相关设备进行检查和维护，并对航测数据进行整理和分析。

1. 安全检查

（1）电池状态检查：检查电池电量，确保电池无过度放电现象，并评估其剩余使用寿命。同时，详细检查电池外壳是否完好，有无损坏或变形迹象，以及电池连接端口是否紧固、有无松动。一旦发现问题，应立即采取必要的维修或更换措施。

（2）机身完整性检查：对无人机整体进行细致检查，重点查看机身结构是否完整，有无裂纹、划痕或变形等损伤。特别关注机翼、起落架等关键部位，确保其处于良好状态。若发现损坏，需要及时修复或更换相关部件。

（3）摄像头与传感器检查：检查摄像头与传感器是否正常工作，镜头是否清洁。如有需要，应进行清洁和调整。

（4）电动机与螺旋桨检查：手动旋转电动机，检查其转动是否顺畅，有无异响或卡阻现象。此外，对螺旋桨进行仔细检查，确保其无裂纹、变形等损伤，并保持与电动机的良好配合。如有必要，应对电动机和螺旋桨进行更换或维修。

2. 报告流程

（1）飞行报告编制：在完成安全检查后，应编制详细的飞行报告。报告内容应包括飞行时间、地点、高度、速度等基本信息，以及飞行过程中的天气状况、设备状态、航测任务完成情况等。同时，对飞行过程中遇到的问题和异常情况进行如实记录，为后续分析提供依据。

（2）异常情况汇报：若飞行过程中出现任何设备故障、操作失误或其他异常情况，应立即向相关负责人或团队进行汇报。汇报内容应包括异常情况的描述、发生时间、地点及可能的原因，以便及时采取应对措施并防止类似问题再次发生。

（3）提出改进建议：基于飞行经验和安全检查的结果，针对无人机设备、操作流程或航测任务等方面提出具体的改进建议。这些建议旨在提高无人机的飞行安全性、稳定性和效率，为后续航测工作提供有力支持。

（4）存档备查与总结：将飞行报告、异常情况记录及改进建议等文件存档备查，以便后续进行数据分析、经验总结和知识分享。通过不断总结飞行经验、不断优化操作流程和设备配置，推动无人机航测工作向更高水平发展。

7.4 无人机航测法规概述

随着无人机技术的飞速发展，无人机航测作为一种新型高效的数据采集方式，已经广泛应用于各个领域。然而，无人机航测的广泛应用也带来了一系列法规问题。为了确保无人机航测的合法性和安全性，各国纷纷制定了相应的法规来规范无人机航测活动。本节将重点介绍无人机实名登记制度、无人机飞行资质要求、无人机飞行空域的管理规定，以及无人机航测数据收集与处理的法规要求，为无人机航测从业者提供法规方面的指引。

7.4.1 无人机实名登记

1. 实名登记制度

实名登记制度是指对无人机进行注册登记，并将相关信息纳入管理系统的制度。该制度要求无人机所有者或使用者向相关管理部门提交无人机的详细信息，包括型号、序号、所有者身份证明等，以确保每一架无人机都能被准确追溯和监管，防止无人机被非法使用或滥用。

2023年5月31日，由中华人民共和国国务院、中华人民共和国中央军事委员会（第761号）公布的《无人驾驶航空器飞行管理暂行条例》（以下简称《暂行条例》），自2024年1月1日起施行。《暂行条例》第十条规定："民用无人驾驶航空器所有者应当依法进行实名登记，具体办法由国务院民用航空主管部门会同有关部门制定。涉及境外飞行的民用无人驾驶航空器，应当依法进行国籍登记。"所以，无论是哪款无人机，都需要进行实名登记，境外无人机还必须进行国籍登记，《暂行条例》第四十七条规定，"违反本条例规定，民用无人驾驶航空器未经实名登记实施飞行活动的，由公安机关责令改正，可以处200元以下的罚款；情节严重的，处2 000元以上2万元以下的罚款。违反本条例规定，涉及境外飞行的民用无人驾驶航空器未依法进行国籍登记的，由民用航空管理部门责令改正，处1万元以上10万元以下的罚款。"

实名登记制度的实施，不仅有助于加强无人机的管理和监管，防止其被非法使用或滥用，还能为相关部门提供有效的追溯手段，确保无人机航测活动的合规性与安全性。同时，这也提醒广大无人机从业者，必须严格遵守相关法规，确保无人机的合法使用。

2. 无人机实名登记流程

（1）信息准备。

①当所有人为自然人时，登记信息包括姓名、身份证号、电话号、电子邮箱和通信地址；无人机的产品类型、型号、序列号、工业和信息化主管部门规定的唯一产品识别码、飞控序号、民用无人驾驶航空器的使用用途等。

②当所有人为法人时，登记信息包括法人名称、法定代表人姓名、统一社会信用代码/组织机构代码、法人授权书、联系人、联系人移动电话和电子邮箱，以及上述①中要求的民用无人驾驶航空器信息和使用用途。

（2）登记流程。

①进入"国家无人驾驶航空器一体化综合监管服务平台（民用无人驾驶航空器综合管理平台）,"首次进入需要注册（图7-1），网址：https://uas.caac.gov.cn。

图7-1 民用无人驾驶航空器综合管理平台首页

②登录后进入首页→单击右上角登记管理→实名登记（图 7-2）→注册品牌无人机（图 7-3）→填写所有人信息（图 7-4）→选择型号等相关信息→选择使用用途（图 7-5）→根据要求上传照片（图 7-6）→完成登记。

图 7-2　登记管理

图 7-3　注册品牌无人机

图 7-4　填写所有人信息

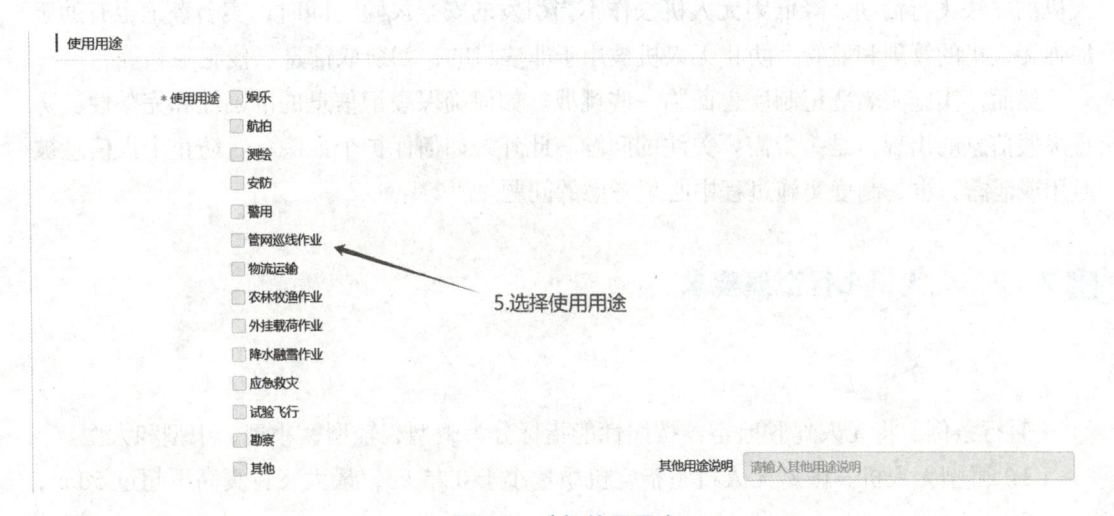

图 7-5　选择使用用途

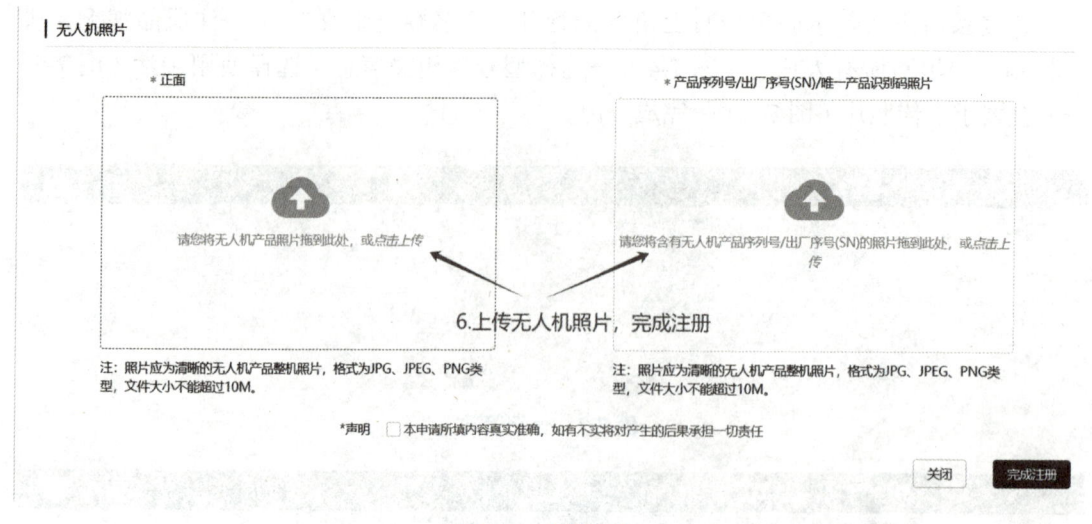

图 7-6 上传照片

（3）实名登记标志展示。完成注册后，可在"实名登记"页面中查询到已完成注册登记的无人机，单击右侧"发送二维码"按钮（图 7-7），填写邮箱，下载附件并打印，将二维码粘贴至该无人机的机身上。实名登记号码共 11 位，以 UAS 开头，后缀为 8 位的阿拉伯数字、罗马字符大写字母或两者的组合。

图 7-7 无人机登记情况

实名登记制度的实施对于保障无人机航测的安全性具有重要意义。它可以有效遏制无人机的非法飞行活动，降低因无人机操作不当引发的安全风险。同时，实名登记也有助于加强无人机的管理和监管，防止无人机被用于非法目的，如窃取信息、侵犯隐私等。

然而，实施实名登记制度也面临一些挑战。如何确保登记信息的准确性和完整性，防止虚假信息的出现，是一个需要关注的问题。此外，如何保护个人隐私，防止个人信息被滥用或泄露，也是制度实施过程中必须考虑的问题。

7.4.2 无人机飞行资质要求

1. 无人机分类

《暂行条例》将无人驾驶航空器按照性能指标分为微型、轻型、小型、中型和大型。

（1）微型无人机。微型无人机是指空机质量小于 0.25 kg，最大飞行真高不超过 50 m，最大平飞速度不超过 40 km/h，无线电发射设备符合微功率短距离技术要求，全程可以随时人工介入操控的无人机。微型无人机多用于娱乐、航拍、教育等个人或小范围应用。

（2）轻型无人机。轻型无人机是指空机质量不超过 4 kg 且最大起飞质量不超过 7 kg，最大平飞速度不超过 100 km/h，具备符合空域管理要求的空域保持能力和可靠被监视能力，全程可以随时人工介入操控的无人机，但不包括微型无人机。轻型无人机广泛应用于航拍、环境监测、农业植保等领域。

（3）小型无人机。小型无人机是指空机质量不超过 15 kg 且最大起飞质量不超过 25 kg，具备符合空域管理要求的空域保持能力和可靠被监视能力，全程可以随时人工介入操控的无人机，但不包括微型无人机、轻型无人机。小型无人机适用于更专业的应用，如地理测绘、目标跟踪、物流运输等。

（4）中型无人机。中型无人机是指最大起飞质量不超过 150 kg 的无人机，但不包括微型无人机、轻型无人机、小型无人机。中型无人机多用于军事侦察、大型物流运输、应急救援等场景。

（5）大型无人机。大型无人机是指最大起飞质量超过 150 kg 的无人机。其主要用于军事、科研、大型货物运输等高端领域。

2. 资质要求

（1）执照要求及法律法规。根据《暂行条例》第十六条规定："操控小型、中型、大型民用无人驾驶航空器飞行的人员应当具备下列条件，并向国务院民用航空主管部门申请取得相应民用无人驾驶航空器操控员（以下简称操控员）执照：（一）具备完全民事行为能力；（二）接受安全操控培训，并经民用航空管理部门考核合格；（三）无可能影响民用无人驾驶航空器操控行为的疾病病史，无吸毒行为记录；（四）近 5 年内无因危害国家安全、公共安全或者侵犯公民人身权利、扰乱公共秩序的故意犯罪受到刑事处罚的记录。""从事常规农用无人驾驶航空器作业飞行活动的人员无需取得操控员执照，但应当由农用无人驾驶航空器系统生产者按照国务院民用航空、农业农村主管部门规定的内容进行培训和考核，合格后取得操作证书。"

根据《暂行条例》第十七条规定："操控微型、轻型民用无人驾驶航空器飞行的人员，无需取得操控员执照，但应当熟练掌握有关机型操作方法，了解风险警示信息和有关管理制度。无民事行为能力人只能操控微型民用无人驾驶航空器飞行，限制民事行为能力人只能操控微型、轻型民用无人驾驶航空器飞行。无民事行为能力人操控微型民用无人驾驶航空器飞行或者限制民事行为能力人操控轻型民用无人驾驶航空器飞行，应当由符合前款规定条件的完全民事行为能力人现场指导。操控轻型民用无人驾驶航空器在无人驾驶航空器管制空域内飞行的人员，应当具有完全民事行为能力，并按照国务院民用航空主管部门的规定经培训合格。"

根据《暂行条例》第五十条规定："无民事行为能力人、限制民事行为能力人违反本条例规定操控民用无人驾驶航空器飞行的，由公安机关对其监护人处 500 元以上 5 000 元以下的罚款；情节严重的，没收实施违规飞行的无人驾驶航空器。"

（2）操控员执照分类。目前，无人机执照有多种类型，每种执照都有其特定的适用范围和要求。以下是一些主要的无人机操控员执照分类。

① CAAC《民用无人机操控员执照》：由中国民航局（Civil Aviation Administration of China）颁发的执照，也是目前国内最权威且最通用的一种无人机驾照。它按照机型分为多旋翼、垂直起降固定翼、固定翼和直升机四种，并按照质量分为3类。该执照适用于想要从事无人机商业飞行的人员，如航拍摄影师、输变电巡检员、油管巡检员、航空测绘员等。同时，它也是向空军及航管部门申请飞行计划时的人员证照凭证。

② ASFC《遥控模型航空器（无人机）飞行员执照》：由中国航空运动协会（AERO SPORTS FEDERATION OF CHINA，ASFC，简称中国航协）颁发。ASFC证书分为多个等级，初级等级主要用于无人机启蒙，而高级等级则针对航模玩家。高级证书的考取难度较大且含金量较高，因此，主要针对有竞赛需求的无人机用户。

③ AOPA《民用无人驾驶航空器系统驾驶员合格证》：中国航空器拥有者及驾驶员协会（Aircraft Owners and Pilots Association）颁发的合格证。在通过CAAC无人机执照考试后，持证者可免试增发此合格证。

此外，还有其他一些合格证类，如ALPA的《民用无人机操作员应用合格证》、CATA的《UTC无人驾驶航空器系统操作手合格证》，以及企业级合格证，如《警航无人机执照》和《DJI无人机系统操作手合格证》等。

飞行执照是从事无人机飞行活动的基本要求。根据不同国家和地区的法规，飞行执照的等级和要求可能有所不同。一般来说，无人机飞行执照需要申请者具备一定的飞行知识和技能，通过相应的考试或评估才能获得。除了飞行执照外，飞行经验也是评估无人机飞行人员能力的重要因素。飞行经验可以帮助飞行人员更好地掌握无人机的操作技巧，提高应对突发情况的能力。因此，一些国家或地区要求无人机飞行人员必须具备一定的飞行小时数或完成特定的飞行任务才能从事无人机航测活动。

无人机飞行资质要求的制定和实施有助于保障无人机航测活动的安全性和合规性。它可以确保从事无人机航测的人员具备一定的飞行技能和知识，降低因操作不当引发的安全风险。同时，资质要求也有助于提高无人机航测行业的整体水平和形象，促进行业的健康发展。

（3）测绘资质证及法律法规。根据《暂行条例》第三十五条规定："使用民用无人驾驶航空器从事测绘活动的单位依法取得测绘资质证书后，方可从事测绘活动。外国无人驾驶航空器或者由外国人员操控的无人驾驶航空器不得在我国境内实施测绘、电波参数测试等飞行活动。"

测绘资质取得条件详见《自然资源部办公厅关于印发测绘资质管理办法和测绘资质分类分级标准的通知》。

《暂行条例》第五十三条规定："违反本条例规定，外国无人驾驶航空器或者由外国人员操控的无人驾驶航空器在我国境内实施测绘飞行活动的，由县级以上人民政府测绘地理信息主管部门责令停止违法行为，没收违法所得、测绘成果和实施违规飞行的无人驾驶空器，并处10万元以上50万元以下的罚款；情节严重的，并处50万元以上100万元以下的罚款，由公安机关、国家安全机关按照职责分工决定限期出境或者驱逐出境。"

（4）民用无人驾驶航空器运营合格证。根据《暂行条例》第十一条规定："使用除微型以外的民用无人驾驶航空器从事飞行活动的单位应当具备下列条件，并向国务院民用航空主管部门或者地区民用航空管理机构（以下统称民用航空管理部门）申请取得民用无人驾驶航空器运营合格证（以下简称运营合格证）：（一）有实施安全运营所需的管理机构、管理人员和符合本条例规定的操控人员；（二）有符合安全运营要求的无人驾驶航空器及有关设施设备；（三）有实施安全运营所需的管理制度和操作规程，保证持续具备按照制度和规程实施安全运营的能力；（四）从事经营性活动的单位，还应当为营利法人。

使用最大起飞重量不超过150千克的农用无人驾驶航空器在农林牧渔区域上方的适飞空域内从事农林牧渔作业飞行活动（以下称常规农用无人驾驶航空器作业飞行活动），无需取得运营合格证。取得运营合格证后从事经营性通用航空飞行活动，以及从事常规农用无人驾驶航空器作业飞行活动，无需取得通用航空经营许可证和运行合格证。"

《暂行条例》第四十九条规定："违反本条例规定，未取得运营合格证或者违反运营合格证的要求实施飞行活动的，由民用航空管理部门责令改正，处5万元以上50万元以下的罚款；情节严重的，责令停业整顿直至吊销其运营合格证。"

7.4.3　无人机飞行空域的管理规定

无人机飞行空域的管理规定是指对无人机飞行活动的空域进行划分和管理的规定。这些规定旨在确保无人机在不同空域内的飞行活动安全有序，避免与其他航空器发生冲突。

1. 空域的定义及属性

国家对空域实行统一管理，在空域的划分与管理过程中，应当兼顾民用航空和国防安全的需要及公众的利益，使空域得到合理、充分、有效的利用。国内无人机空域的划分应遵循"统筹配置、安全高效"的原则，以隔离飞行为主，兼顾融合飞行需求，充分考虑飞行安全和公众利益。

根据无人机航测的特性和需求，飞行空域通常被划分为不同的类别，如禁飞区、限制区和开放区等。禁飞区是指禁止无人机飞行的区域，通常包括重要军事设施、机场周边等敏感区域；限制区是指对无人机飞行活动进行一定限制的区域，可能需要特定的飞行许可或遵守特定的飞行规则；开放区是指允许无人机进行自由飞行的区域，但仍需遵守基本的飞行规则和安全要求。

目前，由于技术层面的限制，无人机在可靠性、自主飞行、防撞规避和目标识别等方面的能力尚无法完全达到有人机的适航标准，因此，无人机在申请使用民用空域时面临较大的困难，协调周期长，手续烦琐。然而，随着技术的不断进步，通过提升无人机系统平台的性能，未来能够更合理地划分所需空域，并逐步以增量的方式实现我国无人机系统与国家空域系统的深度集成。最终，无人机系统将能够像有人机一样，常规性地使用国家空域，进行各种操作、训练和执行任务，为国家的航空事业和无人机应用领域的发展作出更大的贡献。

2. 管制空域

根据《暂行条例》第十九条规定："国家根据需要划设无人驾驶航空器管制空域（以下简称管制空域）。真高 120 米以上空域，空中禁区、空中限制区以及周边空域，军用航空超低空飞行空域，以及下列区域上方的空域应当划设为管制空域：（一）机场以及周边一定范围的区域；（二）国界线、实际控制线、边境线向我方一侧一定范围的区域；（三）军事禁区、军事管理区、监管场所等涉密单位以及周边一定范围的区域；（四）重要军工设施保护区域、核设施控制区域、易燃易爆等危险品的生产和仓储区域，以及可燃重要物资的大型仓储区域；（五）发电厂、变电站、加油（气）站、供水厂、公共交通枢纽、航电枢纽、重大水利设施、港口、高速公路、铁路电气化线路等公共基础设施以及周边一定范围的区域和饮用水水源保护区；（六）射电天文台、卫星测控（导航）站、航空无线电导航台、雷达站等需要电磁环境特殊保护的设施以及周边一定范围的区域；（七）重要革命纪念地、重要不可移动文物以及周边一定范围的区域；（八）国家空中交通管理领导机构规定的其他区域。

管制空域的具体范围由各级空中交通管理机构按照国家空中交通管理领导机构的规定确定，由设区的市级以上人民政府公布，民用航空管理部门和承担相应职责的单位发布航行情报。

未经空中交通管理机构批准，不得在管制空域内实施无人驾驶航空器飞行活动。

管制空域范围以外的空域为微型、轻型、小型无人驾驶航空器的适飞空域。"

《暂行条例》第二十条规定："遇有特殊情况，可以临时增加管制空域，由空中交通管理机构按照国家有关规定确定有关空域的水平、垂直范围和使用时间。"

《暂行条例》第五十一条规定："违反本条例规定，未经批准操控微型、轻型、小型民用无人驾驶航空器在管制空域内飞行，或者操控模型航空器在空中交通管理机构划定的空域外飞行的，由公安机关责令停止飞行，可以处 500 元以下的罚款；情节严重的，没收实施违规飞行的无人驾驶航空器，并处 1 000 元以上 1 万元以下的罚款。"

3. 空域申报及使用要求

航测作业应根据《中华人民共和国飞行基本规则》及上级有关空域管理规定的具体文件，进行合法、合规的空域申请工作。

军民航空管制部门按照既定的飞行管制区域划分，根据空域管理的政策和法规、程序和分区，负责无人机空域的设置、协调和调整等管理工作，对管制区域内的无人机空域进行直接或间接的控制。因此，在作业之前，应合理制订飞行计划，注明飞行区域，同时，就无人机空域的立项调查申请上报，经相关军民部门的审查批准和公布后方可进行作业。

（1）空域申请：申请内容包括航空用户名称、任务性质、无人机型号、架数、无人机操作员姓名、航空器呼号、通信联络方法、起降机场（起降点）、备降机场、使用空域（航线）、飞行高度、预计飞行起止时刻、执行日期等。

（2）使用要求：通用航空飞行只向一个单位申报飞行计划。建有飞行服务站的地区，通过飞行服务站受理飞行计划。未建飞行服务站的地区，依托军用和民用运输机场的，由所在机场空管部门受理飞行计划；不依托机场的，由所在地区飞行管制分区主管部门直接受理或指定相关军民用机场空管部门受理飞行计划。

4. 飞行计划审批报备

在批复许可的作业飞行空域内开展无人机作业时，通用航空用户应在作业前向作业飞行空域所属飞行管制分区申报作业飞行计划，并根据飞行管制分区调配意见开展作业。

飞行计划审批时限：飞行管制分区内的飞行计划申请，应在起飞前 4 h 提出，审批单位必须在起飞前 2 h 内批复；超出飞行管制分区内的，应在起飞前 8 h 提出，审批单位必须在起飞前 6 h 内批复；超出飞行管制区的，应在起飞前一天 15 时前提出，审批单位必须在起飞前 1 天 18 时前批复；执行紧急任务飞行，应在起飞前 30 min 提出申请或边起边飞申请，审批单位必须在起飞前 10 min 答复或立即答复。

现场作业时，班组作业人员应与所属飞行管制分区建立可靠的通信联络，进行飞行计划报备。飞行计划报备一般包括：通报飞行准备情况、当日预计作业时间；当日飞行结束时间，通报作业结束时间。具体通报时间和内容，按空域批复函要求执行。

飞行计划报备时限：监视空域飞行计划，通航用户应在起飞前 2 h 向飞行计划受理单位报备，飞行计划受理单位必须在起飞前 1 h 进行报备；报告空域飞行计划，通航用户应在起飞前 1 h 向飞行计划受理单位报备，飞行计划受理单位必须在起飞前 30 min 进行报备；接受报备部门原则上视为同意，如不同意，需在起飞前 15 min 通知飞行计划受理单位。

5. 法律责任

对违法违规飞行的处罚按照《中华人民共和国民用航空法》《中华人民共和国治安管理处罚法》《中华人民共和国飞行基本规则》《通用航空飞行管制条例》和《无人驾驶航空器飞行管理暂行条例》相关条款执行。

（1）《暂行条例》第四十四条规定："违反本条例规定，从事中型、大型民用无人驾驶航空器系统的设计、生产、进口、飞行和维修活动，未依法取得适航许可的，由民用航空管理部门责令停止有关活动，没收违法所得，并处无人驾驶航空器系统货值金额 1 倍以上 5 倍以下的罚款；情节严重的，责令停业整顿。"

（2）《暂行条例》第四十五条规定："违反本条例规定，民用无人驾驶航空器系统生产者未按照国务院工业和信息化主管部门的规定为其生产的无人驾驶航空器设置唯一产品识别码的，由县级以上人民政府工业和信息化主管部门责令改正，没收违法所得，并处 3 万元以上 30 万元以下的罚款；拒不改正的，责令停业整顿。"

（3）《暂行条例》第四十六条规定："违反本条例规定，对已经取得适航许可的民用无人驾驶航空器系统进行重大设计更改，未重新申请取得适航许可并将其用于飞行活动的，由民用航空管理部门责令改正，处无人驾驶航空器系统货值金额 1 倍以上 5 倍以下的罚款。违反本条例规定，改变微型、轻型、小型民用无人驾驶航空器系统的空域保持能力、可靠被监视能力、速度或者高度等出厂性能以及参数，未及时在无人驾驶航空器一体化综合监管服务平台更新性能、参数信息的，由民用航空管理部门责令改正；拒不改正的，处2 000元以上2万元以下的罚款。"

（4）《暂行条例》第四十七条规定："违反本条例规定，民用无人驾驶航空器未经实名登记实施飞行活动的，由公安机关责令改正，可以处200元以下的罚款；情节严重的，处2 000元以上2万元以下的罚款。违反本条例规定，涉及境外飞行的民用无人驾驶航空器未依法进行国籍登记的，由民用航空管理部门责令改正，处1万元以上10万元以下的罚款。"

（5）《暂行条例》第四十八条规定："违反本条例规定，民用无人驾驶航空器未依法投保责任保险的，由民用航空管理部门责令改正，处2 000元以上2万元以下的罚款；情节严重的，责令从事飞行活动的单位停业整顿直至吊销其运营合格证。"

（6）《暂行条例》第四十九条规定："违反本条例规定，未取得运营合格证或者违反运营合格证的要求实施飞行活动的，由民用航空管理部门责令改正，处5万元以上50万元以下的罚款；情节严重的，责令停业整顿直至吊销其运营合格证。"

（7）《暂行条例》第五十条规定："违反本条例规定，未取得操控员执照操控民用无人驾驶航空器飞行的，由民用航空管理部门处5 000元以上5万元以下的罚款；情节严重的，处1万元以上10万元以下的罚款。违反本条例规定，超出操控员执照载明范围操控民用无人驾驶航空器飞行的，由民用航空管理部门处2 000元以上2万元以下的罚款，并处暂扣操控员执照6个月至12个月；情节严重的，吊销其操控员执照，2年内不受理其操控员执照申请。"

（8）《暂行条例》第五十一条规定："违反本条例规定，未经批准操控微型、轻型、小型民用无人驾驶航空器在管制空域内飞行，或者操控模型航空器在空中交通管理机构划定的空域外飞行的，由公安机关责令停止飞行，可以处500元以下的罚款；情节严重的，没收实施违规飞行的无人驾驶航空器，并处1 000元以上1万元以下的罚款。"

无人机属于航空器，具有一定的使用风险。无人机的不规范使用，会危及国家和公共安全。飞行事故可能造成人生危害及较大的经济损失，需要高度重视无人机航摄安全作业，遵守法律法规，避免无人机飞行风险。

7.4.4　无人机航测数据收集与处理的法规要求

1. 无人机航测数据收集的法规要求

（1）飞行许可与审批。在进行无人机航测数据收集前，必须向相关主管部门申请飞行许可，并按照审批要求进行飞行。未经许可擅自进行飞行活动的，将受到法律的严厉制裁。同时，飞行许可的申请需要提供详细的飞行计划、飞行区域、飞行时间等信息，以确保飞行活动的合规性和安全性。

根据《暂行条例》第二十六规定："除本条例第三十一条另有规定外，组织无人驾驶航空器飞行活动的单位或者个人应当在拟飞行前 1 日 12 时前向空中交通管理机构提出飞行活动申请。空中交通管理机构应当在飞行前 1 日 21 时前作出批准或者不予批准的决定。按照国家空中交通管理领导机构的规定在固定空域内实施常态飞行活动的，可以提出长期飞行活动申请，经批准后实施，并应当在拟飞行前 1 日 12 时前将飞行计划报空中交通管理机构备案。"

根据《暂行条例》第二十七条规定："无人驾驶航空器飞行活动申请应当包括下列内容：（一）组织飞行活动的单位或者个人、操控人员信息以及有关资质证书；（二）无人驾驶航空器的类型、数量、主要性能指标和登记管理信息；（三）飞行任务性质和飞行方式，执行国家规定的特殊通用航空飞行任务的还应当提供有效的任务批准文件；（四）起飞、降落和备降机场（场地）；（五）通信联络方法；（六）预计飞行开始、结束时刻；（七）飞行航线、高度、速度和空域范围，进出空域方法；（八）指挥控制链路无线电频率以及占用带宽；（九）通信、导航和被监视能力；（十）安装二次雷达应答机或者有关自动监视设备的，应当注明代码申请；（十一）应急处置程序；（十二）特殊飞行保障需求；（十三）国家空中交通管理领导机构规定的与空域使用和飞行安全有关的其他必要信息。"

（2）隐私保护与数据安全。无人机航测数据收集过程中，必须严格遵守隐私保护和数据安全的法规要求。无人机不得在未经允许的情况下拍摄、录制或监视私人场所或个人隐私，以防止侵犯他人的合法权益。同时，对于收集到的航测数据，应采取加密等安全措施，防止数据泄露或被非法利用。

（3）环境保护与飞行规范。无人机航测数据收集过程中，应充分考虑环境保护因素，避免在环保敏感区域或禁飞区进行飞行。此外，还应遵守飞行规范，确保飞行高度、速度等参数符合相关法规要求，以减少对周围环境的干扰和影响。

2. 无人机航测数据处理的法规要求

（1）数据保护：根据相关法律法规，无人机航测所收集的数据可能包含个人隐私信息或敏感地理信息，因此需要严格保护。数据处理过程中必须遵守数据保护法规，确保数据的安全性、完整性和保密性。

（2）获取许可：在进行无人机航测之前，可能需要获得相关部门的许可或批准，以确保活动的合法性和合规性。这通常涉及向航空管理部门或相关政府机构提交飞行计划、设备信息和操作人员的资质等。

（3）飞行员资质：无人机操作员需要持有有效的飞行执照或证书，并具备必要的飞行技能和知识。在某些国家或地区，操作无人机进行商业航测可能还需要额外的专业认证或培训。

（4）设备合规性：无人机及其搭载的航测设备必须符合相关法规和标准，包括设备的适航性、电磁兼容性等方面的要求。此外，设备的校准和验证也是确保数据准确性和可靠性的重要环节。

（5）数据准确性和可追溯性：无人机航测数据的处理必须遵循一定的质量标准和程

序，以确保数据的准确性和可追溯性。这可能包括数据采集、存储、处理和分析等各个环节的规范操作。

（6）隐私保护：在航测过程中，应尊重和保护个人隐私。如果航测数据涉及个人隐私信息，必须采取适当的措施进行脱敏处理或征求相关人员的同意。

（7）数据共享和发布：在共享或发布无人机航测数据时，应遵守相关法规和标准，确保数据的合法性和合规性。这可能涉及数据的格式、质量、元数据等方面的要求。

具体的法规要求可能因国家或地区而异。因此，在进行无人机航测数据处理之前，建议咨询当地的法律顾问或相关机构以获取准确的法律指导。此外，行业内也有一些相关的标准和规范，如《低空数字航摄与数据处理规范》（GB/T 39612—2020）等，这些标准和规范也为无人机航测数据处理提供了重要的参考和指导。在实际操作中，应遵循这些标准和规范以确保数据的准确性和合规性。

3. 违规处理与法律责任

对于违反无人机航测数据收集与处理法规要求的行为，相关部门将依法进行处罚。这包括但不限于警告、罚款、吊销飞行许可等措施。对于严重违法行为，还可能追究相关人员的刑事责任。因此，无人机航测从业人员应严格遵守相关法规要求，确保航测活动的合规性和安全性。

无人机航测数据收集与处理的法规要求是保障无人机航测行业健康发展的重要基础。只有严格遵守相关法规要求，才能确保航测数据的准确性、安全性和合规性。未来，随着无人机技术的不断发展和应用领域的不断拓展，相关法规要求也将不断完善和更新。因此，无人机航测从业人员应密切关注法规动态，不断提升自身的法律意识和专业素养，以适应行业发展的需求。

7.5 无人机航测事故预防与应急响应

无人机航测事故预防与应急响应是确保无人机航测工作顺利进行的关键环节。通过制定合理的事故预防策略、采取有效的预防措施，以及建立完善的应急响应与处置机制，可以最大限度地降低事故风险，保障无人机航测的安全性和稳定性。

7.5.1 事故预防策略与预防措施

事故预防是无人机航测工作中不可或缺的一部分。制定科学的事故预防策略，并采取相应的预防措施，是确保无人机航测安全的重要保障。

（1）建立健全无人机航测安全管理制度。通过制定明确的飞行规范、操作流程和安全标准，规范无人机航测人员的行为，确保他们严格按照规定进行操作。同时，要加强安全教育培训，提高航测人员的安全意识和操作技能，使他们能够熟练掌握无人机航测的安全知识和应对突发情况的能力。

（2）对无人机及其相关设备进行严格的检查和维护。定期对无人机进行检修和保养，确保其处于良好的工作状态。同时，要关注无人机的飞行性能和安全性能，及时发现并处理潜在的安全隐患。此外，还要选择合适的航测设备和工具，确保它们能够满足航测工作的需求，并具备足够的安全性能。

（3）要关注无人机航测环境的安全性。在选择飞行区域时，要避开禁飞区和限制区等敏感区域，确保飞行环境的安全。同时，应关注天气变化、地形地貌等因素对飞行安全的影响，及时采取应对措施，降低事故风险。

（4）要加强与其他航空器的协调与沟通。在飞行过程中，要保持与其他航空器的联系，了解飞行区域内其他航空器的动态，避免发生碰撞或冲突。

7.5.2 事故应急响应与处置机制

在无人机航测作业中，尽管采取了各种预防措施，但事故仍然有可能发生。因此，建立完善的应急响应与处置机制至关重要。这一机制旨在确保在发生事故时能够迅速、有效地进行应对，最大限度地减少损失和风险。

1. 应急响应流程

（1）事故识别与报警。当飞行员发现无人机出现异常状况或事故征兆时，必须立即进行识别并判断情况的严重性。这可能包括无人机失控、电池异常和传感器故障等。

一旦确认情况紧急，飞行员应立即启动报警程序。其包括通过无人机搭载的紧急信号发射器发送求救信号，或使用其他通信手段向地面控制站报告情况。

（2）紧急通信与协调。在报警程序启动后，飞行员需要通过无线电、卫星电话或其他可用的通信设备与地面控制站建立紧急通信联系。通信内容应包括无人机的当前位置、遇到的问题，以及已采取或计划采取的措施。

地面控制站接收到紧急通信后，应立即协调各方资源以应对事故。其可能包括联系当地的救援队伍、医疗设备、警察或其他相关机构等。

（3）现场处置与救援。根据事故的具体情况和现场环境，地面控制站应迅速制订现场处置方案。其可能包括紧急降落无人机、回收设备和疏散周边人员等措施。

救援队伍在接到通知后应尽快赶往事故现场。他们的主要任务是进行人员搜救、设备回收，以及现场安全管控等工作。在必要时，他们还需要与医疗人员合作，对受伤人员进行初步救治。

2. 处置机制

（1）事故调查与分析。事故发生后，应立即成立专门的事故调查组。该调查组应由无人机技术专家、安全管理人员及可能涉及的其他专业人员组成。其主要任务是深入调查和分析事故原因，包括设备故障、操作失误和环境因素等各个方面。

在调查过程中，调查组需要收集所有相关证据和数据，包括无人机的飞行日志、传感器数据、现场照片和视频等。这些数据将有助于确定事故的确切原因和责任方。

（2）改进措施与经验总结。根据事故调查结果，调查组应采取相应的改进措施。其可能包括升级无人机设备、优化操作流程和加强安全培训等。所有改进措施都应明确、具体，并指定责任人以确保其有效实施。同时，调查组还应对事故处理过程中的经验教训进行总结。这可以帮助团队提高应急响应能力和风险管理水平，为未来类似情况的应对提供参考和借鉴。

（3）法律责任与保险理赔。如果事故涉及法律责任问题，相关责任方应积极配合相关部门的调查和处理工作。其可能包括提供必要的证据和信息，以及接受法律制裁的可能性。

为了减少经济损失，运营方应确保为无人机和相关设备购买了适当的保险。在事故发生后，应及时与保险公司沟通并提交理赔申请。保险公司将根据合同条款尽快进行理赔处理。

通过上述的应急响应流程和处置机制，可以最大限度地降低无人机航测作业的风险，并确保在发生事故时能够迅速、有效地进行应对和处置。其不仅有助于保障人员和设备的安全，还能够提高整个行业的可靠性和稳定性。

本章小结

本章详细阐述了无人机航测安全与航空法规的基本知识。首先，强调了航测安全的风险类型及相应的安全技术概览，包括防撞技术、信号增强和飞行控制系统稳定性等。其次，介绍了航测的操作规范，从飞行前的准备到飞行后的报告流程，确保航测过程的安全、可控。再次，概述了无人机航测的法规要求，包括实名登记、飞行资质及空域管理规定等。最后，强调了事故预防与应急响应机制的重要性。通过学习本章内容，能够全面掌握无人机航测的安全与法规知识，为实践操作提供有力保障。

【课后练习】

一、简答题

1. 无人机航测获得的数据应如何管理和使用？请列举相关法规要求。
2. 请分析无人机航测活动中可能出现的违规行为，并说明这些行为可能承担的法律责任。
3. 请列举无人机航测活动中确保安全飞行的关键措施，并说明其重要性。

二、案例分析

1. 某无人机航测公司在进行城市规划航测任务时，未按照相关规定进行飞行前的实名登记和飞行资质检查，擅自飞越了人口密集区及部分禁飞区域。此外，在航测过程中，该公司未对航测数据进行加密处理，导致数据泄露，给相关单位和个人带来了严重的隐私泄露风险。请回答以下问题，并提出相应的整改建议。

（1）该公司在航测过程中违反了哪些无人机航测法规？

（2）这些违规行为可能会带来哪些潜在风险？

（3）该公司应该如何进行整改以避免类似违规事件的发生？

2. 在某市进行大规模城市规划航测的过程中，某无人机航测公司因技术漏洞和内部管理不善，导致航测数据被非法获取并泄露。泄露数据包含大量敏感信息，如城市地形地貌、建筑物坐标、道路布局等，给该市的城市规划、国土安全等领域带来了严重隐患。请回答以下问题，并提出有效的应对措施。

（1）根据无人机航测法规，指出该公司在航测数据安全管理方面存在哪些违规行为。

（2）航测数据泄露可能对该市的城市规划、国土安全等领域造成哪些具体影响？

（3）结合案例，分析无人机航测数据安全风险的主要来源和防范措施。

（4）该公司应如何完善内部管理制度，提高数据安全防护能力，以避免类似事件的再次发生。

参 考 文 献

［1］贾玉红. 无人机系统概论［M］. 北京：北京航空航天大学出版社，2020.

［2］李艳，张秦罡. 无人机航空摄影测量数据获取与处理［M］. 成都：西南交通大学出版社，2022.

［3］吕翠华，杜卫钢，万保峰，等. 无人机航空摄影测量［M］. 武汉：武汉大学出版社，2022.

［4］晏磊，廖小罕，周成虎，等. 中国无人机遥感技术突破与产业发展综述［J］. 地球信息科学学报，2019，21（4）：476-495.

［5］刘建程，王冠智，金泽林，等. 倾斜摄影测量面向城镇实景三维建模及精度分析［J］. 测绘通报，2021（S1）：16-19.

［6］贾鑫，杨树文，张志华，等. 搭载 POS 数据的无人机影像提高定位精度的方法［J］. 遥感信息，2019，34（4）：92-96.

［7］李国锋. 免像控无人机航测技术在 1∶500 地形图测绘中的应用［J］. 经纬天地，2019（1）：21-24.

［8］白晓红. 无人机航测技术在公路勘测中的应用及其实践［J］. 居舍，2019（17）：41.

［9］吴献文. 无人机测绘技术基础［M］. 北京：北京交通大学出版社，2019.

［10］肖亮明，陈建忠. 无人机航测技术在国土资源管理中的应用［J］. 测绘地理信息，2017（5）：96-99.

［11］曾小霞. 基于无人机遥感技术的土地利用研究［J］. 城市建设理论研究（电子版），2018（14）：83.

［12］雷宇宏，俞倩. 无人机倾斜摄影技术在大比例尺地形图测绘中的应用探讨［J］. 科技创新与应用，2022，12（24）：178-180+184.

［13］中华人民共和国国务院，中华人民共和国中央军事委员会. 无人驾驶航空器飞行管理暂行条例［Z］.

［14］中华人民共和国国务院，中华人民共和国中央军事委员会. 中华人民共和国飞行基本规则［Z］.

［15］国家市场监督管理总局，中国国家标准化管理委员会. GB/T 23236—2024 数字航空摄影测量　空中三角测量规范［S］. 北京：中国标准出版社，2024.

［16］国家市场监督管理总局，中国国家标准化管理委员会. GB/T 39612—2020 低空数字航摄与数据处理规范［S］. 北京：中国标准出版社，2020.